普通高等教育机械类特色专业系列教材

误差理论与数据处理

翟国栋　主编

科学出版社

北　京

内 容 简 介

"误差理论与数据处理"是高等院校测控类、机械类、测绘类、化学类专业及其他相关专业的专业基础必修课。本书共 8 章，主要内容包括测量误差的基本概念、系统误差和粗大误差处理、随机误差处理、误差的合成与分配、不确定度测量、数据处理的最小二乘法、回归分析、误差分析与数据处理实例等。

本书可作为高等院校相关专业的本科生教材，也可供各类工程技术人员参考。

图书在版编目(CIP)数据

误差理论与数据处理/翟国栋主编. —北京：科学出版社，2016.1
普通高等教育机械类特色专业系列教材
ISBN 978-7-03-046013-4

I. ①误… II. ①翟… III. ①测量误差-误差原理-高等学校-教材 ②测量-数据处理-高等学校-教材 IV. ①O241.1

中国版本图书馆 CIP 数据核字(2015)第 246238 号

责任编辑：毛　莹　朱晓颖　邓　静/责任校对：郭瑞芝
责任印制：张　伟 / 封面设计：迷底书装

科学出版社 出版
北京东黄城根北街 16 号
邮政编码：100717
http://www.sciencep.com
固安县铭成印刷有限公司 印刷
科学出版社发行　各地新华书店经销
*
2016 年 1 月第 一 版　　开本：787×1092　1/16
2022 年 7 月第四次印刷　　印张：13 1/2
字数：345 000
定价：55.00 元
（如有印装质量问题，我社负责调换）

前　言

　　"误差理论与数据处理"是高等院校测控类、机械类、测绘类、化学类专业及其他相关专业的专业基础必修课。本书根据误差理论与数据处理领域的发展，兼顾理论与实践教学的协调发展，主要有以下特点：

　　(1)在保留经典教材《误差理论与数据处理》理论体系的基础上，坚持"少而精"和"学以致用"的原则，大力简化数学原理的叙述，着重介绍数学公式的具体应用，同时根据教学需要补充了大量例题和习题。

　　(2)应用误差的基本性质与处理、误差的合成和最小二乘法等理论，对具体测量实例进行了实验误差分析和数据处理。

　　(3)对误差分析和数据处理问题应用 Excel 应用软件进行处理，包括系统误差的判别、测量列中异常值剔除、最小二乘求解、回归分析等，使学生能够学以致用。

　　(4)紧跟学科发展，有关章节及时反映最新成果和国标的基本内容，体现先进性。

　　全书分为 8 章，主要内容包括测量误差的基本概念、系统误差和粗大误差处理、随机误差处理、误差的合成与分配、不确定度测量、数据处理的最小二乘法、回归分析、误差分析与数据处理实例等。

　　全书由中国矿业大学(北京)翟国栋担任主编。戴华阳教授审阅了全书并提出了许多宝贵意见，在此表示衷心的感谢。同时，感谢测控 2011 级本科生方渊锦、陈玉林以及测控 2012 级本科生在试用本书过程中提出的意见和建议，感谢研究生朱仰招、高培源、王炳、李耀宗、李振、李雪健、徐晨等在整理资料、实验验证等方面的辛苦工作。在本书的编写过程中，编者参考和引用了国内外有关研究者的部分研究成果，书后"参考文献"中已经一一列举，在此向他们表示衷心的感谢！

　　由于作者水平有限，书中不妥之处在所难免，恳请广大读者批评指正。

编　者

2015 年 10 月

目　　录

第 1 章　测量误差的基本概念

测量技术水平是一个国家科技发展水平的重要评价标准。由于受人的认识能力及科学水平等的限制，测量结果总是不能与真实值绝对一致，即存在误差。实践证明，误差是普遍存在的。随着人们对自然界认知的提高、使用测量仪器精度的提高、测量方法的改进等，误差在不断减小，但始终无法消除。因此，研究测量及误差具有重要的意义。

1.1　测量和计量

测量是以确定量值为目的的一组操作，是人们借助专门设备，通过实验的方法，对客观事物取得测量结果的认识过程，而测量结果通常以带有单位的数值、在固定坐标上给出的曲线、按一定比例给出的图形等形式表示。

计量是为了保证量值的统一、准确一致的一种测量，即把国家计量部门给出的结果作为基准或标准的同类单位量与被测量进行比较，以确定合格与否，并给出具有法律效力的《检定证书》。计量的三个主要特征是统一性、准确性和法制性。

测量数据的准确可靠，需要计量予以保证。计量是测量的基础和依据。没有计量，也谈不上测量。测量又是计量联系实际应用的重要途径。可以说，没有测量，计量也将失去价值。计量和测量相互配合，相辅相成。

1.2　有关测量的术语

1. 被测量

在工程实践中，常常需要对某些物理量的大小进行检测，通常把要检测的物理量称为被测量或被测参数，如位移、速度、加速度、应力、效率、功率等。按被测量在测试中的变化情况，被测量可分为静态量和动态量两种。凡是不随时间变化而变化的被测量称为静态量，如稳定状态下物体所受的压力、温度、机械零件的几何量等。凡是在测量过程中随时间变化而不断改变其数值的被测量称为动态量，如机器变速运动过程中的位移、速度、加速度、功率等。

2. 测量过程

要知道被测量的大小，就要用相应的测量器具、仪器来检测其数值，而测量过程就是把被测量的信号，通过一定形式的转换和传递，最后与相应的测量单位进行比较。有的为了使微细的被测量得到直观的显示，通过杠杆传动机构的传递和放大以及齿轮机构的传动，使被测量变成指示表指针的偏转，最后与仪器刻度标尺上的单位进行比较而显示出被测量的数值，如几何量测量用的测微表、弹簧管压力计等。有的为了便于检测和控制，将被测量转化为模拟电量。如温度的测量，可以利用热电偶的热电效应，把被测温度转换成热电势信号，然后把热电势信号转换成毫伏表上的指针偏转，并与温度标尺相比较而显示出被测温度的数值。现在，为了使测量得到的数据更方便地做后续处理，常通过 A/D 转换将被测对象的模拟量转换为数字量，如在振动、噪声幅频特性的测量中，将测量的模拟量经采样(即 A/D 转换)变为数字量后，方便计算机进行复杂的数据处理。

3. 测量系统

测量过程中使用的所有量具、仪器仪表及各种辅助设备统称测量系统。有些量的测量只需要用简单仪表就能完成测量任务，但有些则需要多种仪器仪表及辅助设备共同工作才能完成测量任务。

简单测量系统有水银温度计、机械式转速表、数字式量具等。复杂测量系统往往在测得数据的处理过程中需要做更多的工作，如机械振动、噪声的测量分析，除了通过测量获得振动量(如加速度)、噪声量(如声级)外，还要进行频谱分析等。

4. 测量仪表的主要性能参数

1) 量程

量程是指仪器所能测量物理量的最大值和最小值之差，即仪器的测量范围(有时也将所能测量的最大值称为量程)。选用仪表时，首先要对被测量有一个大致估计，务必使测量值落在仪表量程之内，且最好落在 2/3 量程附近，否则会损坏仪表或使测量误差较大。超过仪器量程使用仪器是不允许的，这样轻则会使仪器准确度降低、使用寿命缩短，重则损坏仪器。

2) 精度(精确度)

仪表的精度是指测量某物理量时，测量值与真值的符合程度。仪表精度常用满量程时仪表所允许的最大相对误差来表示，采用百分数形式，即

$$\delta = \left(\Delta_{\max} / A_0 \right) \times 100\%　　　　　　　　　　(1.1)$$

式中，δ 是仪表的精度；$\Delta_{\max}$ 是仪表所允许的最大误差；A_0 是仪表的量程。

例如，某压力表的量程是 10MPa，测量值的误差不允许超过 0.02MPa，则仪表的精度 $\delta = \left(0.02 / 10 \right) \times 100\% = 0.2\%$，也称该仪表的精度等级为 0.2 级。

仪表的精度越高，其测量误差越小，但仪表的造价越昂贵。因此，在满足使用的条件下，应尽可能选用精度等级低的仪表。

3) 灵敏度

灵敏度是指仪器或仪器在测量时，其传感器输出端的信号增量 Δy 与输入端信号增量 Δx 之比，即

$$K = \Delta y / \Delta x　　　　　　　　　　　　(1.2)$$

显然 K 值越大，仪表灵敏度越高。仪表的用途不同，其灵敏度的量纲也不同。对于电量压力传感器，灵敏度的量纲常用 mV / Pa 表示，加速度计的灵敏度用 mV / (m · s^{-2}) 表示。

4) 分辨率

分辨率是指仪器仪表能够检测出被测量最小变化的能力。在精度较高的指示仪表上，为了提高分辨率，刻度盘的刻度又密又细，或是数字表的位数较多。数字表的分辨率一般为最

后一位所显示的单位值，若为 1mV，则表示该仪表能分辨被测量 1mV 的变化。对测量读数最后一位的取值，一般来讲应在仪器最小分度范围内再估计读出一位数字。例如，具有毫米分度的米尺，其精密度为 1mm，应该估计读出到毫米的十分位；螺旋测微器的精密度为 0.01mm，应该估计读出到毫米的千分位。

5）稳定性

仪器的稳定性是指在规定的工作条件下和规定的时间内，仪器性能的稳定程度。它用观测时间内的误差来表示。例如，用毫伏计测量热电偶的温差电动势时，在测点温度和环境温度不变条件下，24h 内示值变化 1.5mV，则该仪表的稳定度为 (1.5/24) mV/h。

6）重复性

重复性通常表示在相同测量条件（包括仪器、人员、方法等）下，对同一被测量进行连续多次测量时，测量结果的一致程度。重复性误差反映的是数据的离散程度，属于随机误差，用 R_N 表示，即

$$R_N = (\Delta R_{max} / Y_{max}) \times 100\% \tag{1.3}$$

式中，ΔR_{max} 是全量程中被测量的极限误差值；Y_{max} 是满量程输出值。

7）动态特性

在对随时间变化而变化的物理量进行测量时，仪表在动态下的读数和它在同一瞬间相应量值的静态读数之间的差值，称为仪表的动态误差或动态特性。它是衡量仪表动态响应的性能指标，表明仪表指示值是否能及时、准确地跟随被测量的变化而变化。由于仪表通常有惯性，指示值存在滞后失真，必然存在动态测量误差。

8）频率响应特性

测量系统对正弦信号的稳态响应称为频率响应。仪表和传感器在正弦信号的作用下，其稳态的输出仍为正弦信号，但幅值与相角通常与输入量不同。在不同频率的正弦信号作用下，测量系统的稳态输出与输入间的幅值比、相角与角频率之间的关系称为频率响应特性，简称频率特性。

1.3　测量分类

1. 按测量结果的获知方式分类

1）直接测量

直接测量指被测量与该量的标准量直接进行比较的测量，被测量的测量结果可以直接由测量得到，而不需要经过量值的变换和计算，如天平测质量，温度计测温度，秒表测时间，万用表测电阻，电压及电流，游标卡尺测长度等。

2）间接测量

间接测量又称作函数测量，指首先直接测量与被测量有函数关系的量，然后通过函数关系求得被测量量值的测量方法。间接测量的被测量应用在直接测量不能得到其大小，或是能够测量，但是测量过程比较复杂，不如采用间接测量方便、准确

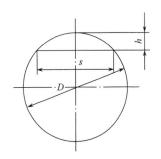

图 1-1　用弓高弦长法测量直径

的场合。例如，一个大圆柱直径的测量，往往因为缺少大量程的卡尺或仪器而无法直接测量，但是，可以采用如图 1-1 中所示方法，精密测量其弓高 h、弦长 s，通过函数关系求出直径 D。直径 D 和弓高 h、弦长 s 的关系式为 $D = \dfrac{s^2}{4h} + h$。

3）组合测量

组合测量是指在测量中，使各个未知量以不同的组合形式出现（或改变测量条件来获得这种不同的组合），根据直接测量或间接测量所得到的数据，通过解一组联立方程而求出未知量的数值，一般方程组数目多于被测量数目。如图 1-2 所示，要检定刻线 A、B、C、D 间距离 x_1、x_2、x_3，为了减小测量误差，需要测量 x_1、x_2、x_3 的各种组合量 l_1、l_2、l_3、l_4、l_5，令 $l_1 = x_1, l_2 = x_2, l_3 = x_3, l_4 = x_1 + x_2, l_5 = x_2 + x_3, l_6 = x_1 + x_2 + x_3$，建立组合量的误差方程，这时方程的数量多于未知量的个数。根据最小二乘法确定未知量 x_1、x_2、x_3 的最可信赖值。组合测量的测量过程比较复杂，花时较长，但在不提高测量仪器精度的情况下，通过组合测量可以求出较高精度的测量结果。因此，组合测量是一种有效的测量方法，特别在受仪器精度限制，又要尽可能提高测量精度的测量领域有着广泛的应用。

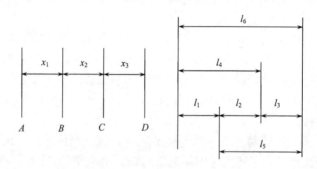

图 1-2   刻线间距的组合测量

2. 根据测量条件是否发生变化分类

1）等权测量

等权测量是指在相同测量条件下进行的多次测量，即测量仪器、测量方法、测量条件和操作人员等测量条件在测量过程中都保持不变。因此，对同一被测量在短时间内进行的多次测量，可认为具有相同的信赖程度，应按同等精度处理。

2）不等权测量

不等权测量指测量过程中测量仪器、测量方法、测量条件和操作人员等测量条件中的某一因素或某几个因素发生变化，使得测量结果的信赖程度不同。对不等权测量的数据应按不等权原则进行处理。

3. 根据测量时是否与标准件进行比较分类

1）绝对测量

绝对测量是指测量时被测量的测量结果由计量器具的显示系统直接读出。例如，用测长仪测量轴径，其尺寸由仪器标尺直接读出。绝对测量的优点是使用方便，但测量精度直接受测量仪器精度的影响。

2）相对测量

相对测量也叫比较测量。测量时先用标准件调整计量器具零位，再由标尺读出被测几何量相对于标准件的偏差，被测量的数值等于此偏差与标准件量值之和。如用千分尺和百分表测量孔的内径。一般来说，相对测量法比绝对测量法精度高。

4. 根据对测量结果的精度要求分类

1）工程测量

工程测量指对测量精度要求不高的测量。用于这种测量的设备和仪器的灵敏度和准确度比较低，对测量环境没有严格的要求。因此，工程测量的测量结果只需要给出测量值，不必给出误差范围。

2）精密测量

精密测量指对测量精度要求比较高的测量。用于这种测量的设备和仪器应具有一定的灵敏度和准确度，其示值误差的大小一般需要经计量检定或校准。在相同条件下，对同一被测量进行多次测量，其测得的数据一般不会完全一致。对于这种测量往往需要使用基于测量误差的理论和方法，合理地估计测量结果，包括最佳估计值及分散性大小。

5. 根据被测量对象在测量过程中所处的状态分类

1）静态测量

静态测量是指在测量过程中被测量可以认为是固定不变的。因此，不需要考虑时间等因素对测量的影响。在日常测量中，大多数是静态测量。对于这种测量，被测量和测量误差可以当作一种随机变量来处理。

2）动态测量

动态测量指被测量在测量期间随时间（或其他影响量）发生变化，如弹道轨迹的测量、环境噪声的测量等。这类被测量的测量，需要当作一种随机过程问题来处理。

此外，根据被测量的属性，测量分为电量测量和非电量测量。根据测量时工件被测表面与测量器具是否有机械接触进行分类，测量方法可以分为接触测量和非接触测量。根据测量对工艺过程所起作用的不同，测量方法可以分为被动测量和主动测量。同时，自动化生产中，还常常涉及在线测量和实时测量等方法。

1.4　误差的基本概念

1.4.1　误差的定义

所谓误差就是测量值与被测量的真值之间的差，可表示为

$$误差=测得值-真值 \tag{1.4}$$

式中，真值是指在观测一个量时，该量本身的真实大小。测量过程中受诸多因素的影响，使得测量存在误差，其测量结果只能是真值的近似值。所以在一般情况下，真值只是一个理想的概念。另外，与任何事物一样，被测量处于不断变化中，致使真值随着时间、地点和环境

的变化而变化。因而，真值具有时间、空间的含义。

由于真值不能确定，实际上采用的是理论真值或约定真值。

1）理论真值

理论真值是满足真值理论定义的值。绝大多数的理论真值按其本性是不确定的，极个别被测量的理论真值是可定量描述的。例如，平面三角形的三个内角之和理论真值为180°，平面直角理论真值为90°。

2）约定真值

由于真值按其本性是不确定的，为了定量描述自然界中量的真值，科学上只能采用人为约定的真值。约定真值是理论真值的最佳估计值。约定真值的类型有以下三类：

（1）指定值。由国际计量局（BIPM）和国际计量委员会（CIPM）等国际标准化和计量权威组织定义、推荐和指定的量值。例如，7 个 SI 基本单位（长度单位米、质量单位千克、时间单位秒、电流单位安培、热力学温度单位开尔文、发光强度单位坎德拉和物质的量单位摩尔）是国际计量局制定选取的 7 个基本量的值等。

（2）约定值。在量值传递中通常约定高一等计量标准器具的不确定度（误差）与低一等计量器具的不确定度（误差）之比小于等于 1/2 时，则称高一等标准器具的量值相对于低一等计量器具的量值为约定真值。在计量检定中，高一等标准器具的不确定度可忽略不计，从而建立起计量检定体系。又如，现在光在真空中的传播速度约定为299792458m/s，水三相点热力学温度约定为 273.16K 等。

（3）最佳估计值。通常将一个被测量在重复条件或复现条件下多次测量结果的平均值作为最佳估计值并作为约定真值，即算术平均值作为最后测量结果的最佳估计值。

1.4.2　误差的表示方法

测量误差最基本的表示方法包括绝对误差、相对误差和引用误差三种。

1. 绝对误差

某量值的测得值和真值之差为绝对误差，通常简称为误差，即

$$绝对误差=测得值-真值 \tag{1.5}$$

由上式可知，绝对误差有确定的大小、计量单位，有可能是正值或负值。绝对误差适用于单次测量结果的误差计算及同一量级的同种量的测量结果的误差比较。

在实际工作中，为消除系统误差，经常使用修正值，即用代数法加到测量结果上的值即为修正值。将测得值加上修正值后可得近似的真值，即：真值≈测得值+修正值，由此得

$$修正值=真值-测得值= -绝对误差 \tag{1.6}$$

含有误差的测量结果，加上修正值后就可能补偿或减少误差的影响。由于系统误差不能完全获知，因此这种补偿并不完全，即

$$真值=测量结果+修正值=测量结果-绝对误差 \tag{1.7}$$

修正值与绝对误差的大小相等而符号相反，测得值加修正值后可以消除该误差的影响。但必须注意，一般情况下难以得到真值，因为修正值本身也有误差，修正后只能得到较测得值更为准确的结果。在测量仪器中，修正值常以表格、曲线或公式的形式给出。在自动测量

仪器中，可将修正值编成程序储存在仪器中，仪器输出的是经过修正的测量结果。

例 1.1　某机械加工车间加工一批直径为 50mm 的轴，今检测两根轴的直径，测量结果分别为 49.9mm 和 49.8mm，求两次测量的绝对误差。

解　两根轴的绝对误差分别为 49.9 − 50 = −0.1(mm)，49.8 − 50 = −0.2(mm)。

例 1.2　用某电压表测得电压，电压表的示值为 226V。查该表的检定证书，得知该电压表在 220V 附近的误差为 5V，求被测电压的修正值和测量结果。

解　被测电压的修正值为 −5V，则修正后的测量结果为 226 + (−5) = 221(V)。

2. 相对误差

绝对误差适用于同一量级的同种量的测量结果的误差比较。也就是说，对于相同的被测量，绝对误差可以评定其测量精度的高低，但对于不同的被测量以及不同的物理量，绝对误差就难以评定其测量精度的高低，而采用相对误差来评定其测量精度的高低。

绝对误差与被测量的真值之比称为相对误差。

$$相对误差 = \frac{绝对误差}{真值} \tag{1.8}$$

由于绝对误差可能为正值或负值，因此相对误差也可为正值或负值。相对误差只有确定的大小，但无计量单位，通常以百分数来表示，保留两位有效数字。

因测得值与真值接近，故也可近似用绝对误差与测得值之比值作为相对误差，即

$$相对误差 \approx \frac{绝对误差}{测得值} \tag{1.9}$$

一般来说，当被测量的大小相近时，通常用绝对误差进行测量水平的比较。当被测量相差较大时，用相对误差才能进行有效的比较。

例 1.3　洲际导弹与优秀射手的几项指标比较见表 1-1。试评述哪个射击精度高。

表 1-1　洲际导弹与优秀射手的指标

	射程(x)	最大偏移	绝对误差
洲际导弹	15000km	300m	300m
优秀射手	100m	ϕ 2cm 靶心内	1cm

解　显然，从绝对误差值说，300m 远远大于 1cm。但是由于射程不一样，故不能说优秀射手的射击精度高。此时用绝对误差就难以评定两种方法射击精度的高低，必须采用相对误差来评定。

洲际导弹和优秀射手射击的相对误差分别为

$$r_1 = \frac{300}{15000 \times 10^3} \times 100\% = 0.002\%, \quad r_2 = \frac{1}{100 \times 10^2} \times 100\% = 0.01\%$$

由于 $r_1 < r_2$，显然洲际导弹的射击精度要高。

3. 引用误差

绝对误差和相对误差通常用于单值点测量误差的表示,而对于具有连续刻度和多档组成的测量仪器的误差则用引用误差表示。所谓引用误差,它是以仪器仪表某一刻度点的示值误差为分子、以测量范围上限值或全量程为分母所得的比值。该比值称为引用误差,即

$$引用误差 = \frac{示值误差}{测量范围上限(或量程)} \tag{1.10}$$

式中,示值误差是测量仪器示值与其真值之差。引用误差是一种相对误差,而且该相对误差是引用了特定值,即标称范围上限(或量程)得到的,故该误差又称为引用相对误差、满度误差。

假设式(1.10)中,示值误差取值为各示值点上误差绝对值的最大者,此时引用误差去除"±"和"%"后的数值常作为测量仪器准确度等级的计量值。国家标准和国家计量技术规范将某些专业的仪器仪表,按引用误差的大小分为若干准确度等级。例如,电工类仪表各分度点处的示值与对应的真值都不一样,只是相对误差的计算相当繁冗,为使计算简化及方便,划分的精度等级一律采用引用误差。电压表和电流表的等级由高到低分别为 0.05、0.1、0.2、0.3、0.5、1.0、1.5、2.0、2.5、3.0、5.0 共 11 个等级。符合某一等级 S 的仪表,说明该仪表在整个测量范围内,各示值点的引用误差均不超过 $S\%$。

测量时,仪表选定后,已知精度等级为 S,量程为 x_{m},则测量点 x 邻近处,示值误差为 $|\Delta| \leqslant x_{\mathrm{m}} S\%$,其相对误差为

$$|r_x| \leqslant \frac{x_{\mathrm{m}}}{x} S\% \tag{1.11}$$

由式(1.11)可知,在测量仪表精度等级一定的情况下,被测量值越接近所选量程值,则测量误差越小,反之则越大。为了提高测量的准确度,在使用电工类仪表进行测量时,应尽可能使示值接近仪表的满刻度值或邻近 2/3 量程以上。考虑到仪表的安全性,常使示值 x 满足 $2/3 x_{\mathrm{m}} \leqslant x \leqslant 0.95 x_{\mathrm{m}}$。

例 1.4 某表准确度为 1 级,量程为 20A,计算在测量 15A 时的最大相对误差。

解 计算最大绝对误差:

$$\Delta m = \frac{\pm K \times A_{\mathrm{m}}}{100} = \pm \frac{1 \times 20}{100} = \pm 0.2(\mathrm{A})$$

式中,K 为精度等级;A_{m} 为量程。

测量 15A 时的最大相对误差:

$$r = \frac{\Delta m}{A_x} = \pm \frac{0.2}{15} = \pm 1.33\%$$

式中,A_x 为测量仪表的指示值。

例 1.5 若例 1.4 中准确度为 0.5 级,其他相同,测量误差 r 计算如下:

$$\Delta m = \frac{\pm K \times A_{\mathrm{m}}}{100} = \pm \frac{0.5 \times 20}{100} = \pm 0.1(\mathrm{A})$$

$$r = \frac{\Delta m}{A_x} = \pm \frac{0.1}{15} = \pm 0.67\%$$

例 1.4 和例 1.5 说明，当仪表量程及测量值不变时，仪表精度等级越高则测量的相对误差越小，测量结果越准确，测量精度越高。

一般来说，测量结果的精度并不等于仪表的精度。

例 1.6　某电压表准确度为 2.5 级，量程为 250V，用该表分别测量 220V 和 110V 电压，计算最大相对误差。

解　最大绝对误差：

$$\Delta m = \frac{\pm K \times A_{\mathrm{m}}}{100} = \pm \frac{2.5 \times 250}{100} = \pm 6.25 (\mathrm{A})$$

测量 220V 时最大相对误差：

$$r_1 = \frac{\Delta m}{A_x} = \pm \frac{6.25}{220} = \pm 2.84\%$$

测量 110V 时最大相对误差：

$$r_2 = \frac{\Delta m}{A_x} = \pm \frac{6.25}{110} = \pm 5.68\%$$

例 1.7　测量一个约 80V 的电压。现有两块电压表：一块量程 300V、0.5 级，另一块量程 100V、1.0 级。问选用哪一块为好？

解　如果使用 300V、0.5 级表，按式 (1.9) 求出其示值相对误差为

$$r_1 \leqslant \frac{300 \times 0.5\%}{80} \times 100\% \approx 1.88\%$$

如果使用 100V、1.0 级表，其示值相对误差为

$$r_2 \leqslant \frac{100 \times 1.0\%}{80} \times 100\% \approx 1.25\%$$

由于 $r_2 < r_1$，因此选用测量相对误差小的 1.0 级电压表测量准确度高。可见，由于量程问题，选用 1.0 级仪表进行测量也可能会比 0.5 级表准确。因此在选用仪表时，要克服单纯追求精度等级越高越好的片面想法，而应根据被测量的大小，兼顾仪表的级别和测量上限，进行合理的选择。

1.5　测量误差来源

为了减小测量误差，提高测量准确度，就必须了解误差来源。而误差来源是多方面的，在测量过程中，几乎所有因素都将引入测量误差。测量误差主要来源大致分为测量装置误差、测量环境误差、测量方法误差、测量人员误差等。

1. 测量装置误差

测量装置误差包括标准器件误差、仪器误差、附件误差。

(1) 标准器件误差：标准件是以固定形式复现标准量值的器具，如标准电阻、标准量块、标准刻度尺、标准砝码等，它们本身体现的量值，不可避免地存在误差。一般要求标准器件的误差占总误差的 1/3～1/10。

(2)仪器误差是测量装置在制造过程中由于设计、制造、装配、检定等的不完善，以及在使用过程中，由于元器件的老化、机械部件磨损和疲劳等因素而使设备所产生的误差。凡是用来直接或间接将被测量和测量单位比较的设备，称为仪器或仪表，如温度计、千分尺、标准频率振荡器、微秒计等。前两者为指示仪表，后两者为比较仪表。

(3)附件误差是测量仪器所带附件和附属工具带来的误差，如计时开关装置等附件的误差，也会引起测量误差。

2. 测量环境误差

测量环境误差是指各种环境因素与要求条件不一致而造成的误差。如气压、温度、振动、辐射、照明、静电、电磁场、惯性加速度、旋转与旋转加速度等测量环境各种影响因素的变化与要求标准状态的不一致，从而引起测量装置和被测量本身发生变化所造成的误差。

3. 测量方法误差

测量方法误差指使用的测量方法不完善，或采用近似的计算公式，或实验条件不能达到理论公式所规定的要求，或测量方法不当等所引起的误差，又称为理论误差。例如，某些实验中忽略了摩擦、散热、电表内阻、单摆周期公式 $T = 2\pi\sqrt{l/g}$ 的成立条件等。

4. 测量人员误差

测量人员误差是测量人员的工作责任心、技术熟练程度、生理感官与心理因素、测量习惯等的不同而引起的误差。为了减小测量人员误差，应要求测量人员认真了解测量仪器的特性和测量的原理，熟练掌握测量规程，精心进行测量操作，并正确处理测量结果。

1.6 测量误差的分类

根据误差的特点与性质，误差可分为系统误差、随机误差和粗大误差三类。

1. 系统误差

在同一条件下，对同一量值多次测量时，绝对值和符号保持不变，或在条件改变时，按一定规律变化的误差称为系统误差。系统误差按照出现规律分为已定系统误差和未定系统误差。

(1)已定系统误差(定值系统误差)指误差绝对值和符号固定的系统误差，又称为恒定系统误差。例如，仪器仪表的零点误差，在测量过程中对各点的影响是一个常值。

(2)未定系统误差指误差绝对值和符号变化的系统误差。未定系统误差按其变化规律，又可分为线性系统误差(如温度变化对物体长度计量影响而产生的误差)、周期性系统误差(如圆盘式指针仪表，由于指针偏心所造成的误差是按正弦函数规律变化的)和复杂规律系统误差等。

2. 随机误差

在同一测量条件下，多次测量同一量值时，绝对值和符号以不可预定方式变化的误差称为随机误差。当测量次数足够多时，就整体而言，随机误差服从一定的统计分布规律。

随机误差和系统误差具有本质的区别。随机误差的数学期望为零，而系统误差的数学期望就是它本身。也就是说，在相同条件下做实验，出现时大时小、时正时负、没有明确规律的误差，就是随机误差。改变实验条件，出现某一确定规律的误差，就是系统误差。在这种情况下，尽管实验次数 n 趋向无穷大，而误差值的数学期望却趋向一个常数，这个常数就是系统误差。

3. 粗大误差

超出在规定条件下预期的误差称为粗大误差，或称为寄生误差。此误差值较大，会明显歪曲测量结果，如测量时对错了标志、读错或记错了数、使用有缺陷的仪器以及在测量时因操作不细心而引起的过失性误差等。

上面虽然将误差分为三类，但必须注意各类误差之间在一定条件下可以相互转化。对于某项具体误差，在此条件下为系统误差，而在另一条件下可为随机误差；反之亦然。例如，度盘某一分度线的误差具有恒定系统误差，但所有各分度线的误差大小不一样，且有正有负，因此整个度盘的分度线的误差为随机误差。

系统误差和随机误差并不是绝对对立的，随着人们对误差变化规律的认识进一步加深，可能把以往认识不到的而归结为随机误差的某项重新划分为系统误差。反之，当某项误差的认识不足而影响又很微弱时，常把该项误差作为随机误差处理。在实际的科学实验与测量中，人们常利用这些特点减小测量结果的误差。当测量条件稳定且系统误差可掌握时，就尽量保持在相同条件下测量，以便修正系统误差；当系统误差未能掌握时，就可以采用随机化技术。例如，均匀改变测量条件，如盘度位置，使系统误差随机化，以便得到抵偿部分系统误差后的测量结果。

1.7　测量结果评价——测量精度

反映测量结果与真值接近程度的量，称为测量精度。它与测量误差的大小相对应，因此可用测量误差大小来表示测量精度的高低，测量误差小则测量精度高，测量误差大则测量精度低。一般采用测量的准确度、精密度和精确度来评价测量结果。

（1）准确度。测量准确度表示测量结果与真值接近的程度，因而它是系统误差的反映。测量准确度高，则测量数据的算术平均值偏离真值的程度较小，测量的系统误差小，但数据有可能较分散，随机误差的大小不确定。

（2）精密度。测量精密度表示在同样测量条件下进行多次测量，所得结果彼此间相互接近的程度，即测量结果的重复性、测量数据的分散程度，因而测量精密度是测量随机误差的反映。测量精密度高，数据集中，随机误差小，但系统误差的大小不明确。

（3）精确度。测量精确度则是对测量的随机误差及系统误差的综合评定。精确度高，测量数据集中，且较集中在真值附近，测量的随机误差及系统误差都比较小。

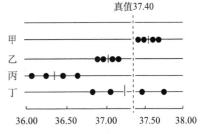

图 1-3　不同测量结果的评价

对于具体的测量，精密度高的准确度不一定高，准确度高的精密度也不一定高，但精确度高，则精密度与准确度都高。图 1-3 中，甲乙的测量分散程度相同，即精密度相同，但甲的测量结果更接近真值，所以甲的准确度比乙高。丙和丁的精密度大致相同，但丁的准确度比丙高。

1.8　有效数字、修约规则与数据运算规则

1.8.1　有效数字

在测量工作中，记录测量数据与表示测量结果的数值位数，应与使用的测量仪器及测量方法的准确度相一致。由于测量仪器刻度的限制，测量数据一般只能估计到仪器最小刻度的十分位。观测值的最后一位数字是估计出来的，是欠准确的。例如，用万分之一天平称量样品，三次称量的结果分别为 4.0123g、4.0122g 和 4.0124g。在这些称量结果中，数字 4.012 是从天平砝码的标值数读得的，而最后一位数"3"、"2"和"4"是从最小刻度估计得到的，存在着不确定性。"3"有可能被读成"2"或"4"。因此，最后一位数字是欠准确的数字。包括全部准确数字和一位可疑数字在内的所有数字的位数，就是有效数字的位数。上述称量结果有五位有效数字。

(1)根据有效数字的规定，测量值的最末一位一定是欠准确数字，这一位应与仪器误差的位数对齐，仪器误差在哪一位发生，测量数据的欠准位就记录到哪一位，不能多记，也不能少记，即使估计数字是 0，也必须写上，否则与有效数字的规定不相符。例如，用米尺(分度值为 1mm)测量物体的长度时应记为 25.4mm，这一数值说明仪器误差为十分之几毫米，改用游标卡尺(分度值为 0.02mm)测量，测得值应记为 25.400mm，仪器误差仅为百分之几毫米。显然，用米尺测量物体长为 25.4mm 与 25.400mm 是不同的两个测量值，也是属于不同仪器测量的两个值，后者的仪器精度高出一个数量级。从有效数字的另一面也可以看出测量用具的最小刻度值，如 0.0135m 是用最小刻度为毫米的尺子测量的，而 0.013m 是用最小刻度为厘米的尺子测量的。

(2)根据有效数字的规定，凡是仪器上读出的数值，1~9 等数字不论处于数值中的什么位置，都是有效数字。"0"是否算一个有效数字，要看它在测量数据中的位置。在数字前面仅起定位作用的"0"，不是有效数字。1~9 数字或(规范化写作)后面的"0"，都是有效数字。例如，6.003cm、4.100 cm 均是四位有效数字；而 0.003010kg 也为 4 位有效数字，"3"前面的三个"0"，只起定位作用，不是有效数字，"3"后面的两个"0"是有效数字。

(3)根据有效数字的规定，在十进制单位换算中，其测量数据的有效位数不变，如 4.51 cm 若以 m 或 mm 为单位，可以表示成 0.0451m 或 45.1mm，这两个数仍然是三位有效数字。为了避免单位换算中位数很多时写一长串或计数时出现错位，常采用科学表达式，通常是在小数点前保留一位整数，用 10^n 表示，如 5.63mm 可以记为 5.63×10^{-3}m 和 $5.63 \times 10^3 \mu$m 等，0.0001234g 应写成 1.234×10^{-4}g，0.0000074g 应写作 7.4×10^{-6}g。而对于 785000m 这样的以"0"结尾的正整数，其有效数字的位数根据测量的准确度确定，如果测量准确度为千分之一，应写成 7.85×10^5m，表明是三位有效数字；如果测量准确度为万分之一，则写作 7.850×10^5m，表明是四位有效数字。

(4)根据有效数字的规定对有效数字进行记录时，直接测量结果的有效位数的多少，取决于被测物本身的大小和所使用的仪器精度。对于同一个被测物，高精度的仪器测量的有效位数多，低精度的仪器测量的有效位数少。例如，长度约为 3.7cm 的物体，若用最小分度值为 1mm 的米尺测量，其数据为 3.70cm，若用螺旋测微器测量(最小分度值为 0.01mm)，其测量值为 3.7000cm，显然螺旋测微器的精度比米尺高很多，所以测量结果的位数比米尺的测量结果多两位数。反之用同一精度的仪器，被测物大的物体测量结果的有效位数多；被测物小的物体，测量结果的有效位数少。

(5)小数点的位置不影响有效数字的位数。例如，20.1234kg 和 0.0201234t 的有效数字都是六位；$9.80m/s^2$、$0.00980km/s^2$ 或者 $9.80 \times 10^3/s^2$ 都是三位有效数字；12.25ml 和 0.01225L 的有效数字都是四位。与算术中数字的表示方法不一样，测量数据中属于有效数字的"0"，既不能随意略去，也不得任意增加。例如，4.000g 不能随便简写为 4g，也不应写作 4.00000g。

1.8.2　修约规则

测量结果的有效数字，只能允许保留一位欠准确数字。对于位数很多的近似数，当有效数字确定后，其后面多余的数字应予以舍去，而保留的有效数字最末一位数字应按下面的舍入规则进行凑整。具体规则通常为"四舍六入五凑双"法则，具体如下：

(1)若被舍弃的第一位数字小于 5，则直接舍去。如 3.71729、7.691499 取四位有效数字分别为 3.717、7.691。

(2)若被舍弃的第一位数字大于 5，则其前一位数字加 1，如 3.14169 取四位数字为 3.142。

(3)若被舍弃的第一位数字等于 5，而其后数字全部为零，则看被保留的末位数字为奇数还是偶数(零视为偶数)，末位是奇数时进 1，末位为偶数不加 1。如 28.350、28.250、28.050 取三位数字分别为 28.4、28.2、28.0，4.51050、3.21550 取四位有效数字为 4.510、3.216。

(4)若被舍弃的数字为 5，而其后的数字并非全部为零则进 1。如 28.2501 取三位有效数字为 28.3，6.378501 取四位有效数字为 6.379。

(5)若被舍弃的数字包括几位数字时，不得对该数字进行连续修约。如 2.154546 只取三位有效数字为 2.15，而不能 2.154546→2.15455→2.1546→2.155→2.16。

例 1.8　按照修约规则，将下面各个数据保留三位有效数字。

原数据：　　　　　3.130　3.133　3.134　3.135　3.136　3.145　3.1451　3.145001

解　修约后的数据：　3.13　　3.13　　3.13　　3.14　　3.14　　3.14　　3.15　　3.15

1.8.3　数据运算规则

(1)在近似数加减运算时，各运算数据以小数位数最少的数据位数为准，其余各数据可多取一位小数，但最后结果的小数位数应与小数位数最少的数据小数位相同。因此若干个直接测量值进行加法或减法计算时，选用精度相同的仪器最为合理。

例 1.9　求 $478.2 + 3.462$ 和 $49.27 - 3.4$。

解　　　　　　　　　$478.2 + 3.462 = 478.2 + 3.46 = 481.66 \approx 481.7$

　　　　　　　　　　　$49.27 - 3.4 = 45.87 \approx 45.9$

(2)在近似数乘除运算时，各运算数据以有效数字最少的数据位数为准，其余各数据要比有效数最少的数据位数多取一位数字，而最后结果应与有效数位最少的数据位数相同。因此测量的若干个量，若是进行乘法除法运算，应按照有效位数相同的原则来选择不同精度的仪器。

例 1.10　求 1.3642×0.0026，834.5×23.9 和 $2569.4 \div 19.5$。

解
$$1.3642 \times 0.0026 \approx 1.36 \times 0.0026 = 0.003536 \approx 0.0035$$
$$834.5 \times 23.9 = 19944.55 \approx 1.99 \times 10^4$$
$$2569.4 \div 19.5 = 131.7641\cdots \approx 132$$

（3）乘方和开方运算，其结果的有效数字的位数与其底数的有效数字的位数相同。例如：
$$(7.325)^2 = 53.656 \approx 53.66$$
$$\sqrt{32.8} \approx 5.73$$

（4）对数运算，一个近似值 a 可以写成 $A \times 10^n$ 的形式。对 a 进行对数运算时，计算式（1.12）中尾数的有效数字为近似值 a 的有效数字位数。

$$\lg a = \lg\left(A \times 10^n\right) = n + \lg A \tag{1.12}$$

例 1.11　求 $\lg 32.8$。

解
$$\lg 32.8 = 1 + \lg 3.28 = 1 + 0.51587 = 1 + 0.516 = 1.516$$

（5）在计算数据的有效位数时，对于常数 π、e 及其他无误差的数值，其有效数字的位数可认为是无限的，在计算中需要几位就取几位。

无理常数 $\pi, \sqrt{2}, \sqrt{3}, \cdots$ 的位数也可以看成很多位有效数字。

例 1.12　当测量值 R 为 $2.35 \times 10^{-1}\mathrm{m}$ 时，求 $L = 2\pi R = ?$

解　$L = 2\pi R$，当测量值 $R = 2.35 \times 10^{-1}\mathrm{m}$ 时，π 应取为 3.142，则
$$L = 2\pi R = 2 \times 3.142 \times 2.35 \times 10^{-2} = 1.48 \times 10^{-1}(\mathrm{m})$$

（6）三角函数运算中，所取函数值的位数应随角度误差的减小而增多，其对应关系如表1-2 所示。

表 1-2　三角函数值的位数与角度误差的关系

角度误差/($''$)	10	1	0.1	0.01
函数值位数	5	6	7	8

（7）综合运算。实际运算中，算式中往往包括几种不同的运算，对于中间步骤的运算结果，其有效数字可按加减、乘除、乘方和开方的运算规则的规定增加 1 位。四个以上近似数的平均值，其有效数字可增加一位。

习　　题

1-1　何谓量的真值？它有哪些特点？实际测量中如何确定？

1-2　间接测量和组合测量有什么区别？请举例说明。

1-3　误差按性质分为哪几种？各有何特点？

1-4　什么是测量误差？误差有哪几种类型？有什么表示方法？表征测量结果质量的指标有哪些？测量

误差有哪些来源?

1-5　说明误差与偏差、准确度与精密度的区别。

1-6　测得某三角块的三个角度之和为 180°00′02″,试求测量的绝对误差和相对误差。

1-7　用两种方法测量长度为 50mm 的被测件,分别测得 50.005mm、50.003mm。试评定两种方法测量精度的高低。

1-8　一块 0.5 级测量范围为 0~150V 的电压表,经过高等级标准电压表校准,在示值为 100.0V 时,测得实际电压(相对真值)为 99.4V,问该电压表是否合格?

1-9　检定 2.5 级(即引用误差为 2.5%)的全量程为 100V 的电压表,发现 50V 刻度点的示值误差 2V 为最大误差,问该电压表是否合格?

1-10　检定某一信号源的功率输出,信号源刻度盘读数为 90μW,其允许误差为 ±30%,检定时用标准功率计去测量信号源的输出功率,正好为 75μW。问此信号源是否合格?

1-11　多级导弹火箭的射程为 10000km 时,其射击偏离预定点不超过 0.1km。优秀射手能在距离 50m 远处准确地射中直径为 2cm 的靶心,试评述哪一个射击精度高?

1-12　检定一只 2.5 级电流表 3mA 量程的满度相对误差。现有下列几只标准电流表,问选用哪只最适合,为什么?

(1) 0.5 级 10mA 量程; (2) 0.2 级 10mA 量程; (3) 0.2 级 15mA 量程; (4) 0.1 级 100mA 量程。

1-13　某传感器的精度为 2%,满度值为 50mV,零位值为 10mV,求可能出现的最大误差。当传感器使用在满刻度值的一半和 1/8、1/3、2/3 时,计算可能产生的百分误差,由计算结果能得出什么结论。

1-14　在测量某一长度时,读数值为 2.31m,其最大绝对误差为 20μm,试求其最大相对误差。

1-15　依有效数字计算法则计算下列各式:

(1) 7.9936÷0.9967−5.02。

(2) 0.0325×5.103×60.06÷139.8。

(3) 1.276×4.17+1.7×10^{-4}−0.0021764×0.0121。

(4) lg32.8。

(5) 从国际原子量表中查得各个元素的原子量如下:K, 39.0983; Mn, 54.93805; O, 15.9994。计算 $KMnO_4$ 的相对分子质量。

1-16　用自己熟悉的语言编程实现绝对误差和相对误差的求解。

1-17　按照数字舍入规则,用自己熟悉的语言编程实现对以下数据保留四位有效数字进行凑整:

3.14159, 2.71729, 4.51050, 3.21551, 6.378501

1-18　根据舍入规则,对以下数据进行修约,保留三位有效数:3.1301,3.1349,3.1350,3.1362,3.1450,3.1451。

1-19　若用两种测量方法测量某零件的长度 L_1 =110mm,其测量误差分别为 ±11μm 和 ±9μm,而用第三种测量方法测量另一零件的长度为 L_2 =150mm,其测量误差为 ±12μm,试比较三种测量方法精度的高低。

1-20　如图 1-4 所示为正弦机构,被测尺寸偏差使测杆位移 p,测杆推动杠杆转动 α 角使指针偏转,若指针刻度是均匀的,试分析由传动关系的非线性引起的测量误差。

1-21　某待测量约为 80μm,要求测量误差不超过 3%,现有 1.0 级 0~300μm 和 2.0 级 0~100μm 的两种测微仪,问选择哪一种测微仪符合测量要求?

1-22　某待测电压均为 100V,现有 0.5 级量程为 0~400V 和 1.0 级量程为 0~150V 的两只电压表,问选用哪一只电压表测量为好?

1-23 试定性说明如图 1-5 所示 *A*、*B*、*C*、*D* 四组测量中系统误差与随机误差的大小，并用与测量精度有关的三个术语(即准确度、精密度、精确度)进行描述。

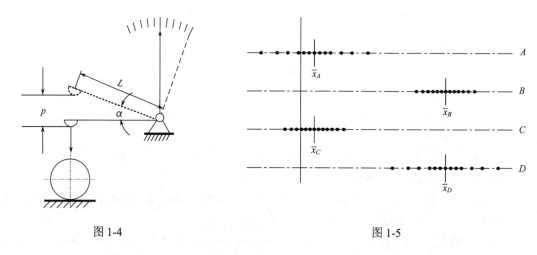

图 1-4   图 1-5

1-24 测量范围上限为 19600N 的工作测力计(拉力表)，在标定示值为 14700N 处的实际作用力为 14778.4N。试计算此测力计在该刻度点的引用误差。

1-25 检定一只 5mA、3.0 级电流表的误差。按规定，要求所使用的标准仪器产生的误差不大于受检仪器允许误差的 1/3。现有下列三只标准电流表，问选用哪一只最合适，为什么？

(1)15mA、0.5 级；(2)10mA、1.0 级；(3)15mA、0.2 级。

1-26 测量某电压值为 18.00V，用高一级电压表测量值为 17.95V，量程为 40V，求电压值的绝对误差、相对误差、引用误差。

1-27 某 1.0 级电流表，满度值(标称范围上限)为 100，求测量值分别为 100、80 和 20 时的绝对误差和相对误差。

第2章 系统误差和粗大误差的处理

2.1 系统误差处理

系统误差的特征是在同一条件下，多次测量同一量值时，误差的绝对值和符号保持不变，或者在条件改变时，误差按一定的规律变化。系统误差和随机误差同时存在于测量数据之中，且不易被发现，多次重复测量又不能减小其对测量结果的影响。系统误差没有通用的处理方法，只能针对具体情况采取不同措施来处理有关数据。处理的好与坏，在很大程度上取决于测量者的技术水平和专业知识。

2.1.1 系统误差的产生原因

系统误差是由固定不变的或按确定规律变化的因素造成的，主要影响因素如下：

(1)测量装置方面的因素。仪器机构设计原理上的缺点，如齿轮杠杆测微仪直线位移和转角不成比例的误差；仪器零件制造和安装不正确，如标尺的刻度偏差、刻度盘和指针的安装偏心、仪器轨道的误差、天平的臂长不等；仪器附件制造偏差，如标准环规直径偏差等。

(2)环境方面的因素。测量时的实际温度对标准温度的偏差。测量过程中温度、湿度等按一定规律变化的误差。

(3)测量方法的因素。测量所依据的理论公式本身的近似性，或实验条件不能达到理论公式规定的要求，或采用近似的测量方法等引起的误差。

(4)测量人员方面的因素。由于测量者的个人特点，在刻度上估计读数时，习惯偏于某一方向；动态测量时，记录某一信号有滞后的倾向。

2.1.2 系统误差的分类

1. 不变的系统误差(恒值系统误差、定值系统误差)

在整个测量过程中，符号和大小固定不变的系统误差称为不变系统误差。如某一量块的公称尺寸为 10mm，实际尺寸为 10.001mm，误差为-0.001mm。若按公称尺寸使用，量块就会存在-0.001mm 的系统误差。

恒定系统误差在各测量值中保持常值，它的存在不能由各测量结果本身作出判断，也不能借助算术平均值原理等方法减小其影响，但可以修正。

2. 线性变化的系统误差

在整个测量过程中，随着测量值或时间的变化，成比例地增大或减小的系统误差称为线性变化的系统误差。如刻度值为 1mm 的标准刻尺，由于存在刻划误差 Δl，每一刻度间距实际为 $(1+\Delta l)\,\mathrm{mm}$，若用它与另一长度比较，得到的比值为 K，则被测长度的实际值

$$L = K(1+\Delta l)\,\mathrm{mm} \tag{2.1}$$

若认为该长度实际值为 K mm，就产生了随测量量大小而变化的线性系统误差 $-K\Delta l$ mm。线性变化的系统误差可通过测量数据的逐次变化表现出来。

3. 周期性变化的系统误差

在整个测量过程中，随着测量值或时间的变化，按周期性规律变化的系统误差称为周期性变化的系统误差。如仪表指针的回转中心与刻度盘中心有偏心值 e，则指针在任一转角 φ 引起的读数误差即为周期性系统误差(图 2-1)，表示为

$$\Delta L = e\sin\varphi \tag{2.2}$$

周期性变化的系统误差易于在测量结果中显现出来，采用一定的方法可减小或消除其影响。

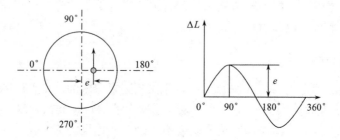

图 2-1　周期性变化的系统误差

4. 复杂规律变化的系统误差

在整个测量过程中，若误差是按确定的且复杂的规律变化的，则称为复杂规律变化的系统误差。如微安表的指针偏转角与偏转力矩不能严格保持线性关系，而表盘采用均匀刻度所产生的误差；晶体振荡频率的长期漂移近似服从对数规律变化，若不考虑这种漂移，就会带来按对数规律变化的系统误差；在精密机械测量中，精密线纹尺的刻度误差、精密杠杆的螺旋误差等都会产生按高次抛物线规律变化的系统误差。

2.1.3　系统误差的发现

为了在测量中消除或削弱系统误差对测量的影响，首先要解决如何发现系统误差的问题。由于在各种测量中形成系统误差的因素错综复杂，人们还不可能掌握所有系统误差，也不可能把系统误差完全消除干净。所以，只能根据过去的经验，归纳总结出一些发现系统误差的一般解决办法，下面分别介绍测量列内和测量列间系统误差的发现方法。

1. 测量列内系统误差的发现

1)实验对比法

实验对比法是改变产生系统误差的条件进行不同条件的测量方法，以发现系统误差。这种方法适用于发现不变的系统误差。该方法常用于检定中，但需要相应的高精度的测量仪器，因而在实用中受到限制。例如，量块按公称尺寸使用时，在测量结果中就存在由于量块的尺寸偏差而产生的不变系统误差，多次重复测量也不能发现这一误差，只有用另一块高一级精

度的量块进行对比时才能发现。

2) 实验分析法

若在相同的实验条件下获得了大量数据，可通过分析数据判断是否存在系统误差。根据理论或测量同类物理量的经验，对测量数据应遵从的统计分布作出假设，若实际测量数据呈现的规律与假设不符，往往说明存在系统误差。例如，标准偏差不随测量次数的增加而减小，或绝对值小的偏差不比绝对值大的偏差显著得多，将测量数据按测量先后依次排列，偏差的大小单向变化，或偏差的大小、符号呈周期性变化，均说明测量数据不遵从正态分布规律，可能有系统误差存在。

3) 残余误差观察法

残余误差观察法是根据测量列的各个残余误差大小和符号的变化规律，直接由误差数据或误差曲线图形来判断有无系统误差，这种方法主要适用于发现有规律变化的系统误差，如图 2-2 所示。图 2-2(a) 所示残余误差大体上是正负相同，且无显著变化规律，不存在系统误差，图 (b) 为存在线性变化的系统误差，图 (c) 为存在周期性变化的系统误差，图 (d) 为同时存在线性变化和周期性变化的系统误差。

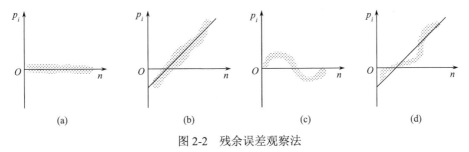

图 2-2　残余误差观察法

例 2.1　测量一物体，测量数据按先后次序依次为 34.588，34.589，34.588，34.59，34.592，34.594，34.596，34.600，34.600，34.603。试用残余误差观察法判断其中是否含有系统误差。

解　在 Excel 中，将数据输入在 B2:B11 中，在 B2 单元格用 "=AVERAGE(B2:B11)" 求出平均值；在 C2 单元格利用公式 "=B2-B$12" 计算出测量的残差，选中该格，拖动填充柄至 C11，计算出各测量的残差。单击工具栏的图表工具按钮，弹出 "图表向导" 对话框，如图 2-3 所示，选择 "XY(散点图)"，单击 "确定"。

图 2-3　残差计算与图表向导

弹出图表数据源对话框，单击"数据区域"文本框右边的按钮，弹出数据区域选择框，如图 2-4 所示，在数据表中由 C2 拖动到 C11，选择残差数据，单击"确定"按钮，生成残余误差分布图(图 2-5)。

由残余误差分布图(图 2-5)可见残余误差明显由小递增变大，说明其中含有系统误差。

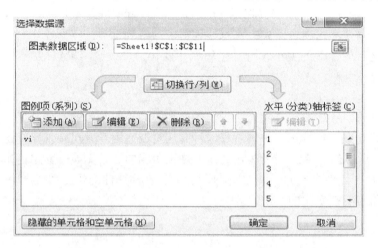

图 2-4　选择数据源

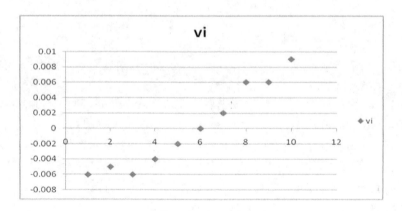

图 2-5　残余误差分布图

4)残余误差校核法

(1)马利科夫准则——用于发现线性系统误差。

马利科夫判据是将测量列中前 K 个残余误差相加，后 $n-K$ 个残余误差相加(当 n 为偶数时，取 $K=n/2$；n 为奇数时，取 $K=(n+1)/2$)，两者相减之差明显不为零，可能含有线性系统误差。例如，一组测量数据，$\Delta = \sum_{i=1}^{K} v_i - \sum_{j=K+1}^{n} v_j = 2.3$，因 Δ 显著不为零，说明测量列中存在线性系统误差。

注：$\Delta=0$ 仍有可能存在系统误差，如不变系统误差。

(2)阿卑-赫梅特准则——用于发现周期性系统误差。

若有一个等精度测量列，按测量先后顺序将残余误差排列为 $v_1, v_2, \cdots, v_n$。如果存在着按此顺序呈周期性变化的系统误差，则相邻两个残余误差的差值 $v_i - v_{i+1}$ 的符号也将出现周期性的正负号变化，因此由差值 $v_i - v_{i+1}$ 可以判断是否存在周期性系统误差，但是这种方法只有当周期性系统误差是测量误差的主要成分时，才有实用效果；否则，差值 $v_i - v_{i+1}$ 符号变化将主要取决于随机误差，而无法判别出周期性系统误差是否存在。在此情况下，可用统计准则进行判断，令

$$u = \left| \sum_{i=1}^{n-1} v_i v_{i+1} \right| = \left| v_1 v_2 + v_2 v_3 + \cdots + v_{n-1} v_n \right|$$

若 $u > \sqrt{n-1}\sigma^2$，则认为该测量列中含有周期性系统误差。这种校核法又叫阿卑-赫梅特准则，它能有效地发现周期性系统误差。

例 2.2　对某电阻测量 10 次，测得结果（单位为 Ω）为 120.14，120.16，120.22，120.25，120.23，120.14，120.15，120.21，120.24，120.26。试用阿卑-赫梅特准则判断测量列中是否存在周期性的系统误差。

解　(1)求算术平均值：

$$\bar{x} = \frac{1}{n} \sum_{i=1}^{10} x_i = 120.20$$

(2)求方差：

v_i:　　　　$-0.06, -0.04, 0.02, 0.05, 0.03, -0.06, -0.05, 0.01, 0.04, 0.06$

$$\sum_{i=1}^{10} v_i^2 = 0.0204$$

$$s^2 = \frac{\sum_{i=1}^{10} v_i^2}{n-1} = \frac{0.0204}{9} = 0.00227$$

根据贝塞尔公式计算方差，计算的中间结果见表 2-1。

表 2-1　方差计算的中间结果

n	x_i	v_i	$\sum_i v_i$	v_i^2
1	120.14	−0.06		0.0036
2	120.16	−0.04		0.0016
3	120.22	0.02	0.00	0.0004
4	120.25	0.05		0.0025
5	120.23	0.03		0.0009
6	120.14	−0.06		0.0036
7	120.15	−0.05		0.0025
8	120.21	0.01	0.00	0.0001
9	120.24	0.04		0.0016
10	120.26	0.06		0.0036
$\sum$	1202.00	0.00	0.00	0.0204

（3）求统计量 u：

$v_i v_{i+1}$： 0.0024， −0.0008， 0.0010， 0.0015， −0.0018， 0.0030， −0.0005， 0.0004， 0.0024

$$\sum_{i=1}^{9} v_i v_{i+1} = 0.0076$$

$$u = \left| \sum_{i=1}^{9} v_i v_{i+1} \right| = 0.0076$$

判断

$$u = \left| \sum_{i=1}^{9} v_i v_{i+1} \right| = 0.0076 > \sqrt{n-1} s^2 = 0.0068$$

所以可判断测量列中有周期性系统误差存在。

5）不同公式计算标准差比较法

对于等精度测量，可用不同公式计算标准差，通过比较以发现系统误差。按贝塞尔公式计算：

$$s_1 = \sqrt{\frac{\sum_{i=1}^{10} v_i^2}{n-1}} \tag{2.3}$$

按别捷尔斯公式计算：

$$s_2 = 1.253 \frac{\sum_{i=1}^{10} |v_i|}{\sqrt{n(n-1)}} \tag{2.4}$$

令

$$u = \frac{s_2}{s_1} - 1 \tag{2.5}$$

若 $u \geqslant \dfrac{2}{\sqrt{n-1}}$，则怀疑测量列中存在系统误差。

2. 测量列间系统误差的发现

1）计算数据比较法

对同一量进行多组测量，得到多组数据。通过多组计算数据比较，若不存在系统误差，其比较结果应满足随机误差条件，否则可认为存在系统误差。

若对同一量独立测得 m 组，各组的算术平均值和标准差分别为

$$\overline{x}_1，s_1；\overline{x}_2，s_2；\cdots；\overline{x}_m，s_m$$

任意两组测量结果之差为

$$\Delta = \overline{x}_i - \overline{x}_j \tag{2.6}$$

其标准差为

$$s = \sqrt{s_i^2 + s_j^2} \tag{2.7}$$

若 $|\Delta| < 2\sqrt{s_i^2 + s_j^2}$ ，则两组测量结果 $\bar{x}_i$ 与 $\bar{x}_j$ 间不存在系统误差。

例 2.3　瑞利用两种不同方法制取氮,测得氮气的相对密度平均值及其标准差分别如下。

化学法制取氮:

$$\bar{x}_1 = 2.29971, \quad s_1 = 0.00041$$

大气中提取氮:

$$\bar{x}_2 = 2.31022, \quad s_2 = 0.00019$$

试用计算数据比较法判断两组数据间有无系统误差存在。

解　(1)求两者差值:

$$\Delta = \bar{x}_2 - \bar{x}_1 = 0.01051$$

(2)求差值的标准差:

$$s = \sqrt{s_1^2 + s_2^2} = \sqrt{0.00041^2 + 0.0009^2} = 0.00045$$

(3)判断:

$$|\Delta| = 0.01051 > 2\sqrt{s_1^2 + s_2^2} = 0.0009$$

故两组测量数据间有系统误差存在，也即两种方法间存在系统误差。

2)秩和检验法

若独立测得两组的数据为

$$x_i, \quad i = 1, 2, \cdots, n_x$$

$$y_j, \quad j = 1, 2, \cdots, n_y$$

将它们混合以后，按大小顺序重新排列，取测量次数较少的那一组，得出该组测得值在混合后的次序(即秩)，再将该组所有测得值的次序相加，即得秩和 T。若两组数据中有相同的数值，则该数据的秩按这些相同数值次序的平均值计算。

(1) n_1、$n_2 \leqslant 10$ 时的检验。

测量次数较少组的次数 n_1 和测量次数较多组的次数 n_2,由秩和检验表(表 2-2)查得 T_- 和 T_+ (显著度为 0.05)。若 $T_- < T < T_+$ ，则无根据怀疑两组间存在系统误差。

(2) n_1、$n_2 > 10$ 时的检验。

当 n_1、$n_2 > 10$ 时，秩和 T 近似服从正态分布

$$N\left[\frac{n_1(n_1+n_2+1)}{2}, \frac{n_1 n_2(n_1+n_2+1)}{12}\right]$$

其中，括号中的第一项为数学期望 μ，第二项为方差 σ^2 。

根据数学期望 μ 和标准差 σ 的定义，有

$$t = \frac{T - \mu}{\sigma}$$

选取概率 $\Phi(t)$ ，由正态分布积分表(附表 1)查得 t，记为 t_α。若 $|t| \leqslant t_\alpha$ ，则两组间不存在系统误差。

表 2-2　秩和检验表

n_1	2	2	2	2	2	2	2	3	3	3	3
n_2	4	5	6	7	8	9	10	3	4	5	6
T_-	3	3	4	4	4	4	5	6	7	7	8
T_+	11	13	14	16	18	20	21	15	17	10	22
n_1	3	3	3	3	4	4	4	4	4	4	4
n_2	7	8	9	10	4	5	6	7	8	9	10
T_-	9	9	10	11	12	13	14	15	16	17	18
T_+	24	27	29	31	24	27	30	33	36	39	42
n_1	5	5	5	5	5	5	6	6	6	6	6
n_2	5	6	7	8	9	10	6	7	8	9	10
T_-	19	20	22	23	25	26	28	30	32	33	35
T_+	36	40	43	47	50	54	50	54	58	63	67
n_1	7	7	7	7	8	8	8	9	9	10	
n_2	7	8	9	10	8	9	10	9	10	10	
T_-	39	41	43	46	52	54	57	66	69	83	
T_+	66	71	76	80	84	90	95	105	111	127	

例 2.4　对某量进行两组测量，测得数据如表 2-3 所示。试用秩和检验法判断两组测量值之间是否有系统误差。

表 2-3　测量数据表

x_i	0.62	0.86	1.13	1.13	1.16	1.18	1.20
y_i	0.99	1.12	1.21	1.25	1.31	1.31	1.38
x_i	1.21	1.22	1.30	1.34	1.39	1.41	1.57
y_i	1.41	1.48	1.59	1.60	1.60	1.84	1.95

解　按照秩和检验法要求，将两组数据混合排列成表 2-4。

表 2-4　测量数据及其秩表

T	1	2	3	4	5	6	7	8	9	10
x_i	0.62	0.86			1.13	1.13	1.16	1.18	1.20	
y_i			0.99	1.12						1.21
T	11	12	13	14	15	16	17	18	19	20
x_i	1.21	1.22		1.30			1.34		1.39	1.41
y_i			1.25		1.31	1.31		1.38		
T	21	22	23	24	25	26	27	28		
x_i			1.57							
y_i	1.41	1.48		1.59	1.60	1.60	1.84	1.95		

有 $n_x = 14$，$n_y = 14$，取 x_i 的数据计算秩和 T，得 $T = 154$。由

$$\mu = \left[\frac{n_1 (n_1 + n_2 + 1)}{2} \right] = 203$$

$$\sigma^2 = \left[\frac{n_1 n_2 (n_1 + n_2 + 1)}{12} \right] = 474$$

求出

$$t = \frac{T - \mu}{\sigma} = -0.1$$

选取显著度水平 α 为 0.05，即概率 $P = 1 - \alpha = 2\Phi(t) = 0.95$，$\Phi(t) = 0.475$。查附表 1 有 $t_\alpha = 1.96$。由于 $|t| \leqslant t_\alpha$，因此，可以认为两组数据间没有系统误差。

例 2.5　对某物理量测得两组数如下，判断两组间有无系统误差。

$$x_i:\quad 14.7,\ 14.8,\ 15.2,\ 15.6$$
$$y_i:\quad 14.1,\ 15.0,\ 15.1$$

解　在 Excel 中利用 RANK 函数求 x_i 和 y_i 混合秩次，C2 单元格的公式为 "RANK(B2,\$B\$2:\$B\$8,1)"，向下复制该单元格格式，得到混合秩次，如图 2-6 所示。

使用函数 SUMIF 求 y_i 的秩次和 T，B11 中的公式为 "SUMIF(A2:A8, "y", C2:C8)"，将 A2:A8 间值为 "y" 的相应 C 列单元格的值相加，得 10。

由 $n_1 = 3$ 和 $n_2 = 4$，查秩和检验表得 $T_- = 7$，$T_+ = 17$。

因 $T_- = 7 < T < T_+ = 17$，故无根据怀疑两组间存在系统误差。

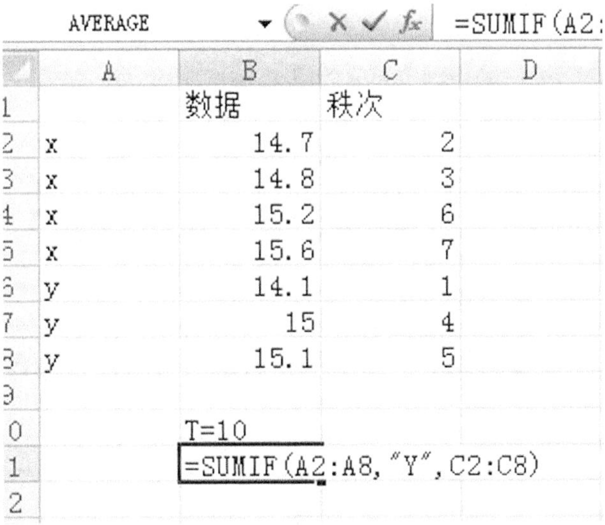

图 2-6　在 Excel 中应用秩和检验法

2.1.4　系统误差的减小和消除

在测量过程中，发现有系统误差存在时，必须进行进一步分析，找出可能产生系统误差的原因，并提出减小和消除系统误差的措施。下面介绍其中最基本的方法以及适应不同系统

误差处理的特殊方法。

1. 从产生误差根源上消除系统误差

从产生误差根源上消除误差是最根本的方法，它要求测量人员对测量过程中可能产生的系统误差的环节进行仔细分析，并在测量前就将误差从产生根源上加以消除。例如，选择准确度等级高的仪器设备以减小仪器的基本误差；使仪器设备工作在其规定的工作条件下，使用前正确调零、预热以减小仪器设备的附加误差；选择合理的测量方法，设计正确的测量步骤以减小方法误差和理论误差；提高测量人员的测量素质，改善测量条件(选用智能化、数字化仪器仪表等)以减小人员误差等。

2. 用修正方法消除系统误差

对理论公式进行修正，应找出修正公式。将仪器、量具送计量部门检验，预先将测量器具的系统误差检定出来或计算出来，做出误差表或误差曲线，然后取与误差数值大小相同而符号相反的值作为修正值，将实际测得值加上相应的修正值，即可得到不包含该系统误差的测量结果。如量块的实际尺寸不等于公称尺寸，若按公称尺寸使用，就会产生系统误差。因此，按经过检定的实际尺寸(即将量块的公称尺寸加上修正量)使用，就可避免此项系统误差的产生。由于修正值本身也包含有一定误差，因此用修正值消除系统误差的方法，不可能将全部系统误差修正掉，总要残留少量系统误差，对这种残留的系统误差则可按随机误差进行处理。

3. 改进测量方法

在测量过程中，应根据具体的测量条件和系统误差的性质，对可能产生系统误差的各个环节采取相应的措施，选择适当的测量方法，使测得值中的系统误差在测量过程中相互抵消或补偿而不带入测量结果之中，从而实现减少或消除系统误差的目的。

1)不变系统误差消除法

对测得值中存在固定不变的系统误差，常用以下几种消除法：

(1)代替法。

代替法的实质是在测量装置上对被测量进行测量后，不改变测量条件，立即用一个标准量代替被测量，放到测量装置上再次进行测量，从而求出被测量与标准量的差值，即被测量＝标准量＋差值。

例如，用天平称重时，由于天平两臂臂长不等就会引入系统误差，而采用代替法就能消除。首先将待测量放到天平一端，另一端放置标准砝码使天平平衡，然后取下待测量，用标准砝码去代替待测量使天平再次平衡，则代替待测量的标准砝码的质量就是待测量的质量，即被测量＝标准量＋差值。

(2)抵消法。

有些定值系统误差无法从根源上消除，也难以确定其大小而修正，但可以进行两次不同的测量，使两次读数时出现的系统误差大小相等而符号相反，然后取两次测量的平均值便可消除系统误差。例如，螺旋测微计空行程(螺旋旋转但量杆不动)引起的固定系统误差，可以从两个方向对标线来消除。先顺时针方向旋转，对准标志读数 $d = \alpha + \theta$，α 为不含系统误差的读数，θ 为空行程引起的误差。再逆时针方向旋转，对准标志读数 $d' = \alpha - \theta$。两次读数取平均，即得 $(d + d')/2 = \dfrac{\alpha + \theta + \alpha - \theta}{2} = \alpha$，可见空行程所引起的误差已经消除。

　　(3) 交换法。

　　根据误差产生的原因，对某些条件进行交换，以消除固定的误差。如用不等臂天平称重，先将被测量 X 放于天平一侧，砝码放于其另一侧，调至天平平衡，则有 $X = \dfrac{l_2}{l_1} P$，若将 X 与 P 交换位置，由于 $l_1 \neq l_2$（存在恒定系统误差的缘故），天平将失去平衡。原砝码 P 调整 ΔP 才使天平再次平衡，于是有

$$X = \frac{(P + \Delta P)\, l_1}{l_2}$$

则

$$P' = P + \Delta P = \frac{l_2}{l_1} X$$

$$X = \sqrt{PP'} \approx (P + P')/2$$

即可消除天平两臂长不等造成的系统误差。

　　2) 消除线性系统误差的对称法

　　对称法是消除线性系统误差的有效方法，如图 2-7 所示。随着时间的变化，被测量作线性增加，若选定某时刻为中点，则对称于此点的系统误差算术平均值皆相等。即

$$\frac{\Delta l_1 + \Delta l_5}{2} = \frac{\Delta l_2 + \Delta l_4}{2} = \Delta l_3$$

　　利用这一特点，可将测量对称安排，取各对称点两次读数的算术平均值作为测量值，即可消除线性系统误差。

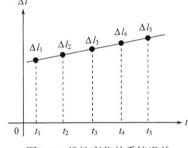

图 2-7　线性变化的系统误差

　　例 2.6　若用代替法在天平上测量某量 X，此时除由于天平臂长不等造成的定值系统误差外，尚存在由于某时间变化的温度（递增或递减）导致臂长变化而产生的线性变化的系统误差，试用对称法设计测量过程以消除该系统误差。

　　解　将测量过程作如下安排：

　　(1) 先用重物 P 去平衡被测量 X，则有 $X = (l_2/l_1 + \Delta l_1) P$，其中 $\Delta l_1 P$ 为 t_1 时刻的线性变化系统误差。

　　(2) 用砝码平衡重物 P，有 $P' = (l_2/l_1 + \Delta l_2) P$，其中 $\Delta l_2 P$ 为 t_2 时刻的线性变化系统误差。

　　(3) 相隔某一时间再重复 (2) 所述过程一次，此时由于 Δt 的影响，臂长有所变化，(2) 的平衡状态已不存在，需要重新平衡，增加（或减少）砝码 $\Delta P'$，则有 $P' + \Delta P' = (l_2/l_1 + \Delta l_3) P$。

　　(4) 相隔 $t_2 - t_1$ 时间再重复 (1) 所述过程一次，则有 $x + \Delta x = (l_2/l_1 + \Delta l_4) P$。

　　取 (2) 和 (3)，及 (1) 和 (4) 结果公式两端的算术平均得

$$P' + \frac{1}{2} \Delta P' = (l_2/l_1 + (\Delta l_2 + \Delta l_3)/2) P$$

$$X + \frac{1}{2} \Delta X = (l_2/l_1 + (\Delta l_1 + \Delta l_4)/2) P$$

根据对称法原理：

$$\Delta l_2 - \Delta l_1 = \Delta l_4 - \Delta l_3 , \quad \Delta l_2 + \Delta l_3 = \Delta l_1 + \Delta l_4$$

上式的两边应相等，则

$$P' + \frac{1}{2}\Delta P' = X + \frac{1}{2}\Delta X$$

得

$$X = P' + (\Delta P' - \Delta X) / 2$$

此时被测量 X 和线性变化系统误差 Δl_i 已经没有关系了，因而消除了它们的影响。

3）半周期法——周期性系统误差消除法

周期性误差一般出现在有圆周运动的情况（如度盘等），以 2π 为周期呈正弦变化。因此，在相距半周期180°的位置上作一次测量，取两次读数的平均值，便可有效地消除周期性系统误差。

假设已经消除定值系统误差，则周期性的系统误差一般可表示为

$$\Delta x = a \sin \varphi$$

设 $\varphi = \varphi_1$ 时，误差和测量值分别为

$$\Delta x_1 = a \sin \varphi_1 , \quad x_1 = x_0 + \Delta x_1$$

当 $\varphi_2 = \varphi_1 + \pi$ 时，即相差半周期的误差和测量值分别为

$$\Delta x_2 = a \sin (\varphi_1 + \pi) = -a \sin \varphi_1 = -\Delta x_1$$

$$x_2 = x_0 - \Delta x_1$$

取两次读数的平均值，则有

$$\bar{x} = \frac{x_1 + x_2}{2} = \frac{x_0 + \Delta x_1 + x_0 - \Delta x_1}{2} = x_0$$

由此可知半周期法能消除周期性系统误差（图2-8）。

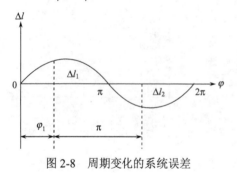

图 2-8　周期变化的系统误差

2.2　粗大误差处理

粗大误差的数值比较大，它会对测量结果产生明显的歪曲，一旦发现含有粗大误差的测量值，应将其从测量结果中剔除。

2.2.1　粗大误差的产生原因

产生粗大误差的原因是多方面的，大致可归纳如下：

（1）测量人员的主观原因。由于测量者工作责任感不强，工作过于疲劳或者缺乏经验而操作不当，或在测量时不小心、不耐心、不仔细等，从而造成了错误的读数或者错误的记录，这是产生粗大误差的主要原因。

（2）客观外界条件的原因。由于测量条件的意外改变（如机械冲击、外界振动等），引起仪器示值或被测量对象位置的改变而产生的粗大误差。

2.2.2　防止与消除粗大误差的方法

对于粗大误差，除了设法从测量结果中发现和鉴别而加以剔除外，更重要的是加强测量者的工作责任心和以严格的科学态度对待测量工作；此外，要保证测量条件的稳定，或者应避免外界条件发生激烈变化时进行测量。若能达到以上要求，一般情况下是可以防止粗大误差产生的。

在某些情况下，为了及时发现与防止测得值中含有粗大误差，可采用不等精度测量和相互之间进行校核的方法。例如，对于某一被测值，可由两位测量者进行测量、读数和记录；或者用两种不同仪器、两种不同的方法进行测量。

2.2.3　判别粗大误差的原则

在判别某个测得值是否含有粗大误差时，要特别慎重，应做充分的分析与研究，并根据判别准则予以确定。通常用来判别粗大误差的准则如下：

1. 3σ 准则（莱以特准则）

3σ 准则是最常用也是最简单的判别粗大误差的准则。它是以测量次数充分大为前提，但通常测量次数皆较少，因此 3σ 准则只是一个近似的准则。对于某一个测量列，若各测量值只含有随机误差，则根据随机误差的正态分布规律，其残余误差在 $\pm 3\sigma$ 以外的概率约为0.3%，即在 370 次测量中只有一次的残余误差 $|v_i| > 3\sigma$。如果在测量列中，发现有大于 3σ 残余误差的测量值即 $|v_i| > 3\sigma$，则可以认为它含有粗大误差，应予剔除。剔除 x_j，对余下的各测量值重新计算偏差和标准偏差，并继续审查，直到各个偏差均小于 $3\sigma_x$。

在 $n \leqslant 10$ 的情形，用 3σ 准则剔除粗大误差是不可靠的。因为 $n \leqslant 10$ 时，存在

$$3\sigma = 3\sqrt{\frac{\sum\limits_{i=1}^{n} v_i^2}{n-1}} \geqslant |v_i|,$$ 所以即使存在粗大误差，利用 3σ 准则也不能正确判断。3σ 准则是以测量次数充分大为前提的，因此在测量次数较少的情况下，最好不要选用 3σ 准则，而用其他准则。

例 2.7　对某量进行 15 次等精度的测量，测得值如表 2-5 所示，设这些测得值已消除了系统误差，试判别该测量列中是否有含有粗大误差的测得值。

表 2-5　等精度测量数据

序号	l	v	v^2	v'	v'^2
1	20.42	+0.016	0.000256	+0.009	0.000081
2	20.43	+0.026	0.000676	+0.019	0.000361
3	20.40	-0.004	0.000016	-0.011	0.000121
4	20.43	+0.026	0.000676	+0.019	0.000361
5	20.42	+0.016	0.000256	+0.009	0.000081
6	20.43	+0.026	0.000676	+0.019	0.000361

序号	l	v	v^2	v'	v'^2
7	20.39	−0.014	0.000196	−0.021	0.000441
8	20.30	−0.104	0.010816	—	—
9	20.40	−0.004	0.000016	−0.011	0.000121
10	20.43	+0.026	0.000676	+0.019	0.000361
11	20.42	+0.016	0.000256	+0.009	0.000081
12	20.41	+0.006	0.000036	−0.001	0.000001
13	20.39	−0.014	0.000196	−0.021	0.000441
14	20.39	−0.014	0.000196	−0.021	0.000441
15	20.40	−0.004	0.000016	−0.011	0.000121
	$\bar{x} = \dfrac{\sum\limits_{i=1}^{15} l_i}{n} = 20.404$	$\sum\limits_{i=1}^{15} v_i = 0$	$\sum\limits_{i=1}^{15} v_i^2 = 15$		$\sum\limits_{i=1}^{15} v_i'^2 = 0.00337$

解 (1)算术解法。表 2-5 可得

$$\bar{x} = 20.404$$

$$\sigma = \sqrt{\frac{\sum\limits_{i=1}^{15} v_i^2}{n-1}} = 0.033$$

$$3\sigma = 3 \times 0.033 = 0.099$$

根据 3σ 准则，第 8 次测得值的残余误差：

$$|v_8| = 0.104 > 0.099$$

即它含有粗大误差，故将此测得值剔除。再根据剩下的 14 个测得值重新计算，得

$$\bar{x}' = 20.411$$

$$\sigma' = \sqrt{\frac{\sum\limits_{i=1}^{14} v_i'^2}{n-1}} = 0.016$$

$$3\sigma' = 3 \times 0.016 = 0.048$$

由表 2-5 知，剩下的 14 个测得值的残余误差均满足 $|v_i'| < 3\sigma'$，故可认为这些测得值不再含有粗大误差。

(2)Excel 解法。在 Excel 中，计算均值、标准差 3σ 及各测量的残差，在 D5 中输入"=IF(ABS(C5)>B$22,"剔除","")"，向下复制到 C19。使用 3σ 准则进行判断，提出第 8 次测值 20.3，然后再重新计算均值和标准差，再判断……

判断过程如图 2-9 所示。

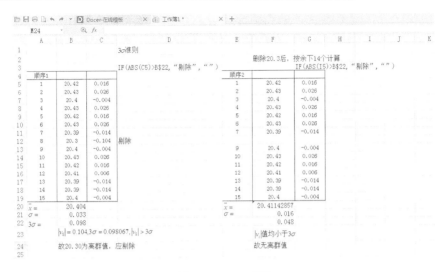

图 2-9 Excel 解法

正常情况下，数据应先排序，再对下上两端的值进行判断。这里对整个测量值都计算偏差，并采用 IF 函数进行判断。在进行第二次判断时，选中 A5:D22，复制到 E5，由于第 8 个数据需要剔除，将 G12 删除即可，在 G 列可见无数据再被剔除。故可认为这些测得值不再含有粗大误差。

2. 罗曼诺夫斯基准则

当测量次数较少时，按 t 分布的实际误差分布范围来判别粗大误差较为合理。罗曼诺夫斯基准则又称 t 检验准则。其特点是首选剔除一个可疑的测量值，然后按 t 分布检验被剔除的测量值是否含有粗大误差。

设对于某量作多次等精度独立测量，得 $x_1, x_2, \cdots, x_n$。若认为测量值 x_j 为可疑数据，将其剔除后计算平均值（计算时不包括 x_j）为

$$\bar{x} = \frac{1}{n-1} \sum_{\substack{i=1 \\ i \neq j}}^{n} x_i$$

并求得测量列的标准差(计算时不包括 $v_j = x_i - \bar{x}$)为

$$\sigma = \sqrt{\frac{\sum_{i=1}^{n} v_i^2}{n-2}}$$

根据测量次数 n 和选取的显著度 α，即可由表 2-6 查 t 分布的检验系数 $K(n, \alpha)$。
若

$$|x_j - \bar{x}| > K\sigma \tag{2.8}$$

则认为测量值 x_j 含有粗大误差，剔除 x_j 是正确的，否则认为 x_j 不含粗大误差，应予保留。

表 2-6 t 检验系数 $K(n, \alpha)$ 表

n	$\alpha=0.05$	$\alpha=0.01$	n	$\alpha=0.05$	$\alpha=0.01$	n	$\alpha=0.05$	$\alpha=0.01$
4	4.97	11.46	13	2.29	3.23	22	2.24	2.91
5	3.56	6.53	14	2.26	3.17	23	2.13	2.90
6	3.04	5.04	15	2.24	3.12	24	2.12	2.88
7	2.78	4.36	16	2.22	3.08	25	2.11	2.86
8	2.62	3.96	17	2.20	3.04	26	2.10	2.85
9	2.51	3.71	18	2.18	3.01	27	2.10	2.84
10	2.43	3.54	19	2.17	3.00	28	2.09	2.83
11	2.37	3.41	20	2.16	2.95	29	2.09	2.82
12	2.33	3.31	21	2.15	2.93	30	2.08	2.81

例 2.8   试判别例 2.7 中是否含有粗大误差。

解   首先怀疑第 8 次测得值含有粗大误差,将其剔除。然后根据剩下的 14 个测得值计算平均值和标准差,得

$$\bar{x} = 20.411$$

$$\sigma = 0.016$$

选取显著度 $\alpha = 0.05$,已知 $n=15$,查表 2-6 得

$$K(15, 0.05) = 2.24$$

则

$$K\sigma = 2.24 \times 0.016 = 0.036$$

因

$$|x_8 - \bar{x}| = |20.30 - 20.411| = 0.111 > 0.036$$

故第 8 次测得值含有粗大误差,应予剔除。然后对剩下的 14 个测得值进行判别,可知这些测得值不再含有粗大误差。

3. 格罗布斯准则

设对某量作多次精确独立测量,得

$$x_1, x_2, \cdots, x_n$$

当 x_i 服从正态分布时,计算得

$$\bar{x} = \frac{1}{n} \sum x$$

$$v_i = x_i - \bar{x}$$

$$\sigma = \sqrt{\frac{\sum v^2}{n-1}}$$

为了检验 $x_i (i = 1, 2, \cdots, n)$ 中是否存在粗大误差,将 x_i 按大小顺序排列成顺序统计量 $x_{(i)}$,而 $x_{(1)} \leqslant x_{(2)} \leqslant \cdots \leqslant x_{(n)}$。

格罗布斯导出了 $g_{(n)} = \dfrac{x_{(n)} - \overline{x}}{\sigma}$ 及 $g_{(1)} = \dfrac{\overline{x} - x_{(1)}}{\sigma}$ 的分布，取定显著度 α（一般为 0.05 或 0.01），可得如表 2-7 所列的临界值 $g_{(0)}(n,\alpha)$，而

$$P\left(\frac{x_{(n)} - \overline{x}}{\sigma} \geqslant g_{(0)}(n,\alpha)\right) = \alpha$$

及

$$P\left(\frac{\overline{x} - x_{(1)}}{\sigma} \geqslant g_{(0)}(n,\alpha)\right) = \alpha$$

若认为 $x_{(1)}$ 可疑，则有 $g_{(1)} = \dfrac{\overline{x} - x_{(1)}}{\sigma}$；若认为 $x_{(n)}$ 可疑，则有 $g_{(n)} = \dfrac{x_{(n)} - \overline{x}}{\sigma}$。

当 $g_{(i)} \geqslant g_{(0)}(n,\alpha)$ 时即判别该测得值含有粗大误差，应予剔除之。

表 2-7

| n | α | | n | α | |
| | 0.05 | 0.01 | | 0.05 | 0.01 |
	$g_{(0)}(n,\alpha)$			$g_{(0)}(n,\alpha)$	
3	1.15	1.16	17	2.48	2.78
4	1.46	1.49	18	2.50	2.82
5	1.67	1.75	19	2.53	2.85
6	1.82	1.94	20	2.56	2.88
7	1.94	2.10	21	2.58	2.91
8	2.03	2.22	22	2.60	2.94
9	2.11	2.32	23	2.62	2.96
10	2.18	2.41	24	2.64	2.99
11	2.23	2.48	25	2.66	3.01
12	2.28	2.55	30	2.74	3.10
13	2.33	2.61	35	2.81	3.18
14	2.37	2.66	40	2.87	3.24
15	2.41	2.70	50	2.96	3.34
16	2.44	2.75	100	3.17	3.59

例 2.9　用例 2.7 测得值，试判别该测量列中的测得值是否含有粗大误差。

解　由表 2-5 计算得

$$\overline{x} = 20.404, \quad \sigma = 0.033$$

按测得值的大小，顺序排列得

$$x_{(1)} = 20.30, \quad x_{(15)} = 20.43$$

今有两测得值 $x_{(1)}$、$x_{(15)}$ 可怀疑，但由于

$$\overline{x} - x_{(1)} = 20.404 - 20.30 = 0.104, \quad x_{(15)} - \overline{x} = 20.43 - 20.404 = 0.026$$

故应先怀疑 $x_{(1)}$ 是否含有粗大误差。

计算

$$g_{(1)} = \frac{0.104}{0.033} = 3.15$$

查表 2-7 得

$$g_{(0)}(15, \ 0.05) = 2.41$$

则

$$g_{(1)} = 3.15 > g_{(0)}(15, \ 0.05) = 2.41$$

故表 2-5 中第 8 个测试值 x_8 含有粗大误差，应予剔除。剩下 14 个数据，在重复上述步骤，判别 $x_{(15)}$ 是否含有粗大误差。

计算

$$\overline{x}' = 20.404, \ \sigma' = 0.016$$

$$g_{(15)} = \frac{20.43 - 20.411}{0.016} = 1.18$$

查表 2-7 得

$$g_{(0)}(14, \ 0.05) = 2.37$$

$$g_{(15)} = 1.18 > g_{(0)}(14, \ 0.05) = 2.37$$

故可判别 $x_{(15)}$ 不包含粗大误差，而 $g_{(1)}$ 皆小于 1.18，故可认为其余测得值不含粗大误差。

例 2.10 对某电源电压进行 5 次等精密度测量，所得测量数据（单位为 V）为 5.37，5.33，5.14，6.46，5.24。若如已知测量数据符合正态分布且最小值无异常。试判断最大值是否含有粗差。

解 (1) 将测量数据按大小顺序排列成顺序统计量：5.14，5.24，5.33，5.37，6.46。
(2) 计算有关值：

$$\overline{x} = \frac{1}{5}\sum_{i=1}^{5} x_i = 5.51, \quad \hat{\sigma} = 0.54$$

$$g_{(5)} = \frac{6.46 - 5.51}{0.54} = 1.76$$

(3) 取 $\alpha = 0.05$，由 $n=5$、$\alpha = 0.05$，查表 2-7 得

$$g_{(0)}(n, \ \alpha) = g_{(0)}(5, \ 0.05) = 1.67$$

(4) 检验最大值有无粗大误差。由于

$$g_{(5)} > g_{(0)}(5, \ 0.05) = 1.67$$

表明测量数据 6.46 含有粗大误差，应剔除。

对保留的 4 个测量数据重新按以上步骤检验：$\overline{x} = 5.27$，$\hat{\sigma} = 0.10$，$g_{(4)} = 1.00$。由 $n=4$，$\alpha = 0.05$，得

$$g_{(0)}(n,\ \alpha) = g_{(0)}(4,\ 0.05) = 1.46 > g_{(4)} = 1.00$$

故所保留的测量数据已不含粗差。

4. 狄克松准则

前面三种粗大误差判别均需要先求出标准差 σ。在实际工作中比较麻烦，而狄克松准则避免了这一缺点。它是用极差比的方法，得到简化而严密的结果。

狄克松研究了 $x_1,\ x_2, \cdots,\ x_n$ 的顺序统计量 $x_{(i)}$ 的分布。当 $x_{(i)}$ 服从正态分布时，计算最大值 $x_{(n)}$ 和最小值的 $x_{(0)}$ 的统计量，见表 2-8。选定显著度 α，得到各统计量的临界值 $r_0(n,\ \alpha)$（表 2-8）。当测量的统计值 r_{ij} 大于临界值，则认为 $x_{(n)}$ 或 $x_{(1)}$ 含有粗大误差。

表 2-8

统计量	n	α	
		0.01	0.05
		$r_0(n,\ \alpha)$	
$r_{10} = \dfrac{x_{(n)} - x_{(n-1)}}{x_{(n)} - x_{(1)}}$ $r'_{10} = \dfrac{x_{(1)} - x_{(2)}}{x_{(1)} - x_{(n)}}$	3	0.988	0.341
	4	0.889	0.765
	5	0.780	0.642
	6	0.698	0.560
$r_{11} = \dfrac{x_{(n)} - x_{(n-1)}}{x_{(n)} - x_{(2)}}$ $r'_{11} = \dfrac{x_{(1)} - x_{(2)}}{x_{(1)} - x_{(n-1)}}$	7	0.637	0.507
	8	0.683	0.554
	9	0.635	0.512
	10	0.597	0.477
$r_{21} = \dfrac{x_{(n)} - x_{(n-2)}}{x_{(n)} - x_{(2)}}$ $r'_{21} = \dfrac{x_{(1)} - x_{(3)}}{x_{(1)} - x_{(n-1)}}$	11	0.679	0.576
	12	0.642	0.543
	13	0.615	0.521
	14	0.641	0.546
$r_{22} = \dfrac{x_{(n)} - x_{(n-2)}}{x_{(n)} - x_{(3)}}$ $r'_{22} = \dfrac{x_{(1)} - x_{(3)}}{x_{(1)} - x_{(n-2)}}$	15	0.616	0.525
	16	0.595	0.507
	17	0.577	0.490
	18	0.561	0.475
	19	0.547	0.462
	20	0.535	0.450
	21	0.524	0.440
	22	0.514	0.430
	23	0.505	0.421
	24	0.497	0.413
	25	0.489	0.406

为了剔除粗大误差，狄克松认为：

$n \leqslant 7$时，使用r_{10}效果好；

$8 \leqslant n \leqslant 10$时，使用$r_{11}$效果好；

$11 \leqslant n \leqslant 13$时，使用$r_{21}$效果好；

$n \geqslant 14$时，使用r_{22}效果好。

例 2.11 同例 2.7 测量数据，将x_i排成如表 2-9 所示的顺序号。

表 2-9

x_i	顺序号 x_i	顺序号 x_i'	x_i	顺序号 x_i	顺序号 x_i'
20.30	1	—	20.42	9	8
20.39	2	1	20.42	10	9
20.39	3	2	20.42	11	10
20.39	4	3	20.43	12	11
20.40	5	4	20.43	13	12
20.40	6	5	20.43	14	13
20.40	7	6	20.43	15	14
20.41	8	7			

解 （1）首先判断最大值$x_{(15)}$。

因 $n=15$，故计算统计量

$$r_{22} = \frac{x_{(15)} - x_{(13)}}{x_{(15)} - x_{(3)}} = 0$$

查表 2-8 得

$$r_0(15,\ 0.05) = 0.525$$

则

$$r_{22} < r_0 = 0.525$$

故$x_{(15)}$不含有粗大误差。

（2）再判别最小值$x_{(1)}$。

计算统计量

$$r_{22}' = \frac{x_{(1)} - x_{(3)}}{x_{(1)} - x_{(13)}} = 0.692$$

因

$$r_{22}' > r_0 = 0.525$$

故$x_{(1)}$含有粗大误差，应予剔除。剩下 14 个数据，在重复上述步骤。对于$x_{(14)}'$，因 $n=14$，计算

$$r_{22} = 0$$

查表 2-8 得

$$r_0(14,\ 0.05) = 0.546$$

则

$$r_{22} < r_0 = 0.546$$

故 $x'_{(14)}$ 不含有粗大误差。

对于 $x'_{(1)}$，$r'_{22} = 0$。显然 $r'_{22} < r_0$，故 $x'_{(1)}$ 不含有粗大误差。

5. 肖维准则

假定对一物理量重复测量了 n 次，其中某一数据在这 n 次测量中出现的次数不到半次，即小于 $\dfrac{1}{2n}$，则可以肯定这个数据的出现是不合理的，应当予以剔除。

根据肖维准则，应用随机误差的统计理论可以证明，在标准误差为 σ 的测量列中，若某一个测量值的偏差等于或大于误差的极限值 K_σ，则此值应当剔出。不同测量次数的误差极限值 K_σ 列于表 2-10。

表 2-10　肖维系数表

n	K_σ	n	K_σ	n	K_σ
4	1.53 σ	10	1.96 σ	16	2.16 σ
5	1.65 σ	11	2.00 σ	17	2.18 σ
6	1.73 σ	12	2.04 σ	18	2.20 σ
7	1.79 σ	13	2.07 σ	19	2.22 σ
8	1.86 σ	14	2.10 σ	20	2.24 σ
9	1.92 σ	15	2.13 σ	30	2.39 σ

判断粗大误差时，首先要准确找出可疑测量值。一般测量列中，残余误差绝对值最大者即可为可疑值。它是测量列中最大测得值或最小测得值之一。其次，可根据测量准确度要求和测量次数选择判别准则。上面介绍了 5 种粗大误差的判别准则，其中 3σ 准则适用测量次数较多的测量列，一般情况下的次数皆较少，因而这种判别准则的可靠性不高，但它使用简单，不需要查表，故在要求不高时经常使用。对于测量次数较少而要求较高的测量列，应采用罗曼诺夫斯基准则、格罗布斯准则或狄克松准则等，其中以格罗布斯准则的可靠性最高，通常测量次数 $n=20\sim100$，其判别效果较好。当测量次数很小时，可采用罗曼诺夫斯基准则。若需要从测量列中迅速判别含有粗大误差的测量值，则可采用狄克松准则。肖维准则认为在每次测量中，异常值与正常值出现的概率相等，当测量次数不多时，可采用。对于较为精密的实验场合，可以选用二、三种准则同时判断，结果一致时，则可以放心地加以剔除或保留。判断结果有矛盾时，则应慎重考虑，一般不剔除。因为留下某个怀疑的数据后算出的 σ 只是偏大一点，这样较为安全。另外，可以再增添测量次数，以消除或减少它对平均值的影响。

必须指出，按上述准则若判别出测量列中有两个以上测得值含有粗大误差，此时只能首先剔除含有最大误差的测得值，然后重新计算测得列的算术平均值及其标准差，再对余下的测得值进行判别，依此程序逐步剔除，直至所有测得值皆不含粗大误差时为止。若在有限次数测量列中出现两个以上异常值时，通常可以认为整个测量结果是在不正常的条件下得到的。

对此应采取措施完善测量方法，重新进行测量。

习　　题

2-1　系统误差产生的原因有哪些？

2-2　系统误差对测量结果的影响是什么？

2-3　测量列内系统误差的发现方法有哪些？如何选用？

2-4　测量列间系统误差的发现方法有哪些？如何选用？

2-5　系统误差减小和消除的途径有哪些？

2-6　试举例说明替代法、抵消法与交换法消除系统误差的原理。

2-7　试推导 3σ 准则在测量次数 $i \leqslant 10$ 时不可用于判别测量列中的粗大误差。

2-8　对一线圈电感测量 10 次，前 4 次是和一个标准线圈比较得到的，后 6 次是和另一个标准线圈比较得到的，测得结果如下（单位为 mH）：

　　　　50.82，50.83，50.87，50.89

　　　　　50.78，50.78，50.75，50.85，50.82，50.81

试用秩和检验法判断前 4 次与后 6 次测量中是否存在系统误差。

2-9　对某量进行两组测量，测得数据如表 2-11 所示。试用秩和检验法判断两组测量值之间是否有系统误差。

表 2-11　两组测量数据

x_i	0.62	0.86	1.13	1.13	1.16	1.18	1.20
y_i	0.99	1.12	1.21	1.25	1.31	1.31	1.38
x_i	1.21	1.22	1.30	1.34	1.39	1.41	1.57
y_i	1.41	1.48	1.59	1.60	1.60	1.84	1.95

2-10　采用如图 2-10 所示的平衡电桥测电阻时，为消除电桥比例臂电阻值不等带来的恒定系统误差，试说明采用交换法消除系统误差的原理。

2-11　粗大误差的产生原因有哪些？

2-12　防止和消除粗大误差的方法有哪些？

2-13　归纳比较粗大误差的检验方法。

2-14　判断下列测量数据中有无含粗大误差的数据：25.6，25.2，25.9，25.3，25.7，25.5，25.6，25.4，26.8，23.5。

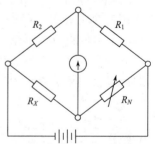

图 2-10　平衡电桥法测量电阻

2-15　对某量进行 15 次测量，测得数据见表 2-12。若这些测得值已消除系统误差，试分别用 3σ 准则、罗曼诺夫斯基准则、格罗布斯准则、狄克松准则和肖维准则判别该测量列中是否含有粗大误差的测量值。

表 2-12　测量数据表

次数	1	2	3	4	5	6	7	8
数值	2.74	2.68	2.83	2.76	2.77	2.71	2.86	2.68
次数	9	10	11	12	13	14	15	
数值	3.05	2.72	2.78	2.75	2.76	2.75	2.79	

2-16　对某一轴径等精度测量 8 次，得到数据如下：24.674，24.675，24.673，24.676，24.671，24.678，24.672，24.674。假定该测量列不存在固定的系统误差。根据等精度测量列的数据处理步骤，编写处理程序并求出处理结果。

2-17　等精度测量某一电压 10 次，测得结果（单位为 V）为 25.94，25.97，25.98，26.03，26.04，26.02，26.04，25.98，25.96，26.07。测量完毕后，发现测量装置有接触松动的现象，为判断是否因接触不良而引入系统误差，将接触改善后，又重新做了 10 次等精度测量，测得结果（单位为 V）为 25.93，25.94，26.02，25.98，26.01，25.90，25.93，26.04，25.94，26.02。试判断两组测量值之间是否有系统误差。

2-18　对某量进行 10 次测量，测得数据为 14.7，15.0，15.2，14.8，15.5，14.6，14.9，14.8，15.1，15.0。试判断该测量列中是否存在系统误差。

第 3 章　随机误差的性质与处理

在测量过程中，随机误差既不可避免，也不可完全消除，它会在不同程度上影响被测量值的一致性。为了减小测量过程中的随机误差，首先，要具体分析随机误差产生的原因与特征，并由此寻求减小该类误差的途径；其次，应根据随机误差的统计分布规律，求出被测量的最佳估计值及其分散性参数。

3.1　随机误差概述

当对同一量值进行多次等精度的重复测量时，会得到一系列不同的测量值(常称为测量列)，每个测量值都含有误差，这些误差的出现又没有确定的规律，即前一个误差出现后，不能预知下一个误差的大小和方向，但就误差的总体而言，却具有统计规律性，这类误差称为随机误差。

随机误差是由很多暂时未能掌握或不便掌握的微小因素构成的，主要有以下几方面：

(1) 测量装置方面的因素。如零部件配合的不稳定性、零部件的变形、零件表面油膜不均匀、摩擦等。

(2) 测量环境方面的因素。如温度的微小波动、温度与气压的微量变化、光照强度变化、灰尘以及电磁场变化等。

(3) 人员方面的因素。主要指测量者生理状况变化引起的感觉判别能力的波动，如瞄准、读数的不稳定等。

3.2　正态分布的随机误差

大量的实验事实和统计理论都证明，在绝大多数测量中，当重复测量次数足够多时，随机误差 δ_i 服从或接近正态分布(或称高斯分布)规律。正态分布的特征可以用正态分布曲线形象地表示出来，如图 3-1 所示，横坐标为误差 δ，纵坐标为随机误差的概率密度分布函数 $f(\delta)$。当测量次数 $n \to \infty$ 时，此曲线完全对称。

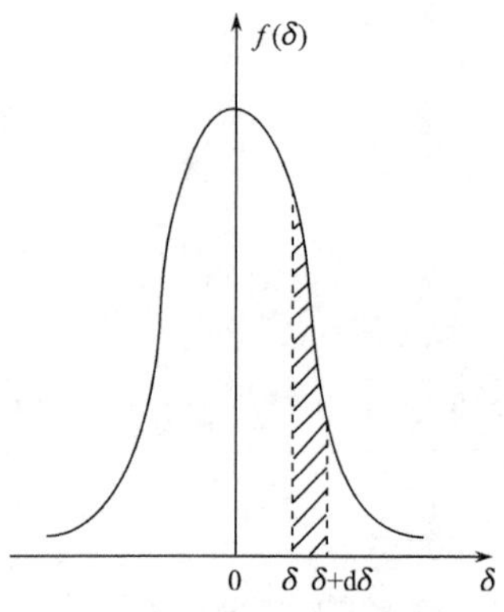

根据误差理论可以证明函数 $f(\delta)$ 的数学表达式为

$$f(\delta) = \frac{1}{\sigma\sqrt{2\pi}} e^{-\frac{\delta^2}{2\sigma^2}} \tag{3.1}$$

式 (3.1) 为正态分布的概率密度函数式，测量值的随机误差出现在 $(\delta, \delta+\mathrm{d}\delta)$ 区间内的可能性为 $f(\delta)\mathrm{d}\delta$，即图 3-1 中阴影线所包含的面积。

图 3-1　随机误差的正态分布曲线

3.2.1　正态分布的性质

根据随机误差分布的概率密度曲线，服从正态分布的随机误差具有以下四个特征：

(1)单峰性。误差为零处的概率密度最大，即绝对值小的误差出现的可能性(概率)大，绝对值大的误差出现的可能性小。

(2)对称性。绝对值相等的正误差和负误差出现的次数基本相等，对称分布于真值的两侧。当测量次数非常多时，正误差和负误差相互抵消，误差的代数和趋向于零。

(3)有界性。在一定测量条件下，误差的绝对值不会超过一定的界限，即非常大的正误差或负误差出现的可能性几乎为零。

(4)抵偿性。由于绝对值相等的正误差和负误差出现的次数基本相等，当测量次数非常多时，正误差和负误差相互抵消，于是，误差的代数和趋向于零，即随机误差的算术平均值趋向于零。抵偿性是随机误差的最本质的统计特性。也可以说，凡具有抵偿性的误差，对于有限次测量，随机误差的算术平均值是一个有限小的量；而当测量次数无限增大时，它趋向于零。

3.2.2　算术平均值和残余误差

真值 X_0 称为测量的集中特性参数，常用的估计量为算术平均值 $\bar{x}$：

$$\bar{x} = \frac{x_1 + x_2 + \cdots + x_n}{n} = \frac{\sum\limits_{i=1}^{n} x_i}{n} \tag{3.2}$$

算术平均值与被测量的真值最接近。由概率论的大数定律可知，若测量次数无限增加，根据正态分布的抵偿性，随机误差的算术平均值趋向于零，所以测量数据的算术平均值 $\bar{x}$ 必然趋近于真值 X_0。因此如果能够对某一量进行无限多次测量，就可得到不受随机误差影响的测量值，或其影响甚微，可以忽略。这就是当测量次数无限增大时，算术平均值(数学上称为最大或然值)被认为是最接近于真值的理论依据。由于实际上都是有限次测量，我们只能把算术平均值近似地作为被测量的真值。

一般情况下，被测量的真值为未知，不可能按式(3.1)求得随机误差，这时可用算术平均值代替被测量的真值进行计算，则有

$$v_i = x_i - \bar{x} \tag{3.3}$$

式中，x_i 为第 i 个测量值，$i=1, 2, \cdots, n$；v_i 为 x_i 的残余误差(简称残差)。

3.2.3　标准误差

正态分布的概率密度函数 $f(\delta) = \dfrac{1}{\sqrt{2\pi}\sigma}\mathrm{e}^{-\frac{\delta^2}{2\sigma^2}}$ 中的 σ 是一个与实验条件有关的常数，称为标准误差(标准差)，表示数据的离散程度。

按照概率理论，误差 δ 出现在区间 $(-\infty, +\infty)$ 的事件是必然事件，所以 $\displaystyle\int_{-\infty}^{+\infty} f(\delta)\mathrm{d}\delta = 1$，即曲线与横轴所包围的面积恒等于1。当 $\delta = 0$ 时，由式(3.1)得

$$f(0) = \frac{1}{\sqrt{2\pi}\sigma} \qquad\qquad (3.4)$$

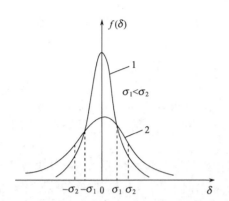

图3-2　正态分布曲线的 σ 与曲线形状的关系

由式(3.4)可见，若测量的标准误差 σ 很小，则必有 $f(0)$ 很大。由于曲线与横轴间围成的面积恒等于 1，所以如果曲线中间凸起较大，两侧下降较快，相应的测量必然是绝对值小的随机误差出现较多，即测得值的离散性小，重复测量所得的结果相互接近，测量的精密度高；相反，如果 σ 很大，$f(0)$ 就很小，误差分布的范围就较宽，说明测得值的离散性大，测量的精密度低。这两种情况的正态分布曲线如图 3-2 所示。σ 反映的是一组测量数据的离散程度，常称它为测量列的标准误差。σ 值越小，则式(3.1)中 e 的指数的绝对值越大，因而 $f(\delta)$ 减小得越快，即曲线变陡。而 σ 值越小，则式(3.4)中 $f(0)$ 越大，即对应于误差为零 $(\delta = 0)$ 的纵坐标也大，曲线变高；反之，σ 越大，$f(\delta)$ 减小越慢，曲线平坦，同时对应于误差为零的纵坐标也小，曲线变低。标准差 σ 的数值小，则该测量列相应小的误差就占优势，任一单次测量列对算术平均值的分散度就小，测量的可靠性就大，即测量精度高(如图 3-2 中的曲线 1 所示)；反之，测量精度就低(如图 3-2 中的曲线 2 所示)。因此，单次测量的标准差 σ 是表征同一被测量的 n 次测量的测得值分散性的参数，可作为测量列中单次测量不可靠性的评定标准。

3.2.4　置信概率的计算

由分布密度 $f(\delta)$ 的定义可知，δ 取值在 $\delta_1 \sim \delta_2$ 区间内的概率应为相应区间上密度函数的积分，即

$$P(\delta_1 \leqslant \delta \leqslant \delta_2) = \int_{\delta_1}^{\delta_2} f(\delta) \, \mathrm{d}\delta = \frac{1}{\sigma\sqrt{2\pi}} \int_{\delta_1}^{\delta_2} \mathrm{e}^{-\frac{\delta^2}{2\sigma^2}} \, \mathrm{d}\delta$$

这一概率等于相应区段密度曲线下的面积。显然，密度曲线下的全部面积为 1，即分布概率的总和应为 1，有

$$P(-\infty \leqslant \delta \leqslant +\infty) = \int_{-\infty}^{+\infty} f(\delta) \, \mathrm{d}\delta = \frac{1}{\sigma\sqrt{2\pi}} \int_{-\infty}^{+\infty} \mathrm{e}^{-\frac{\delta^2}{2\sigma^2}} \, \mathrm{d}\delta = 1$$

下面证明误差 δ 在对称区间 $[-\delta, +\delta]$ 内的概率：

$$P(-\delta \leqslant \delta \leqslant +\delta) = \int_{-\delta}^{+\delta} f(\delta) \, \mathrm{d}\delta = \frac{1}{\sigma\sqrt{2\pi}} \int_{-\delta}^{+\delta} \mathrm{e}^{-\frac{\delta^2}{2\sigma^2}} \, \mathrm{d}\delta$$

引入新的变量 $t = \dfrac{\delta}{\sigma}$，则有

$$\delta = t\sigma$$

$$\mathrm{d}\delta = \sigma \mathrm{d}t$$

作代换，有

$$P = \frac{1}{\sqrt{2\pi}} \int_{-t}^{t} \mathrm{e}^{-\frac{t^2}{2}} \mathrm{d}t = \frac{2}{\sqrt{2\pi}} \int_{0}^{t} \mathrm{e}^{-\frac{t^2}{2}} \mathrm{d}t = 2\phi(t)$$

式中，$\phi(t)$ 为概率积分(拉普拉斯函数)，$\phi(t) = \dfrac{1}{\sqrt{2\pi}} \displaystyle\int_{0}^{t} \mathrm{e}^{-\frac{t^2}{2}} \mathrm{d}t$。

因此概率 P 可表示为

$$P = \frac{1}{\sigma\sqrt{2\pi}} \int_{\delta_1}^{\delta_2} \mathrm{e}^{-\frac{\delta^2}{2\sigma^2}} \mathrm{d}\delta = 2\phi\left(\frac{\delta}{\sigma}\right) \tag{3.5}$$

积分 $\phi(t)$ 的运算是困难的。现已经给出不同的 t 值所对应的 $\phi(t)$ 值，并列成表格，即概率积分表(附表 1)。对于给定的误差界限 $\pm\delta$，即可根据 $t = \dfrac{\delta}{\sigma}$，由概率积分表查得 $\phi(t)$ 值，进而求得误差 δ 出现在 $[-\delta, +\delta]$ 范围内的概率 $P = 2\phi(t)$。

同样，可利用概率积分表求得正态分布的随机误差 δ 在任意区间 $[a, b]$ 上的概率，应为

$$P(a \leqslant \delta \leqslant b) = \frac{1}{\sigma\sqrt{2\pi}} \int_{a}^{b} \mathrm{e}^{-\frac{\delta^2}{2\sigma^2}} \mathrm{d}\delta$$

作变量代换 $t = \dfrac{\delta}{\sigma}$，则有

$$P(a \leqslant \delta \leqslant b) = P\left(\frac{a}{\sigma} \leqslant t \leqslant \frac{b}{\sigma}\right) = \frac{1}{\sigma\sqrt{2\pi}} \int_{\frac{a}{\sigma}}^{\frac{b}{\sigma}} \mathrm{e}^{-\frac{\delta^2}{2\sigma^2}} \mathrm{d}\delta$$

$$= \frac{1}{\sqrt{2\pi}} \int_{0}^{\frac{b}{\sigma}} \mathrm{e}^{-\frac{t^2}{2}} \mathrm{d}t - \frac{1}{\sqrt{2\pi}} \int_{0}^{\frac{a}{\sigma}} \mathrm{e}^{-\frac{t^2}{2}} \mathrm{d}t$$

而误差 δ 在区间 $[a, b]$ 之外的概率为 $\alpha = 1 - P$。

利用概率积分表计算误差的分布概率，就避免了上述积分运算的困难，很有实用意义。

例 3.1　分别求出正态分布随机误差 δ 出现于 $\pm\sigma$、$\pm2\sigma$、$\pm3\sigma$ 范围内的概率。

解　将误差限 $\pm\sigma$、$\pm2\sigma$、$\pm3\sigma$ 分别代入式(3.5)，得到

$$P_1 = 2\phi(t_1) = 2\phi\left(\frac{\delta_1}{\sigma}\right) = 2\phi\left(\frac{\sigma}{\sigma}\right) = 2\phi(1)$$

$$P_2 = 2\phi(t_2) = 2\phi\left(\frac{\delta_2}{\sigma}\right) = 2\phi\left(\frac{2\sigma}{\sigma}\right) = 2\phi(2)$$

$$P_3 = 2\phi(t_3) = 2\phi\left(\frac{\delta_3}{\sigma}\right) = 2\phi\left(\frac{3\sigma}{\sigma}\right) = 2\phi(3)$$

由 $t_1 = 1$，$t_2 = 2$，$t_3 = 3$，分别查概率积分表，得到

$$P_1 = 2\phi(1) = 0.6826, \quad P_2 = 2\phi(2) = 0.9545, \quad P_3 = 2\phi(3) = 0.9973$$

例 3.2　某一正态分布随机误差 δ 的标准差为 $\sigma = 0.002\mathrm{mm}$，求误差值落在 $\pm0.005\mathrm{mm}$ 以

外的概率。

解　误差落入 $[-0.005, +0.005]$ 范围内的概率为

$$P(|\delta| \leqslant 0.005) = 2\phi\left(\frac{\delta}{\sigma}\right) = 2\phi\left(\frac{0.005}{0.002}\right) = 2\phi(2.5) = 0.9876$$

误差值落在 $\pm 0.005\text{mm}$ 以外的概率为 $\alpha = 1 - P = 1 - 0.9876 = 0.0124$。

例 3.3　某随机误差 δ 服从正态分布，其标准差为 $\sigma = 0.06\text{mm}$，给定 $|\delta| \leqslant \Delta$ 的概率为 0.9，试确定 Δ 的值。

解　$P(|\delta| \leqslant \Delta) = 2\phi\left(\frac{\Delta}{\sigma}\right) = 0.9$，由概率积分表可查得 $t = \frac{\Delta}{\sigma} = 1.64$。所以

$$\Delta = t\sigma = 1.64 \times 0.06\text{mm} = 0.10\text{mm}$$

例 3.4　根据下列三个正态分布的函数表达式，求出相应的其均值 μ 和标准差 σ。

(1) $f(x) = \dfrac{1}{\sqrt{2\pi}} e^{-\frac{x^2}{2}}$, $x \in (-\infty, +\infty)$。

(2) $f(x) = \dfrac{1}{2\sqrt{2\pi}} e^{-\frac{(x-1)^2}{8}}$, $x \in (-\infty, +\infty)$。

(3) $f(x) = \dfrac{2}{\sqrt{2\pi}} e^{-2(x+1)^2}$, $x \in (-\infty, +\infty)$。

答　(1) 0，1；(2) 1，2；(3) -1，0.5。

例 3.5　求标准正态分布在 $(-1, 2)$ 内取值的概率。

解　利用等式 $P = \Phi(x_2) - \Phi(x_1)$ 有

$$P = \Phi(2) - \Phi(-1) = \Phi(2) - \left\{1 - \Phi[-(-1)]\right\}$$
$$= \Phi(2) + \Phi(1) - 1 = 0.5 + \phi(2) + 0.5 + \phi(1) - 1$$
$$= \phi(2) + \phi(1) = 0.4772 + 0.3413 = 0.8151$$

例 3.6　若 $x \sim N(0,1)$，求：

(1) $P(-2.32 < x < 1.2)$；

(2) $P(x > 2)$。

解　(1)

$$P(-2.32 < x < 1.2) = \Phi(1.2) - \Phi(-2.32) = \Phi(1.2) - [1 - \Phi(2.32)]$$
$$= 0.8849 - (1 - 0.9898) = 0.8747。$$

(2) $P(x > 2) = 1 - P(x < 2) = 1 - \Phi(2) = 1 - 0.9772 = 0.0228$

例 3.7　利用标准正态分布表，求标准正态总体在下面区间取值的概率：

(1) 在 $N(1, 4)$ 下，求 $F(3)$。

(2) 在 $N(\mu, \sigma^2)$ 下，求

　　$F(\mu - \sigma, \mu + \sigma)$, $F(\mu - 1.84\sigma, \mu + 1.84\sigma)$, $F(\mu - 2\sigma, \mu + 2\sigma)$, $F(\mu - 3\sigma, \mu + 3\sigma)$

解　(1) $\qquad\qquad\qquad F(3) = \Phi\left(\dfrac{3-1}{2}\right) = \Phi(1) = 0.8413$

(2)
$$F(\mu+\sigma)=\Phi\left(\frac{\mu+\sigma-\mu}{\sigma}\right)=\Phi(1)=0.8413$$

$$F(\mu-\sigma)=\Phi\left(\frac{\mu-\sigma-\mu}{\sigma}\right)=\Phi(-1)=1-0.8413=0.1587$$

$$F(\mu-\sigma,\mu+\sigma)=F(\mu+\sigma)-F(\mu-\sigma)=0.6826$$

$$F(\mu-1.84\sigma,\mu+1.84\sigma)=F(\mu+1.84\sigma)-F(\mu-1.84\sigma)=0.9342$$

$$F(\mu-2\sigma,\mu+2\sigma)=F(\mu+2\sigma)-F(\mu-2\sigma)=0.954$$

$$F(\mu-3\sigma,\mu+3\sigma)=F(\mu+3\sigma)-F(\mu-3\sigma)=0.997$$

对于正态总体 $N(\mu,\sigma^2)$ 取值的概率，如图 3-3 所示。

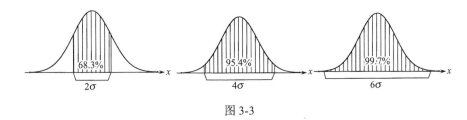

图 3-3

在区间 $(\mu-\sigma,\mu+\sigma)$、$(\mu-2\sigma,\mu+2\sigma)$、$(\mu-3\sigma,\mu+3\sigma)$ 内取值的概率分别为 68.3%、95.4%、99.7%。可见在区间 $(\mu-3\sigma,\mu+3\sigma)$ 内取值的概率接近 100%，而在区间 $(\mu-3\sigma,\mu+3\sigma)$ 外取值的概率可以忽略不计。

例 3.8　某正态总体函数的概率密度函数是偶函数，而且该函数的最大值为 $\frac{1}{\sqrt{2\pi}}$，求总体落入区间 $(-1.2,0.2)$ 内的概率。

解　正态分布的概率密度函数是 $f(x)=\frac{1}{\sigma\sqrt{2\pi}}e^{-\frac{(x-\mu)^2}{2\sigma^2}}$，$x\in(-\infty,+\infty)$，它是偶函数，说明 $\mu=0$，$f(x)$ 的最大值为 $f(\mu)=\frac{1}{\sigma\sqrt{2\pi}}$，所以 $\sigma=1$，这个正态分布为标准正态分布。

$$P(-1.2<x<0.2)=\Phi(0.2)-\Phi(-1.2)=\Phi(0.2)-[1-\Phi(1.2)]=\Phi(0.2)+\Phi(1.2)-1.$$

3.2.5　等精度测量

1. 测量列中单次测量的标准差

由于随机误差的存在，等精度测量列中各个测得值一般皆不相同，它们围绕着该测量列的算术平均值有一定的分散，此分散度说明了测量列中单次测得值的不可靠性，必须用一个数值作为其不可靠性的评定标准。测量的标准偏差简称为标准差。

标准偏差越小，绝对值小的误差越集中，曲线越尖锐，测量的精度越高；标准偏差越大，绝对值大的误差越多，曲线越平坦，测量的精度越低。

应该指出，标准差 σ 不是测量列中任何一个具体测得值的随机误差，σ 的大小只说明在一定条件下等精度测量列随机误差的概率分布情况。在该条件下，任一单次测量值

的随机误差 δ 一般都不等于 σ，但却认为这一系列测量中所有测得值都属同样一个标准差 σ 的概率分布。在不同条件下，对同一被测量进行两个系列的等精度测量，其标准差 σ 也不相同。

在等精度测量列中，单次测量的标准差为

$$\sigma = \sqrt{\frac{\delta_1{}^2 + \delta_2{}^2 + \cdots + \delta_n{}^2}{n}} = \sqrt{\frac{\sum_{i=1}^{n} \delta_i{}^2}{n}} \tag{3.6}$$

式中，n 为测量次数（应充分大）；δ_i 为测得值与被测量的真值之差。由于实际测量次数是有限的，且真值不可能得到，所以标准误差也无法计算。因此，在实际应用中，我们用算术平均值来代替真值，用标准偏差来代替标准误差。

2. 测量列算术平均值的标准差

在多次重复测量的测量列中，是以算术平均值作为测量结果，因此必须研究算术平均值不可靠性的评定标准。如果在相同条件下对同一量值作多组重复的系列测量，每一系列测量都有一个算术平均值。由于随机误差的存在，各个测量列的算术平均值也不相同，它们围绕着被测量的真值有一定的分散性。此分散说明了算术平均值的不可靠性，而算术平均值的标准差 $\sigma_{\bar{x}}$ 则是表征同一被测量的各个独立测量列算术平均值分散性的参数，作为算术平均值不可靠性的评定标准。

已知算术平均值 $\bar{x}$ 为

$$\bar{x} = \frac{x_1 + x_2 + \cdots + x_n}{n} \tag{3.7}$$

取方差　　　　　　$$D(\bar{x}) = \frac{1}{n^2}\left[D(x_1) + D(x_2) + \cdots + D(x_n)\right]$$

因　　　　　　　　$$D(x_1) = D(x_2) = \cdots = D(x_n) = \sigma^2$$

故有　　　　　　　$$D(\bar{x}) = \frac{1}{n^2} n D(x) = \frac{1}{n} D(x)$$

即　　　　　　　　$$\sigma_{\bar{x}}^2 = \frac{\sigma^2}{n}$$

所以有　　　　　　$$\sigma_{\bar{x}} = \frac{\sigma}{\sqrt{n}} \tag{3.8}$$

其意义是测量平均值的随机误差为 $-\sigma_{\bar{x}} \sim +\sigma_{\bar{x}}$ 的概率为 68.3%。或者说，待测量的真值在 $(\bar{x} - \sigma_{\bar{x}}) \sim (\bar{x} + \sigma_{\bar{x}})$ 范围内的概率为 68.3%。因此，$\sigma_{\bar{x}}$ 反映了算术平均值接近真值的程度。可见，在 n 次测量的等精度测量列中，算术平均值的标准差为单次测量标准差的 $1/\sqrt{n}$。测量次数 n 越大，算术平均值越接近被测量的真值，测量精度也越高。增加测量次数，可以提高测量精度，但是由式(3.8)可知，测量精度与测量次数的平方根成反比，因此要显著地提高测量精度，必须付出较多的劳动。$\sigma_{\bar{x}}$ 与测量次数 n 的平方根成反比，当 σ 一定时，$n>10$ 以后，$\sigma_{\bar{x}}$ 随测量次数的增加而减小得很缓慢，如图 3-4 所示。此外，由于测量次数越大时，也越难保证测量条件的稳定，从而带来新的误差，因此一般情况下取 $n \leqslant 10$ 较为适宜。总之，要提高测量精度，应改进实验方法和采用适当精度的仪器，并选取适当的测量次数。

3. 标准差 σ 的估计——实验标准差 s

标准差 σ 称为测量列的分散特性参数。前面对标准差的讨论只有理论上的价值,下面我们讨论误差的实际估算方法,即实验标准差。实验标准差常采用以下方法计算:

1) 贝塞尔公式法

当被测量的真值为未知时,按式 (3.6) 不能求得标准差。实际上,在有限次测量情况下,可用残余误差 v_i 代替误差,而得到标准差的估计值,即实验标准差为

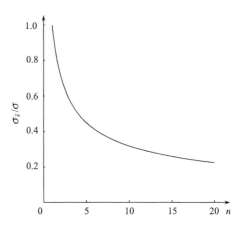

图 3-4 测量次数与测量精度的关系

$$s = \sqrt{\frac{\sum_{t=1}^{n} v_i^2}{n-1}} \tag{3.9}$$

式 (3.9) 称为贝塞尔 (Bessel) 公式。式中,测得值 x_i 与平均值 $\bar{x}$ 之差 v_i,称为测得值 x_i 的残余误差,简称残差。贝塞尔公式是用残差法求标准偏差 σ 的估计值 s,称此估计值为测量列的实验标准偏差。根据此式可由残余误差求得单次测量标准差的估计值。可以证明,当测量次数 n 足够大时,可以用式 (3.9) 中 s 的值代替按式 (3.6) 定义的 σ 值。

说明:

(1) s 是任意一次结果的标准偏差,即等精度测量的 n 个测量结果不论其大小,标准偏差均为 s。

(2) s 只是个估计值,本身不可靠,与 n 的大小有关,在只有一个被测量的情况下,与自由度 $v=n-1$ 有关。

(3) 因 $s_{\bar{x}}$ 是 s 除以 $\sqrt{n}$ 计算得到的,故算术平均值的标准差 $s_{\bar{x}}$ 的可靠程度与 s 的可靠程度一样,即二者也具有相同的自由度 v。

可以验证,s^2 是方差 σ^2 的无偏估计,但 s 并不是标准差 σ 的无偏估计。因此,还可以得到一个经过无偏修正的贝塞尔公式 s',其中的修正因子 $1/M_n$ 见表 3-1。s' 表示为

$$s' = \frac{s}{M_n} = \frac{1}{M_n}\sqrt{\frac{1}{n-1}\sum_{i=1}^{n}(x_i-\bar{x})^2} = \frac{1}{M_n}\sqrt{\frac{1}{n-1}\sum_{i=1}^{n}v_i^2} \tag{3.10}$$

表 3-1 修正因子表

n	2	3	4	5	6	7	8	9	10	15
$1/M_n$	1.253	1.128	1.085	1.064	1.051	1.042	1.036	1.032	1.028	1.018
n	20	25	30	40	50	60	70	80	90	100
$1/M_n$	1.013	1.011	1.009	1.006	1.005	1.004	1.004	1.003	1.003	1.0025

由表 3-1 可见,$1/M_n$ 值随 n 减少明显偏离系数 1。因此,在样本数较小(如 $n \leqslant 6$)时,

为了减少对 s 估计的相对误差，最好用无偏修正的贝塞尔公式。

在 n 次测量服从正态分布且独立的条件下，式(3.9)及式(3.10)估计标准差 σ 的相对误差分别为

$$\frac{\sigma(s)}{s} = \sqrt{1 - M_n^2} + |\xi_n| \tag{3.11}$$

$$\frac{\sigma(s')}{s'} = \sqrt{1 - M_n^2} \tag{3.12}$$

由以上两式可见，修正贝塞尔公式的相对误差减少了有偏影响项 $|\xi_n|$。

由于式(3.11)的复杂性，其不便在实际中使用，以下另给出一个适合估计贝塞尔公式的相对误差公式：

$$\frac{\sigma(s)}{s} = \sqrt{\frac{1}{2(n-1)}} \tag{3.13}$$

表 3-2 中列出了贝塞尔公式和修正的贝塞尔公式估计标准差的相对误差。

表 3-2

n	1	2	3	4	5	6
贝塞尔公式	—	0.80	0.57	0.47	0.40	0.36
修正的贝塞尔公式	—	0.60	0.46	0.39	0.34	0.31
n	7	8	9	10	20	
贝塞尔公式	0.32	0.30	0.28	0.26	0.17	
修正的贝塞尔公式	0.28	0.26	0.25	0.23	0.16	

例 3.9　用某仪器测某物所含的水分。在相同测量条件下测得 50 个数据(%)如下：

3.4，2.9，4.6，3.9，3.5，2.8，3.4，4.0，3.1，3.7，3.5，3.1，2.5
4.4，3.7，3.2，3.8，3.2，3.7，3.2，3.6，3.0，3.3，4.0，3.4，3.0
4.3，3.8，3.8，3.6，3.4，2.7，3.5，3.6，3.6，3.3，3.7，3.5，4.1
3.1，3.7，3.2，3.9，4.2，3.5，2.9，3.9，3.6，3.4，3.3

试评价该仪器的测量重复性及其相对误差。

解　(1)测量列的算术平均值为

$$\bar{x} = \frac{1}{n}\sum_{i=1}^{50} x_i = 3.5$$

(2)测量列的实验标准差为

$$s = \sqrt{\frac{\sum\limits_{i=1}^{50}(x_i - \bar{x})}{n-1}} = 0.44$$

(3)实验标准差的相对误差为

$$\frac{\sigma(s)}{s} = \sqrt{\frac{1}{2(n-1)}} = 0.10$$

故该仪器的测量重复性为 0.44%，其估计的相对误差为 0.10。

例 3.10　有下列两组测得值：

第 1 组：20.0005，19.9996，20.0003，19.9994，20.0002。

第 2 组：19.9990，20.0006，19.9995，20.0015，19.9994。

计算各组的平均值、方差和标准差。

解　利用 Excel，输入数据及处理过程如图 3-5 所示。

B9　f_x　=STDEV(B2:B6)

A	B	C
	第Ⅰ组	第Ⅱ组
	20.0005	19.9990
	19.9996	20.0006
	20.0003	19.9995
	19.9994	20.0015
	20.0002	19.9994
平均值AVERAGE()=	20.0000	20.0000
方差VAR()=	2.25E-07	1.055E-06
标准差STDEV()=	0.0005	0.0010

图 3-5　计算平均值、方差和标准差

这两组测得值的算术平均值都为 20.0000，但它们的测量精度明显不同。第Ⅰ组的方差为 2.25×10^{-7}，第Ⅱ组为 1.055×10^{-6}，高于第Ⅰ组。也就是说，第Ⅰ组数据的分散性比第Ⅱ组小，说明第Ⅰ组测得值的测量精度高于第Ⅱ组。

可以使用统计分析工具的“统计描述”进行分析，结果如图 3-6 所示。

B	C	D	E	F	G	H
第Ⅰ组	第Ⅱ组		第Ⅰ组		第Ⅱ组	
20.0005	19.9990					
19.9996	20.0006		平均	20.0000	平均	20.0000
20.0003	19.9995		标准误差	0.0002121	标准误差	0.00045935
19.9994	20.0015		中位数	20.0002	中位数	19.9995
20.0002	19.9994		众数	#N/A	众数	#N/A
			标准差	0.0004743	标准差	0.00102713
			方差	2.25E-07	方差	1.055E-06
			峰度	-2.385185	峰度	-0.8301251
			偏度	-0.468486	偏度	0.86515234
			区域	0.0011	区域	0.0025
			最大值	19.9994	最大值	19.9990
			最小值	20.0005	最小值	20.0015
			求和	100	求和	100
			观测数	5	观测数	5
			最大（1）	20.0005	最大（1）	20.0015
			最小（2）	19.9994	最小（2）	19.99
			置信度（95.0%）	0.000589	置信度（95.0%）	0.00127535

图 3-6　利用统计分析工具的计算过程

2) 别捷尔斯法

别捷尔斯法由俄罗斯天文学家别捷尔斯(Peters)得出，计算公式为

$$s = 1.253 \times \frac{\sum_{i=1}^{n}|v_i|}{\sqrt{n(n-1)}} \tag{3.14}$$

它可由残余误差 v 的绝对值之和求出单次测量的实验标准差 s。

3) 极差法

用贝塞尔公式和别捷尔斯公式计算标准差均需要先求算术平均值，再求残余误差，然后

进行其他运算，计算过程比较复杂。当要求简便、迅速地算出标准差时，可用极差法。若等精度多次测量测得值 $x_1, x_2, \cdots, x_n$，且均服从正态分布，在其中选取最大值 x_{max} 与最小值 x_{min}，则两者之差称为极差，即

$$w_n = x_{max} - x_{min} \tag{3.15}$$

根据极差的分布函数，求得标准差

$$s = \frac{w_n}{d_n} \tag{3.16}$$

由它估计标准差 σ 的相对误差为

$$\frac{\sigma(s)}{s} = C_n \tag{3.17}$$

以上两式中，d_n 和 C_n 的数值见表 3-3。由表可见，当 $n < 10$ 时，其估计标准差的相对误差比未修正的贝塞尔公式略小，而且计算方便，但仅适于正态分布总体，故在一些测量领域中常常采用。极差法可以简单迅速地算出标准差，并具有一定精度，一般在测量次数 $n < 10$ 时均可采用。

表 3-3

n	d_n	C_n	n	d_n	C_n	n	d_n	C_n
2	1.13	0.76	9	2.97	0.27	16	3.53	0.21
3	1.69	0.52	10	3.08	0.26	17	3.59	0.21
4	2.06	0.43	11	3.17	0.25	18	3.64	0.20
5	2.33	0.37	12	3.26	0.24	19	3.69	0.20
6	2.53	0.34	13	3.31	0.23	20	3.74	0.20
7	2.70	0.31	14	3.41	0.22			
8	2.85	0.29	15	3.47	0.22			

4) 最大误差法与最大残差法

最大误差法和最大残差法由中国计量研究院的刘智敏研究员分别于 1975 年和 1979 年研究提出。在代价较高的实验中(如破坏性实验)，往往只进行一次实验，此时贝塞尔公式成为 0/0 形式而无法计算标准差。在这种情况下，又特别需要尽可能精确地估算其精度，因而最大误差法就显得特别有用。

若被测量的真值已知，且各个独立测量值服从正态分布时，可按下式估计标准差，称为最大误差法：

$$s = \frac{\left| \delta_i \right|_{max}}{k_n} \tag{3.18}$$

最大误差法估计标准差 σ 的相对误差为

$$\frac{\sigma(s)}{s} = \frac{r_n}{k_n} \tag{3.19}$$

一般情况下，被测量的真值未知，不能按式(3.18)求得标准差，应按最大残余误差 $\left| v_i \right|_{max}$

进行计算，称为最大残差法。公式为

$$s = \frac{\left|v_i\right|_{\max}}{k'_n} \qquad (3.20)$$

以上各式中，系数 k_n、k'_n 的倒数及 r_n / k_n 值见表 3-4。可见，在 $n \leqslant 3$ 时，其估计相对误差比修正的贝塞尔公式还小。

表 3-4 最大残差法参数表

n	1	2	3	4	5	6	7	8	10	20
$1/k_n$	1.25	0.88	0.75	0.68	0.64	0.61	0.58	0.56	0.53	0.46
r_n/k_n	0.75	0.51	0.45	0.40	0.36	0.33	0.31	0.29	0.27	0.23
$1/k'_n$	—	1.77	1.02	0.83	0.74	0.68	0.64	0.61	0.57	0.45

最大误差法简单、迅速、方便、容易掌握，因而有广泛的用途。当 $n < 10$ 时，最大误差法具有一定的精度。特别是在单次实验中，它是唯一可用的方法。

例 3.11 进行一次导弹发射实验，导弹着落点距靶心 35m，试求射击的标准差。

解 $n=1$，$\left|\delta_i\right| = 35\text{m}$，查表 3-4 得 $1 / k_1 = 1.25$，$r_1 / k_1 = 0.75$，故设计的标准差为

$$s = \frac{1}{k_1}\left|\delta_i\right| = 1.25 \times 35 = 44(\text{m})$$

$$\frac{\sigma(s)}{s} = \frac{r_1}{k_1} = 0.75$$

本例题是测量一次的情形，唯有最大误差法可以估计其实验标准差。由于样本数为 1，故其估计的信赖程度只有 25%。

例 3.12 测量某物体的重量 8 次，测得数据(单位为 g)为 236.45，236.37，236.51，236.34，236.39，236.48，236.47，236.40。试求算术平均值，并分别用贝塞尔公式法、Peters 法、极差法和最大误差法计算其标准差。

解 (1)算术平均值为

$$\overline{x} = \frac{\sum\limits_{i=1}^{n} x_i}{n} = 236.43$$

(2)贝塞尔公式法计算的标准差及算术平均值的标准差为

$$s = \sqrt{\frac{\sum\limits_{i=1}^{n} v_i^2}{n-1}} = \sqrt{\frac{0.02^2 + (-0.060)^2 + 0.08^2 + (-0.09)^2 + (-0.04)^2 + 0.05^2 + (-0.03)^2 + (+0.04)^2}{7}} = 0.06$$

$$s_{\overline{x}} = \frac{s}{\sqrt{n}} = \frac{0.06}{\sqrt{8}} = 0.021$$

(3) Peters 法计算的标准差及算术平均值的标准差为

$$s = 1.253 \times \frac{\sum_{i=1}^{n} |v_i|}{\sqrt{n(n-1)}} = 1.253 \times \frac{\sum_{i=1}^{8} |v_i|}{\sqrt{8 \times 7}} = 0.07$$

$$s_{\bar{x}} = \frac{s}{\sqrt{n}} = 0.025$$

(4)极差法计算的标准差及算术平均值的标准差为

$$s = \frac{w_n}{d_n} = \frac{236.51 - 236.34}{2.85} = 0.06$$

$$s_{\bar{x}} = \frac{s}{\sqrt{n}} = 0.021$$

(5)最大误差法计算的标准差及算术平均值的标准差为

$$s = \frac{|v_i|_{\max}}{k_n'} = 0.09 \times 0.61 = 0.06$$

$$s_{\bar{x}} = \frac{s}{\sqrt{n}} = 0.021$$

可见，当 $n < 10$ 时，极差法、最大误差法与贝塞尔公式求得的标准偏差相等，具有一定精度。

4. 算术平均值的标准误差 $\sigma_{\bar{x}}$ 的估计值——算术平均值的标准偏差 $s_{\bar{x}}$

若测量列的标准偏差为 s，则

$$s_{\bar{x}} = \frac{s}{\sqrt{n}} \tag{3.21}$$

例 3.13 甲、乙二人分别用不同的方法对同一电感进行多次测量，结果如下(均无系统误差及粗大误差)。

甲(x_{ai}, mH)：1.28，1.31，1.27，1.26，1.19，1.25

乙(x_{bi}, mH)：1.19，1.23，1.22，1.24，1.25，1.20

试根据测量数据对他们的测量结果进行粗略评价。

解 计算两组算术平均值得

$$\bar{x}_a = 1.26 \, \text{mH}, \quad \bar{x}_b = 1.22 \, \text{mH}$$

计算两组测量数据的方差估计值(总体方差估计值)为

$$\hat{\sigma}^2(x_a) = 1.6 \times 10^{-3}, \quad \hat{\sigma}^2(x_b) = 0.54 \times 10^{-3}$$

计算两组测量数据算术平均值的方差估计值时，得到的结果是

$$\hat{\sigma}^2(\bar{x}_a) = \frac{1}{6} \times 1.6 \times 10^{-3} = 0.27 \times 10^{-3}, \quad \hat{\sigma}^2(\bar{x}_b) = \frac{1}{6} \times 0.54 \times 10^{-3} = 0.09 \times 10^{-3}$$

可见两人测量次数虽相同，但算术平均值的方差估计值相差较大，表明乙所进行的测量精密度高。

例 3.14 基于 Excel 特征量计算。将数据输入 Excel 表格或者若 Matlab 中已经完成数据

的输入，那么可以用 Matlab 直接将数据导出到桌面 Excel 文件，导出的程序代码如下：

```
xlswrite('C:\Users\Administrator\Desktop\1.xlsx',x');
```

Excel 操作如下：在菜单栏选择："数据"→"数据分析"命令，选择"描述统计"并导入数据，如图 3-7~图 3-9 所示。

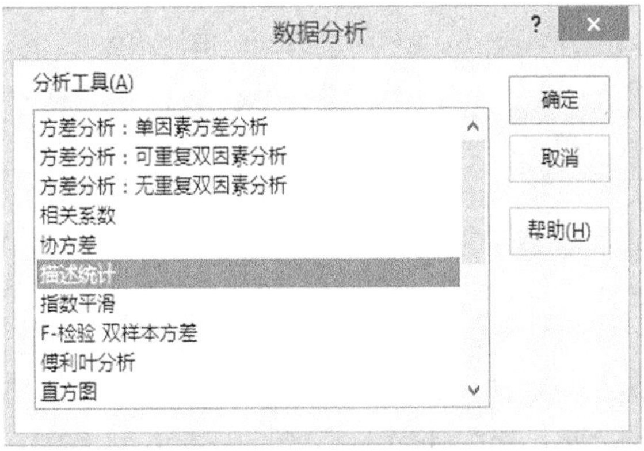

图 3-7

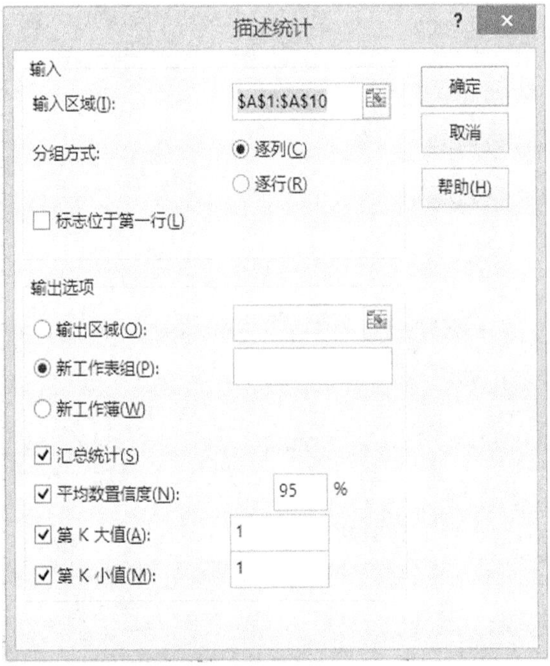

图 3-8

列1	
平均	75.045
标准误差	0.009574271
中位数	75.045
众数	#N/A
标准差	0.030276504
方差	0.000916667
峰度	-1.2
偏度	1.62657E-12
区域	0.09
最小值	75
最大值	75.09
求和	750.45
观测数	10
最大(1)	75.09
最小(1)	75
置信度(95.0%)	0.021658506

图 3-9

5. 测量的极限误差

测量的极限误差是极端误差，即测量结果的误差不超过该极端误差的概率为 P，并使差值 $1-P$ 可以忽略。在介绍测量的极限误差之前，首先引入两个重要的概念，即置信区间与置信概率。

1)置信区间和置信概率

在依据有限次测量结果计算出被测量真值 X_0 的最佳估计值和标准偏差的估计值后，还需要评价这些估计值可信赖的程度——置信度。

置信水平与显著性水平是指在某一 t 值时，测定值 x 落在 $\mu \pm t\sigma$ 范围内的概率，称为置信水平(也称为置信度或置信概率)，用 P 表示，可用概率密度曲线与 $f(\delta)$ 置信区间横坐标包围的面积表示；测定值 x 落在 $\mu \pm t\sigma$ 范围之外的概率 $(1-P)$，称为显著性水平，用 α 表示。

置信区间与置信限是指在一定的置信水平时，以测定结果 x 为中心，包括总体平均值 μ 在内的可信范围，即 $\mu \pm t\sigma$，其中 $t\sigma$ 为置信限。

正态分布置信概率 P_c 仅适用测量次数非常多的情况，在有限次测量情况下的置信度通常采用 t 分布来计算置信概率。t 分布的一个重要特点是其分布与 σ 无关。当测量次数 n 较小时，t 分布与正态分布的差别较大，但当 $n \to \infty$ 时，t 分布趋于正态分布。

例 3.15　对某电源电压进行 8 次独立等精密度、无系统误差的测量，所得数据(单位为 V)为 12.38，12.40，12.50，12.48，12.43，12.45，12.46，12.42。试按置信概率 95% 估计电压真值的置信区间。

解　(1)求测量数据的算术平均值：

$$\bar{U} = \frac{1}{8}\sum_{i=1}^{8} U_i = 12.44 \, \text{V}$$

(2)根据贝塞尔公式计算出标准偏差估计值：

$$\hat{\sigma}(U) = 0.04 \, \text{V}$$

(3)求算术平均值 $\bar{U}$ 的标准偏差估计值：

$$\hat{\sigma}(\bar{U}) = \frac{\hat{\sigma}(U)}{\sqrt{n}} = \frac{0.04}{\sqrt{8}} = 0.014 \, (\text{V})$$

(4)由给定的置信概率 $P\{|t| \leqslant K_t\} = 0.95$ 及测量次数 $n=8$(用自由度 $n-1=7$)查附表 3 得

$$t_\alpha = 2.365$$

(5)估计电压真值 $M(U)$ 即 U_0 所处区间 $\left[\bar{U} - t_\alpha\hat{\sigma}(\bar{U}), \ \bar{U} + t_\alpha\hat{\sigma}(\bar{U})\right]$，以 $\bar{U} = 12.44 \, \text{V}$，$t_\alpha = 2.365$，$\hat{\sigma}(\bar{U}) = 0.014 \, \text{V}$ 代入，得 [12.41，12.47]。

故电压真值 U_0 以 0.95 的置信概率估计会在[12.41，12.47]V 内。

当用横坐标表示测量值时，置信区间为 $(\bar{x} - t\sigma, \bar{x} + t\sigma)$，对应于置信区间的 t 值，称为置信系数；表示置信区间的界限值 $t\sigma$，称为置信限；对应于置信区间的概率称为置信概率，可用如下形式表示：

$$P(-t\sigma \leqslant \delta \leqslant +t\sigma) = P(|\delta \leqslant t\sigma|) = 1 - \alpha = 2\phi(t) \tag{3.22}$$

通常 α 称为显著性水平或显著度，也可称为危险率，表示随机误差落在置信区间之外的概率。选择不同的置信概率，就可获得对应的置信限和置信区间。随着测量重要性的不同，可选取不同的置信概率，要求高时可取 0.99，一般取 0.95 即可。

2) 极限误差

(1) 单次测量的极限误差。

测量列的测量次数足够多且单次测量误差为正态分布时，根据概率论知识，可求得单次测量的极限误差。由概率积分可知，服从正态分布的某随机误差在 $\pm t\sigma$ 范围内出现的概率为 $2\phi(t)$，超出的概率为 $\alpha = 1 - 2\phi(t)$。可以认为绝对值大于 3σ 的误差出现的可能性很小，通常把这个误差称为单次测量的极限误差 $\delta_{\lim x}$，即

$$\delta_{\lim x} = \pm 3\sigma \tag{3.23}$$

在实际测量中，有时也可取其他 t 值来表示单次测量的极限误差。例如，取 $t = 2.58$，置信概率 $P = 99\%$；$t = 2$，置信概率 $P = 95.44\%$；$t = 1.96$，置信概率 $P = 95\%$ 等。此外，由于标准差 σ 常用实验标准差 s 估计，因此，一般情况下，测量列单次测量的极限误差可表示为

$$\delta_{\lim x} = \pm t s \tag{3.24}$$

若已知测量的实验标准差 s，选定置信系数 t，则可由式 (3.24) 求得单次测量的极限误差。3σ 准则的前提是要求测量次数 n 趋近于无穷大，它的适用条件是测量次数必须大于 10，否则此准则无效。

(2) 算术平均值的极限误差。

测量列的算术平均值与被测量的真值之差称为算术平均值误差，即

$$\delta_x = \bar{x} - x_0 \tag{3.25}$$

当多个测量列的算术平均值误差 $\delta_{\bar{x}i}\ (i=1,2,\cdots,n)$ 为正态分布时，根据概率论知识，可得测量列算术平均值的极限误差为

$$\delta_{\lim x} = \pm t s_{\bar{x}} \tag{3.26}$$

式中，t 为置信系数；$s_{\bar{x}}$ 为算术平均值的标准差。

通常取 $t = 3$，则

$$\delta_{\lim x} = \pm 3 s_{\bar{x}} \tag{3.27}$$

但当测量次数较少时，应按 t 分布计算测量列算术平均值的极限误差，即

$$\delta_{\lim x} = \pm t_\alpha s_{\bar{x}} \tag{3.28}$$

式中，t_α 为置信系数，它由给定的置信概率 $P = 1 - \alpha$ 和自由度 $v = n - 1$ 来确定，见附表 3；α 为超出极限误差的概率(称为显著度或显著性水平)，通常取 $\alpha = 0.01$、0.02 或 0.05；n 为测量次数；$s_{\bar{x}}$ 为 n 次测量算术平均值的标准差。

(3) 有限次测量的情况和 t 因子。

测量次数趋于无穷只是一种理论情况，这时物理量的概率密度服从正态分布。当次数减少时，概率密度曲线变得平坦，称为 t 分布，也叫学生分布。当测量次数趋于无限时，t 分布过渡到正态分布。对于有限次测量的结果，要使测量值落在平均值附近，且具有与正态分布相同的置信概率 $P = 0.68$，显然要扩大置信区间，扩大置信区间的方法是把 σ_x 乘以一个大于 1 的因子 t_P。

在 t 分布下，标准偏差记为 $\sigma_{xt} = t_P \sigma_x$，$t_P$ 与测量次数 n 有关(表 3-5)。

表 3-5　t_P 与 n 的关系

t_P / n / P	3	4	5	6	7	8	9	10	15	20	∞
0.68	1.32	1.20	1.14	1.11	1.09	1.08	1.07	1.06	1.04	1.03	1
0.90	2.92	2.35	2.13	2.02	1.94	1.86	1.83	1.75	1.73	1.71	1.65
0.95	4.30	3.18	2.78	2.57	2.46	2.37	2.31	2.26	2.15	2.09	1.96
0.99	9.93	5.84	4.60	4.03	3.71	3.50	3.36	3.25	2.98	2.86	2.58

例 3.16　测量某一长度得到 9 个值（单位为 mm）：42.35，42.45，42.37，42.33，42.30，42.40，42.48，42.35，42.29。求置信概率分别为 0.68、0.95、0.99 时，该测量列的平均值、标准偏差 σ_{xt}。

解　计算得到平均值 $\bar{x} = 42.369 \, \text{mm}$。

计算得到标准偏差 $\sigma_x = 0.021 \, \text{mm}$。$n = 9$，查表 3-5 得

$P = 0.68$，$t_P = 1.07$，由式 $\sigma_{xt} = t_P \sigma_x$ 得 $\sigma_{xt} = 1.07 \times 0.021 \, \text{mm} = 0.022 \, \text{mm}$。

$P = 0.95$，$t_P = 2.31$，$\sigma_{xt} = 2.31 \times 0.021 \, \text{mm} = 0.048 \, \text{mm}$。

$P = 0.99$，$t_P = 3.36$，$\sigma_{xt} = 3.36 \times 0.021 \, \text{mm} = 0.070 \, \text{mm}$。

实际测量中，有时 t_P 也可取其他值来表示算术平均值的极限误差。

例 3.17　对某量进行 8 次测量，测得数据（单位略）分别为 32.806，32.832，32.849，32.827，32.847，32.844，32.848，32.859，试求算术平均值及其极限误差，并写出最终的测量结果。

解　（1）求算术平均值：

$$\bar{x} = \frac{\sum\limits_{i=1}^{n} l_i}{n} = \frac{\sum\limits_{i=1}^{8} l_i}{8} = 32.839$$

（2）求标准差及算术平均值的标准差：

$$s = \sqrt{\frac{\sum\limits_{i=1}^{n} v_i^2}{n-1}} = \sqrt{\frac{\sum\limits_{i=1}^{8} v_i^2}{8-1}} = 0.0167$$

$$s_{\bar{x}} = \frac{s}{\sqrt{n}} = \frac{0.0167}{\sqrt{8}} = 0.0059$$

（3）求极限误差。

因测量次数较少，应按 t 分布计算测量列算术平均值的极限误差。自由度 $v = n - 1 = 7$，取显著性水平 $\alpha = 0.05$，由 t 分布表（附表 3）查得 $t_\alpha = 2.36$。

故算术平均值的极限误差为

$$\delta_{\lim \bar{x}} = \pm t_\alpha s_{\bar{x}} = \pm 2.36 \times 0.0059 = \pm 0.014$$

（4）测量结果。最终测量结果通常用算术平均值及其极限误差来表示，即

$$X = \bar{x} \pm \delta_{\lim \bar{x}} = (32.839 \pm 0.014) \, \text{mm}$$

例 3.18　用某仪器测量工件尺寸，已知该仪器的标准差 $\sigma = 0.001 \, \text{mm}$，若要求测量的允

许极限误差为±0.0015mm，而置信概率 P 为 0.95 时，问应测量多少次？

解 根据极限误差的意义，有

$$\pm t\sigma_{\bar{x}} = \pm t\frac{\sigma}{\sqrt{n}} \leqslant 0.0015$$

根据题目给定的已知条件，有

$$\frac{t}{\sqrt{n}} \leqslant \frac{0.0015}{0.001} = 1.5$$

查附表 3，若 $n=5$，$v=4$，$\alpha=0.05$，有 $t=2.78$，则

$$\frac{t}{\sqrt{n}} = \frac{2.78}{\sqrt{5}} = \frac{2.78}{2.236} = 1.24 < 1.5 \quad 符合条件$$

若 $n=4$，$v=3$，$\alpha=0.05$，有 $t=3.18$，则

$$\frac{t}{\sqrt{n}} = \frac{3.18}{\sqrt{4}} = \frac{3.18}{2} = 1.59 > 1.5 \quad 不符合条件$$

因此，要达到题意要求，必须至少测量 5 次。

3.2.6 不等精度测量

前面介绍的内容皆是等精度测量的问题，一般的测量实践基本上都属这种类型。但为了得到更精确的测量结果，如在科学研究或高精度测量中，往往在不同的测量条件下，用不同的仪器、不同的测量方法、不同的测量次数以及不同的测量者进行测量与对比，这种测量称为不等精度测量。

在一般测量工作中，常遇到的不等精度测量有两种情况。第一种情况是用不同测量次数进行对比测量。例如，用同一台仪器测量某一参数，先后用 n_1 和 n_2 次进行测量，分别求得算术平均 $\bar{x}_1$ 和 $\bar{x}_2$。因为 $n_1 \neq n_2$，测量精度不一样。第二种情况是用不同精度的仪器进行对比测量。例如，对于高精度或重要的测量任务，往往要用不同精度的仪器进行互比核对测量，显然所得到的结果也不会相同。

1. 权的概念与权值的确定

在等精度测量中，各个测得值可认为同样可靠，并取所有测得值的算术平均值作为最后测量结果。在不等精度测量中，各个测量结果的可靠程度不一样，因而不能简单地取各测量结果的算术平均值作为最后测量结果，应让可靠程度大的测量结果所占的比重大一些，可靠程度小的所占比重小一些。各测量结果的可靠程度可用一个数值来表示，这个数值即称为该测量结果的"权"，记为 w。因此测量结果的权可理解为，当它与另一些测量结果比较时，该测量结果的信赖程度。

既然测量结果的权说明了测量的可靠程度，因此可根据这一原则来确定权的大小。例如，可按测量条件的优劣、测量仪器和测量方法所能达到的精度高低、重复测量次数的多少以及测量者水平高低等来确定权的大小。也即测量方法越完善，测量精度越高，所得测量结果的权也应越大。在相同条件下，由不同水平的测量者用同一种测量方法和仪器对同一被测量进行测量，显然对于经验丰富的测量者所测得的结果应给予较大的权。

当由各个不同标准差的测量求出一个最终的测量结果时,不同标准差的每一个测量对最终测量结果的影响是不同的。为了提高测量结果的准确性,应当使标准差大的测量对最终测量结果的影响小,那么它在最终测量结果中所占的比重就应当小,权就小;标准差小的测量对最终测量结果的影响大,那么它在最终测量结果中所占的比重就应当大,权就应当大。

权的确定方法有很多种。最简单的方法是按测量的次数来确定权,即测量条件和测量者水平皆相同,则重复测量次数越多,其可靠程度也越大。因此完全可由测量的次数来确定权的大小,即 $w_i = n_i$。

假定同一个被测量有 m 组不等精度的测量结果,这 m 组测量结果是从单次测量精度相同而测量次数不同的一系列测量值求得的算术平均值。因为单次测量精度皆相同,其实验标准差均为 s,则各组算术平均值的标准差为

$$s_{\bar{x}_i} = \frac{s}{\sqrt{n_i}}, \quad i = 1, 2, \cdots, m \tag{3.29}$$

由此可得

$$n_1 s_{\bar{x}_1}{}^2 = n_2 s_{\bar{x}_2}{}^2 = \cdots = n_m s_{\bar{x}_m}{}^2 = s^2 \tag{3.30}$$

因为 $w_i = n_i$,故式(3.30)又可写成

$$w_1 s_{\bar{x}_1}{}^2 = w_2 s_{\bar{x}_2}{}^2 = \cdots = w_m s_{\bar{x}_m}{}^2 = s^2 \tag{3.31}$$

或表示为

$$w_1 : w_2 : \cdots : w_m = \frac{1}{s_{\bar{x}_1}{}^2} : \frac{1}{s_{\bar{x}_2}{}^2} : \cdots : \frac{1}{s_{\bar{x}_m}{}^2} \tag{3.32}$$

由此可得,每组测量结果的权与其相应的标准平方差成反比,若已知各组算术平均值的标准差,则可按式(3.32)确定相应权的大小。

测量结果权的数值只表示各组间的相对可靠程度,它是一个无量纲的数。允许各组的权数乘以相同的系数,使其以相同倍数增大或减小,而各组间的比例关系保持不变。但通常皆将各组的权数予以约简,使其中最小的权数为不可再约简的整数,以便用简单的数值来表示各组的权。

2. 加权算术平均值

若对同一被测量进行 m 组不等精度测量,得到 m 个测量结果为:$\bar{x}_1$,$\bar{x}_2$,$\cdots$,$\bar{x}_m$,设相应的测量次数为 n_1,n_2,$\cdots$,n_m,即

$$\bar{x}_1 = \frac{\sum\limits_{i=1}^{n_1} x_{1i}}{n_1}, \ \bar{x}_2 = \frac{\sum\limits_{i=1}^{n_2} x_{2i}}{n_2}, \ \cdots, \ \bar{x}_m = \frac{\sum\limits_{i=1}^{n_m} x_{mi}}{n_m} \tag{3.33}$$

根据等精度测量算术平均值原理,全部测量的算术平均值 $\bar{x}$ 应为

$$\bar{x} = \left(\sum_{i=1}^{n_1} x_{1i} + \sum_{i=1}^{n_2} x_{2i} + \cdots + \sum_{i=1}^{n_m} x_{mi} \right) \Big/ \sum_{i=1}^{m} n_i \tag{3.34}$$

将式(3.33)代入式(3.34)得

$$\bar{x} = \frac{n_1 \bar{x}_1 + n_2 \bar{x}_2 + \cdots + n_m \bar{x}_m}{n_1 + n_2 + \cdots + n_m} = \frac{w_1 \bar{x}_1 + w_2 \bar{x}_2 + \cdots + w_m \bar{x}_m}{w_1 + w_2 + \cdots + w_m} \tag{3.35}$$

或简写为

$$\overline{x} = \sum_{i=1}^{m} w_i \overline{x}_i \bigg/ \sum_{i=1}^{m} w_i \tag{3.36}$$

当各组的权相等，即 $w_1 = w_2 = \cdots = w_n$ 时，加权算术平均值可简化为

$$\overline{x} = \frac{w \sum\limits_{i=1}^{m} \overline{x}_i}{mw} = \frac{\sum\limits_{i=1}^{m} \overline{x}_i}{m} \tag{3.37}$$

由上式求得的结果即为等精度的算术平均值，由此可见等精度测量是不等精度测量的特殊情况。

3. 加权算术平均值的标准差

对同一个被测量进行 m 组不等精度测量，得到 m 个测量结果为 $\overline{x}_1$，$\overline{x}_2$，$\cdots$，$\overline{x}_m$。若已知单位权测得值的标准差是 s，则各组算术平均值的标准差分别为

$$s_{\overline{x}_i} = \frac{s}{\sqrt{n_i}},\ i = 1, 2, \cdots, m \tag{3.38}$$

而全部 ($m \times n$ 个) 测得值的算术平均值 $\overline{x}$ 的标准差为

$$s_{\overline{x}} = \frac{s}{\sqrt{n_1 + n_2 + \cdots + n_m}} = \frac{s}{\sqrt{\sum\limits_{i=1}^{m} n_i}} \tag{3.39}$$

比较上面两式得

$$s_{\overline{x}} = s_{\overline{x}_i} \sqrt{\frac{n_i}{\sum\limits_{i=1}^{m} n_i}} \tag{3.40}$$

将 $w_i = n_i$，$\sum\limits_{i=1}^{m} w_i = \sum\limits_{i=1}^{m} n_i$ 代入式 (3.40) 得

$$s_{\overline{x}} = s_{\overline{x}_i} \sqrt{\frac{w_i}{\sum\limits_{i=1}^{m} w_i}} = \frac{s}{\sqrt{\sum\limits_{i=1}^{m} w_i}} \tag{3.41}$$

由式 (3.41) 可知，当各组测量的总权数 $\sum\limits_{i=1}^{m} w_i$ 已知时，可由任一组的标准差 $s_{\overline{x}_i}$ 和相应的权 w_i，或者由单位权的标准差 s 求得加权算术平均值的标准差 $s_{\overline{x}}$。从概率论与数理统计知识可知，只有在 $n \to \infty$ 时，其单位权标准差的估计值才能等于单位权的标准差，而由于测量次数的有限性和随机抽样取值的分散性，这两者是不相等的，所以式 (3.40) 和式 (3.41) 确定的标准差也是不相同的。因此在各测量值的标准差未知时，由于其测量值的权是由其他方法得到的，而各测量值的标准差未知，无法应用式 (3.40)，而只能用式 (3.41)。当已知测量值 x_i 和其标准差 σ_i 时，有两种方法计算 $\overline{x}$ 的标准差 $\sigma_{\overline{x}}$：第一种方法是用式 (3.40) 进行计算，第二种方法是用式 (3.41) 进行计算。第一种方法是根据已知的 σ_i 计算 $\sigma_{\overline{x}}$，没有用到测量数据 x_i；

而第二种方法既用到了 σ_i（确定权），也用到了测量数据 x_i（计算残差）。式(3.41)是一个统计学公式，与观测次数 n 有关，只有 n 足够大，即观测数据足够多，该公式才具有实际意义。所以，根据前面的推导分析，当测量次数较少时，考虑到随机抽样取值的分散性，建议采用式(3.40)；当测量次数较多时，采用式(3.41)更能真实地反映出这一组数据的误差。一般常把 $n=10$ 作为一个临界值。当测量次数 $n<10$ 时，用式(3.40)进行计算的效果较好；当测量次数 $n \geqslant 10$ 时，采用式(3.41)会更客观一些。当 n 足够大且本次测量条件与以前的测量条件变化不大时，两个公式计算的结果应近似相等。否则本次测量数据可能存在系统误差。

例 3.19　工作基准米尺连续三天与国家基准器比较，得到工作基准尺的平均长度为 999.9425mm（3 次测量取平均值）、999.9416mm（2 次测量取平均值）、999.9419mm（5 次测量取平均值），求最后测量结果。

解　由于测量条件相同，3 天里的 10 次测量是等精度的。3 个检定结果精度不等，是因为每天测量的次数不同，所以其权为 $p_1:p_2:p_3=3:2:5$。则加权算术平均值为

$$\bar{x} = 999.9420 \, \text{mm}$$

加权算术平均值的标准差计算如下：

由加权算术平均值 $\bar{x}=999.9420\,\text{mm}$，可得各组测量结果的残余误差为

$$v_{\bar{x}_1} = +0.5\mu\text{m}, \quad v_{\bar{x}_2} = -0.4\mu\text{m}, \quad v_{\bar{x}_3} = -0.1\mu\text{m}$$

已知 $m=3$，$p_1=3$，$p_2=2$，$p_3=5$，因各测量值的标准差未知，则

$$s_{\bar{x}} = \sqrt{\frac{3 \times 0.5^2 + 2 \times (-0.4)^2 + 5 \times (-0.1)^2}{(3-1) \times (3+2+5)}} \mu\text{m} = 0.24\mu\text{m}$$

$$\delta_{\lim\bar{x}} = \pm 3\sigma_x = 0.0007 \, \text{mm}$$

所以用算术平均值和极限误差表示的测量结果为

$$x = \bar{x} \pm \delta_{\lim\bar{x}} = (999.9420 \pm 0.0007) \, \text{mm}$$

Excel 的计算过程如图 3-10 所示。

	B3		f_x	=B2-F8		
	A	B	C	D	E	F	G
1		x1	x2	x3			
2		999.9425	999.9416	999.9419			
3	v_i	0.00050	-0.00042	-0.00012			
4							
5		p1	p2	p3			
6		3	2	5			
7							
8	加权算术平均值=（B6*B2+C6*C2+D6*D2）/SUM（B6：D6）=					999.9420	
9							
10	加权算术平均值的标准差 σ						
11	SQRT(SUM(B6*B3*B3, C6*C3*C3, D6*D3*D3)/((3-1)*SUM(B6：D6)))=						0.000236
12				3σ	0.000709		
13				$X = \bar{X} \pm 3\sigma$ =	999.9420±0.0007		

图 3-10　计算加权标准差

例 3.20　对某物理量进行 9 次直接测量，测量结果及相应标准差数据见表 3-6，试评定其测量结果。

表 3-6　测量结果及相应标准差数据

序号	1	2	3	4	5	6	7	8	9
x_i/mV	550	473	428	446	479	418	469	528	465
σ_i/mV	50	50	50	36	14	29	24	30	23

解　(1)计算各测量值的权：$p_i = \sigma^2 / \sigma_i^2$。令单位权标准差 $\sigma = 50$，则各测量值的权为

$$p_1 : p_2 : p_3 : p_4 : p_5 : p_6 : p_7 : p_8 : p_9 = 1 : 1 : 1 : 1.93 : 12.8 : 2.97 : 4.34 : 2.78 : 4.73$$

(2)计算最佳估计值 $\bar{x}$。

(3)计算 $\bar{x}$ 的标准差。

第一种方法是用式(3.40)计算：

$$s_{\bar{x}} = \frac{1}{\sqrt{\sum\limits_{i=1}^{n} \sigma_i^2}} = 8.77 \, \text{mV}$$

第二种方法是用式(3.41)计算：

$$s_{\bar{x}} = \sqrt{\frac{\sum\limits_{i=1}^{n} p_i v_i^2}{(n-1)\sum\limits_{i=1}^{n} p_i}} = 10.29 \, \text{mV}$$

从本例题看，两种方法计算的结果相差较大。由于测量次数较少，该例采用第一种方法计算的结果更好。从对观测列的分析来看，$x_{\max} - x_{\min} = 132$，取值很分散，似乎有系统误差存在。当系统误差大于随机误差时，测量值的变化规律会明显地为系统误差左右，因而无法用统计的方法得到正确的测量结果，原有的测量值也就失去了意义。要有效地提高测量的准确度，必须认真分析测量过程中系统误差的影响，并采取措施，减小或消除其影响。

当各组测量结果的标准差为未知时，则不能直接应用式(3.41)，而必须由各测量结果的残余误差来计算加权算术平均值的标准差。

例 3.21　根据两组等精度测量数据，求算术平均值及其标准差。

第 1 组：20.4003，20.3858，20.4022，20.4201，20.4304，20.3984。

第 2 组：20.4192，20.3879，20.4304，20.3993，20.3891，20.3881，20.4026，20.3880。

解　第 1 组的算术平均值为

$$\bar{x}_1 = \frac{1}{6} \sum_{i=1}^{6} x_{1i} = 20.4062$$

第 1 组算术平均值的标准差为

$$s_1 = \sqrt{\frac{\sum\limits_{i=1}^{n} v_i^2}{6-1}} = 0.0162, \quad s_{\overline{x}_1} = \frac{s_1}{\sqrt{6}} = 0.0066$$

第 2 组的算术平均值为

$$\overline{x}_2 = \frac{1}{8}\sum_{i=1}^{8} x_{2i} = 20.4006$$

第 2 组算术平均值的标准差为

$$s_2 = \sqrt{\frac{\sum\limits_{i=1}^{n} v_i^2}{8-1}} = 0.0162, \quad s_{\overline{x}_2} = \frac{s_2}{\sqrt{8}} = 0.0057$$

由于是两组等精度测量，则可按测量次数确定权值，取 $w_1 = 6$，$w_2 = 8$，则加权算术平均值为

$$\overline{x} = \frac{\sum\limits_{i=1}^{m} w_i \overline{x}_i}{\sum\limits_{i=1}^{m} w_i} = \frac{6 \times 20.4062 + 8 \times 20.4006}{6+8} = 20.4030$$

加权算术平均值的标准差为

$$s_{\overline{x}} = \frac{s_1}{\sqrt{\sum\limits_{i=1}^{m} w_i}} = \frac{s_2}{\sqrt{\sum\limits_{i=1}^{m} w_i}} = \frac{0.0162}{\sqrt{14}} = 0.0043$$

加权算术平均值的标准差也可采用以下两式计算：

$$s_{\overline{x}} = s_{\overline{x}_1} \sqrt{\frac{w_1}{\sum\limits_{i=1}^{m} w_i}} = 0.0066 \times \sqrt{\frac{6}{14}} = 0.0043$$

或

$$s_{\overline{x}} = s_{\overline{x}_2} \sqrt{\frac{w_2}{\sum\limits_{i=1}^{m} w_i}} = 0.0057 \times \sqrt{\frac{8}{14}} = 0.0043$$

3.3　随机误差的其他分布

测量数据处理与测量误差的统计分布密切相关。测量误差的分布规律不同，其数据处理方法也不一样。目前，在很多测量实践中，由于各种原因，常常对测量分布情况不加判断，直接将测量列视为正态分布来处理，这在要求不高的情况下是允许的。但对于要求较高的测量，对测量数据的实际分布进行全面分析是进行数据处理的基础。

3.3.1　均匀分布

若误差在某一范围中出现的概率相等,称其服从均匀分布,也称为等概率分布。均匀分布的概率密度函数(图 3-11)为

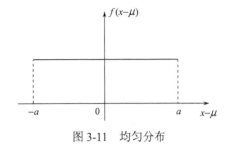

$$f(\delta) = \begin{cases} \dfrac{1}{2a}, & |\delta| \le a \\[2mm] 0, & |\delta| > a \end{cases} \tag{3.35}$$

图 3-11　均匀分布

其数学期望为

$$E = 0 \tag{3.36}$$

其方差和标准差分别为

$$\sigma^2 = \frac{a^2}{3} \tag{3.37}$$

$$\sigma = \frac{a}{\sqrt{3}} \tag{3.38}$$

3.3.2　三角分布

当两个误差限相同且服从均匀分布的随机误差求和时,其和的分布规律服从三角形分布,又称辛普森(Simpson)分布。三角分布的概率密度函数(图 3-12)为

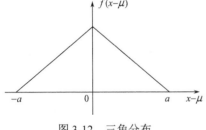

图 3-12　三角分布

$$f(x) = \begin{cases} \dfrac{a+x}{a^2}, & -a \le x \le 0 \\[2mm] \dfrac{a-x}{a^2}, & 0 \le x \le a \end{cases} \tag{3.39}$$

其数学期望为

$$E = 0 \tag{3.40}$$

其方差和标准差分别为

$$\sigma^2 = \frac{a^2}{6} \tag{3.41}$$

$$\sigma = \frac{a}{\sqrt{6}} \tag{3.42}$$

3.3.3　卡方分布

设随机变量 $x_1, x_2, \cdots, x_k$ 相互独立,且都服从标准正态分布 $N(\mu, \sigma^2)$。那么,我们可以先把它们变为标准正态变量 $z_1, z_2, \cdots, z_k$。k 个独立标准正态变量的平方和被定义为卡方分布(χ^2 分布)。

$$\chi^2(k) = \left(\frac{x_1 - \mu}{\sigma}\right)^2 + \left(\frac{x_2 - \mu}{\sigma}\right)^2 + \cdots + \left(\frac{x_k - \mu}{\sigma}\right)^2 = \frac{1}{\sigma^2}\sum_{i=1}^{k}(x_i - \mu)^2 = \sum_{i=1}^{k}z_i^2$$

$$f(x^2;n) = \begin{cases} \dfrac{1}{2^{n/2}\,\Gamma(n/2)}x^{\frac{n}{2}-1}\mathrm{e}^{-\frac{x^2}{2}}, & x^2 \geqslant 0 \\ 0, & x^2 < 0 \end{cases}$$

特别地，设随机变量 $x_1, x_2, \cdots, x_k$ 彼此独立且都服从标准正态分布 $N(0, 1)$，则随机变量 $\sum_{i=1}^{K}x_i^2 \sim \chi^2(k)$，即 $\sum x_i^2$ 服从自由度为 k 的 χ^2 分布。χ^2 分布的期望值是自由度 k，方差值为自由度的 2 倍，即 $2k$。

3.3.4　F分布

设 $X_1 \sim \chi^2(m)$，$X_2 \sim \chi^2(n)$，X_1 与 X_2 独立，则称 $F = \dfrac{X_1/m}{X_2/n}$ 的分布是自由度为 m 与 n 的 F 分布，记作 $F \sim F(m,n)$。其中 m 为分子自由度，n 为分母自由度。

其密度函数为

$$p(x) = \begin{cases} \dfrac{\Gamma\left(\dfrac{m+n}{2}\right)\left(\dfrac{m}{n}\right)^{\frac{m}{2}}}{\Gamma\left(\dfrac{m}{2}\right)\Gamma\left(\dfrac{n}{2}\right)}x^{\frac{m}{2}-1}\left(1+\dfrac{m}{n}x\right)^{-\frac{m+n}{2}}, & x > 0 \\ 0, & x \leqslant 0 \end{cases}$$

当随机变量的取值服从某分布时，落在某区间的概率 P 即为置信概率。置信概率是介于 0 和 1 之间的数，常用百分数表示。在不确定度评定中，置信概率又称为包含概率、置信水准或置信水平。它是指在扩展不确定度确定的测量结果的区间内，合理地赋予被测量之值分布的概率。置信水准与置信水平不同，当仅有测量不确定度 A 类评定时，置信水准才为置信水平。

概率论与数理统计中常用置信概率的概念，以标准正态分布为例：

(1) 置信概率以 P 表示。

(2) 显著性水平(置信度)以 α 表示，$\alpha = 1 - P$。

(3) 置信区间以 $[-k\sigma, \ k\sigma]$ 表示，$k\sigma$ 称为置信限。

(4) 置信因子以 k 表示，对应于所给定概率的误差限 a 与标准偏差 s 之比，即 $k = \dfrac{a}{s}$。当分布不同时，k 值也不同。

对于均匀分布：$k = \sqrt{3}$；对于三角分布：$k = \sqrt{6}$；对于反正弦分布：$k = \sqrt{2}$。

3.4　误差分布的分析与判断

在测量中，要具体确定各种误差的分布规律是比较困难的。相对简单的方法是，结合实际经验和理论分析，对所关心的几种常见测量分布类型作出分析判断。下面简单介绍几种分析判断某些常见误差分布的方法。

3.4.1　物理来源判断法

根据测量误差产生的来源，判断其属于何种类型。

(1) 如果某测量受到至少三个以上独立、微小而相近的因素的影响，则可认为它服从或接近正态分布；

(2) 如果测量值在某范围内各处出现的机会相等，则可认为它服从均匀分布。

3.4.2　函数关系法

利用随机变量的函数关系，判断误差属于何种分布。

(1) 若 ξ 和 η 都在 $[-a, a]$ 内服从均匀分布，那么 $(\xi + \eta)$ 服从三角形分布；

(2) 若 ξ 在 $[0, 2\pi]$ 内服从均匀分布，那么 $a\sin(\xi + \xi_0)$ 在 $[-a, a]$ 内服从反正弦分布；

(3) 若 ξ 与 η 都服从正态分布 $N(0, \sigma)$，那么 $\sqrt{\xi^2 + \eta^2}$ 服从偏心分布；

(4) 若 ξ_1，ξ_2，$\cdots$，ξ_n 相互独立，且均服从标准正态分布 $N(0,1)$，那么 $\xi_1^2 + \xi_2^2 + \cdots + \xi_n^2$ 服从 χ^2 分布；

(5) 若 ξ 与 η 服从 χ^2 分布，且相互独立，那么 $\xi / \sqrt{\eta / v}$ 服从 F 分布；

(6) 若 ξ 服从正态分布 $N(0,1)$，η 服从 χ^2 分布，ξ 和 η 相互独立，那么 $\xi / \sqrt{\eta / v}$ 服从 t 分布。

3.4.3　图形判断法

图形判断法是对重复测量获得的样本数据绘出其测量点列图或频数分布图，然后根据图形判断它与何种分布最接近。

1. 测量点列图

以测量序数 i 为横坐标，以测得值 x_i 或其残余误差 $v_i = x_i - \bar{x}$ 为纵坐标画出的图形称为测量点列图。根据测量点列图反映的分布的特征，可确定测量分布及其误差分布的大致范围。

在实践中，绝大多数的测量列服从正态分布或近似服从正态分布，但正态分布并非测量列中唯一的分布规律。事实上，均匀分布、三角形分布及反正弦分布等在测量活动中（特别是计量中）应用同样普遍。

2. 频数分布表与频数分布图

将各测量值及其相应的频数排列成表，称为频数分布表。将各测量值及其相应的频数绘制成图，称为频数分布图。频数分布表和频数分布图常用于测量个数较多的测量列的统计描述，可以直观显示测量列的分布特征和分布类型。

1) 频数分布表

先按全部测量值的极差 $w(w = x_{max} - x_{min})$ 分为若干组段，测量数据较少时可相对少些；测量数据较多时，组段数可考虑多些。第一组要包括最小测量值，最后一个组段要包括最大测量值，将各组段相应的频数列表，即得频数分布表。

2) 频数分布图

横轴表示观察值，纵坐标取为频数。在各组段上作长方形，即得到测量数据的频数分布图(直方图)。直方图的纵坐标也可取为频数，这样的分布图称为频数分布图。

如果测量数据不断增多，组距不断细分，直方图中的直方柱顶端中心连线将渐渐接近于一条光滑的曲线。这条曲线称为频数密度曲线，简称频数曲线，近似于概率密度曲线。

习　题

3-1　测量中，常见的服从正态分布、均匀分布和反正弦分布的情形分别有哪些？设误差服从正态分布，那么误差落在 $[-2\sigma, +2\sigma]$ 中的概率如何？若服从均匀分布，则概率又如何？试分别求出服从正态分布、反正弦分布、均匀分布误差落在 $[-2\sigma, +2\sigma]$ 中的概率。

3-2　χ^2 分布、t 分布和 F 分布三种统计量分布各有什么特点？它们分别有哪些应用？

3-3　等精度测量中的单次测量的标准差 σ 与算术平均值标准差 $\sigma_{\bar{x}}$ 的物理意义是什么？它们之间有哪些联系和区别？极限误差与标准差有何区别与联系？等精度测量中，测量次数如何选取？

3-4　叙述置信概率、显著性水平和置信区间的含义及相互之间的关系。

3-5　在不等精度直接测量时，由各测量值 x_i 及其标准差 σ_i 计算加权算术平均值 $\bar{x}$ 的标准差 $\sigma_{\bar{x}}$ 时，有两个计算公式：

$$\sigma_{\bar{x}} = \sigma_i \sqrt{\frac{p_i}{\sum\limits_{i=1}^{n} p_i}} = \frac{\sigma}{\sqrt{\sum\limits_{i=1}^{n} p_i}}, \quad \sigma_{\bar{x}} = \sigma_i \sqrt{\frac{\sum\limits_{i=1}^{n} p_i v_i^2}{(m-1)\sum\limits_{i=1}^{n} p_i}}$$

式中，p_i 为各测量值的权；σ_i 为各测量值的标准差；σ 为单位权标准差；$\sigma_{\bar{x}}$ 为加权算术平均值的标准差。如果已知测量值 x_i 和其标准差 σ_i，试分析如何选用这两个公式计算算术平均值的标准差 $\sigma_{\bar{x}}$。

3-6　写出等精度直接测量列的数据处理步骤和不等精度直接测量列的数据处理步骤。

3-7　试推导无限多次测量时，算术平均值 $\bar{x}$ 将趋近于真值 L_0。

3-8　随机误差、系统误差、粗大误差在性质、来源、处理等方面有哪些联系与区别？如何消除或减小三大类误差对测量精度的影响？

3-9　用贝塞尔公式、别捷尔斯法、极差法和最大误差法估计测量数据标准差各有什么特点？适用范围如何？

3-10　单次测量标准差、算术平均值标准差的物理意义是什么？它们之间的关系如何？

3-11　分析等精度测量与不等精度测量的特点、适用范围。

3-12　设测量误差 δ 服从均匀分布

$$f(\delta) = \begin{cases} \dfrac{1}{0.006}, & -0.003 \leqslant \delta \leqslant 0.003 \\ 0, & \delta < -0.003 \text{ 或 } \delta > 0.003 \end{cases}$$

求 δ 的标准差 σ。

3-13　测量某电路电流共 5 次，测得数据(单位为 mA)为 168.41，168.54，168.59，168.40，168.50。试求算术平均值及其标准差和平均误差。

3-14　在立式测长仪上测量某校对量具，重复测量 5 次，测得数据（单位为 mm）为 20.0015，20.0016，20.0018，20.0015，20.0011。若测量值服从正态分布，试以 99%的置信概率确定测量结果。

3-15　分别用本章介绍的 4 种误差分布统计检验法检验如表 3-7 所示的测量数据是否服从正态分布，并就此比较各种检验方法是否一致。

表 3-7　测量数据

0.49	0.48	0.48	0.52	0.51	0.50	0.50	0.50	0.52	0.46
0.50	0.51	0.50	0.52	0.50	0.50	0.52	0.49	0.48	0.48
0.48	0.50	0.51	0.50	0.49	0.48	0.52	0.52	0.56	0.50
0.49	0.52	0.50	0.53	0.50	0.48	0.52	0.52	0.48	0.44
0.47	0.54	0.51	0.52	0.53	0.47	0.50	0.48	0.52	0.50

3-16　A、B 两测量者用正弦尺对一锥体的锥角 α 各重复测量 5 次，测得值如下：

$$\alpha_A: 7°2'20'', 7°3'0'', 7°2'35'', 7°2'20'', 7°2'15''$$

$$\alpha_B: 7°2'25'', 7°2'25'', 7°2'20'', 7°2'50'', 7°2'45''$$

试求其测量结果。

3-17　某时某地由气压表得到的读数（单位为 Pa）为 102523.85，102391.30，102257.97，102124.65，101991.33，101858.01，101724.69，101591.36，其权各为 1，3，5，7，8，6，4，2。试求加权算术平均值及其标准差。

3-18　测定碳的相对原子质量所得数据为 12.0080，12.0095，12.0099，12.0101，12.0102，12.0106，12.0111，12.0113，12.0118 及 12.0120。计算：

（1）平均值；

（2）标准偏差；

（3）平均值的标准偏差；

（4）平均值在 99%置信水平的置信限。

3-19　重力加速度的 20 次测量的平均值为 9.811 m/s²、标准差为 0.014 m/s²。另外 30 次测量的平均值为 9.802 m/s²，标准差为 0.022 m/s²。假设这两组测量属于同一正态总体。试求此 50 次测量的平均值和标准差。

3-20　现有如表 3-8 所示的不等精度测量的数据及其相应的标准差，计算其加权算术平均值及其标准差。

3-21　利用某测量仪器进行 40 次测量，测得值与理论值得一系列偏差数据如表 3-9 所示。绘制测量数据的点列图，并由点列图分析判断测量误差的分布类型。

表 3-8

$\bar{x}_i$	150.28	150.21	150.25	150.26	150.22
$s_{\bar{x}_i}$	0.03	0.03	0.03	0.03	0.04
$\bar{x}_i$	150.27	150.23	150.25	150.24	150.23
$s_{\bar{x}_i}$	0.04	0.04	0.02	0.02	0.02

表 3-9

3.8	2.4	1.2	0.5	-0.6	-0.1	-0.1	-0.2	0.2	0.1
0.6	0.4	0.3	1.6	0.1	-0.1	0.2	0.9	1.3	-2.1
-3.2	0.3	2.4	3.1	0.3	-0.5	-0.6	5.6	2.1	-0.5
-0.9	-1.3	1.2	1,4	-0.4	-0.5	0.6	0.1	-0.3	-0.1

3-22 某大学二年级的公共体育课是球类课，根据自己的爱好，学生只需在篮球、足球和排球三种课程中选择一种。据以往的统计，选择这三种课程的学生人数是相等的。今年开课前对 90 名学生进行抽样调查，选择篮球的有 39 人，选择足球的 28 人，选择排球的 23 人(表 3-10)，那么，今年学生对三种课程选择的人数比例与以往是否不同？

表 3-10

	篮球	足球	排球
观察次数(fo)	39	28	23
期望次数(fe)	30	30	30

3-23 测某一温度值 15 次，测得值：(单位为℃)为 20.53，20.52，20.50，20.52，20.53，20.53，20.50，20.49，20.49，20.51，20.53，20.52，20.49，20.40，20.50，已知温度计的系统误差为-0.05℃，除此以外不再含有其他系统误差。试判断该测量列是否含有粗大误差。要求置信概率 $P=99.73\%$，求温度的测量结果。

3-24 用某仪器测量工件尺寸，在排除系统误差的条件下，其标准差 $\sigma = 0.004\text{mm}$，若要求测量结果的置信限不大于 $\pm0.005\text{mm}$，当置信概率为 99%时，试求必要的测量次数。

3-25 某量的 10 个测得值的平均值为 9.52，标准差为 0.08；同一量的 20 个测得值的平均值为 9.49，标准差为 0.05。当权分别为正比于测得值个数和反比于标准差的平方时，试求该被测量的平均值及其标准差。

3-26 测量某角度共两次，测得值为 $\alpha_1 = 24°13'36''$，$\alpha_2 = 24°13'24''$，其标准差分别为 $\sigma_1 = 3.1''$，$\sigma_2 = 13.8''$。试求加权算术平均值及其标准差。

3-27 甲乙两人分别对某地的重力加速度进行了测量。甲共测量 16 次，平均值为 9.808m/s^2，单次测量标准差为 0.015m/s^2；乙共测量 25 次，平均值为 9.810m/s^2，其单次测量标准差为 0.020m/s^2。由甲乙两人的测量数据计算测量结果，求该测量结果及其标准差。

3-28 用一标准件测某一被测量 12 次，测得值（单位为 mm）如下：

30.0364，30.0365，30.0362，30.0364，30.0367，30.0363

30.0366，30.0364，30.0363，30.0366，30.0364，30.0360

已知标准量的偏差为 -0.005mm，要求置信概率 $P = 99.73\%$。求被测量的测量结果。

3-29 对某电压进行 100 次测量，测得结果如表 3-11 所示。判断测量数据的分布类型，并写出测量误差的分布密度函数式。

表 3-11

电压/V	6.31	6.32	6.33	6.34	6.35	6.36
次数	2	2	6	12	16	22
电压/V	6.37	6.38	6.39	6.40	6.41	
次数	20	12	4	2	2	

3-30　对某一个电阻进行 200 次测量，测得结果如下：

测得电阻（R/Ω）为 1220，1219，1218，1217，1216，1215，1214，1213，1212，1211，1210

相应电阻值出现次数为 1，3，8，21，43，54，40，19，9，1，1

(1)绘出测量结果的统计直方图，由此可得到什么结论？

(2)求测量结果并写出表达式。

(3)写出测量误差概率分布密度函数式。

3-31　电阻的测量值中仅有随机误差，且属于正态分布，电阻的真值 $R_0 = 10\Omega$，测量值的标准差 $\sigma(R) = 0.2$。试求出现在 $9.5 \sim 10.5\Omega$ 的置信概率。

3-32　对某工件进行 5 次测量。在排除系统误差的条件下，求得标准差 $\sigma = 0.005\,\mathrm{mm}$。若要求测量结果的置信概率为 95%，试求其置信限。

3-33　对某量进行了 12 次测量。测得值（单位为 mm）为 25.64, 25.65, 25.62, 25.40, 25.67, 25.63, 25.66, 25.64, 25.63, 25.66, 25.64, 25.60。若这些测得值存在不变的系统误差 0.02mm，试判断该测量列是否含有粗大误差，并求被测量的测量结果（要求置信概率 P=99.73%）。

3-34　在万能测长仪上测某校对量具。重复测量 8 次，测得值（单位为 mm）为 150.0015，150.0017，150.0016，150.0014，150.0013，150.0015，150.0016，150.0014。试分别以 99.73%和 95%的概率确定测量结果。

第4章　误差的合成与分配

任何测量结果都包含有一定的测量误差，这是测量过程中各个环节一系列误差因素共同作用的结果。如何正确地分析和综合这些误差因素，并正确地表述这些误差的综合影响，这就是误差合成要研究的基本内容。与此相反，当一个系统给定一个允许偏差时，如何将此偏差合理地分配到各个环节中，要求合成后不会超出允许偏差，同时各个环节所分配到的允许偏差要易于实现，这就是误差分配要研究的内容。

本章较为全面地论述了误差合成与分配的基本规律和基本方法。这些规律和方法不仅应用于测量数据处理中给出测量结果的精度，而且还适用于测量方法和仪器装置的精度分析计算以及解决测量方案的拟订和仪器设计中的误差分配、微小误差取舍及最佳测量方案确定等问题。

4.1　函　数　误　差

按测量结果的获知方式，测量可以分为直接测量和间接测量。直接测量是直接获得被测量的测量结果，但在有些情况下，由于被测对象的特点，不能进行直接测量，或者直接测量难以保证测量精度，所以需要采用间接测量。间接测量是通过直接测量与被测的量之间有一定函数关系的其他量，按照已知的函数关系式计算出被测量的测量方法。因此，间接测量的量是直接测量所得到的各个测量值的函数，而间接测量误差则是各个直接测得值误差的函数，故称这种误差为函数误差。

下面分别介绍函数系统误差和函数随机误差的计算问题。

4.1.1　函数系统误差计算

在间接测量中，表示间接测量的函数一般为多元函数，其表达式为

$$y = f(x_1, x_2, \cdots, x_n)$$

式中，$x_1, x_2, \cdots, x_n$ 为各个直接测量值；y 为间接测量值。

由高等数学的知识可知，对于多元函数，其增量可用函数的全微分表示，则上式的函数增量

$$\mathrm{d} y = \frac{\partial f}{\partial x_1} \mathrm{d} x_1 + \frac{\partial f}{\partial x_2} \mathrm{d} x_2 + \cdots + \frac{\partial f}{\partial x_n} \mathrm{d} x_n \tag{4.1}$$

若已知各个直接测量值的系统误差 $\Delta x_1, \Delta x_2, \cdots, \Delta x_n$，由于这些误差值都较小，可用来近似代替式(4.1)中的微分量 $\mathrm{d} x_1, \mathrm{d} x_2, \cdots, \mathrm{d} x_n$，从而可近似得到函数的系统误差 Δy 为

$$\Delta y = \frac{\partial f}{\partial x_1} \Delta x_1 + \frac{\partial f}{\partial x_2} \Delta x_2 + \cdots + \frac{\partial f}{\partial x_n} \Delta x_n \tag{4.2}$$

式(4.2)称为函数系统误差公式，而 $\partial f / \partial x_i \, (i = 1, 2, \cdots, n)$ 为各个直接测量值的误差传递系

数，该系数越小所传递的误差越小。

例 4.1 用弓高弦长法间接测量大工件直径 D，如图 4-1 所示。直接测得其弓高 h 和弦长 l，然后通过函数关系计算出直径 D。车间工人用一把卡尺量得弓高 $h = 50\text{mm}$，弦长 $l = 500\text{mm}$，工厂检验部门又用高准确度等级的卡尺量得弓高 $h' = 50.1\text{mm}$，弦长 $l' = 499\text{mm}$。试问车间工人测量该工件直径的系统误差，并求修正后的测量结果。

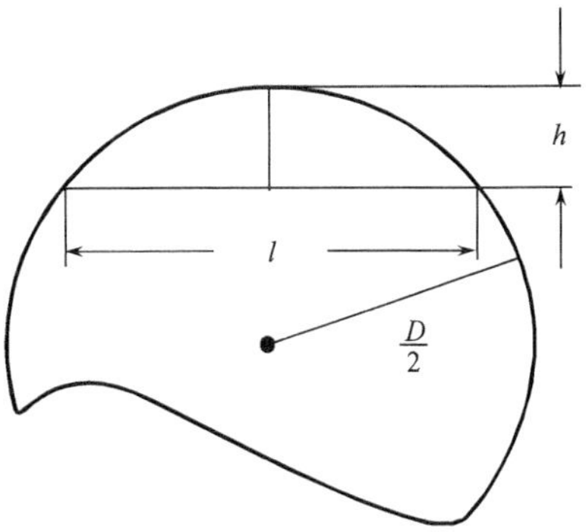

解 根据图 4-1 中的几何关系建立间接测量大工件直径的函数模型为 $D = \dfrac{l^2}{4h} + h$。不考虑测量值的系统误差，根据高 $h = 50\text{mm}$，弦长 $l = 500\text{mm}$，可求出直径为

$$D_0 = \frac{l^2}{4h} + h = 1300\text{mm}$$

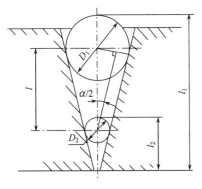

图 4-1 弓高弦长法测直径

车间工人测量弓高 h、弦长 l 的系统误差分别为

$$\Delta h = h - h' = -0.1\text{mm}, \quad \Delta l = l - l' = 1\text{mm}$$

误差传递系数为

$$\frac{\partial f}{\partial h} = -\left(\frac{l^2}{4h^2} - 1\right) = -24, \quad \frac{\partial f}{\partial h} = \frac{1}{2h} = 5$$

根据式 (4.2)，直径的系统误差 $\Delta D = \dfrac{\partial f}{\partial l}\Delta l + \dfrac{\partial f}{\partial h}\Delta h = 7.4\text{mm}$，故修正后的测量结果为

$$D = D_0 - \Delta D = 1292.6\text{mm}$$

例 4.2 用双圆球法检定高精度内锥角 α（图 4-2）。已知测得尺寸及系统误差为 $D_1 = 45\text{mm}$，$\Delta D_1 = 0.002\text{mm}$，$D_2 = 15\text{mm}$，$\Delta D_2 = -0.003\text{mm}$。$l_1 = 93.921\text{mm}$，$\Delta l_1 = 0.0011\text{mm}$，$l_2 = 20.961\text{mm}$，$\Delta l_2 = 0.0008\text{mm}$。求检定结果。

图 4-2 双球法检定内锥角

解 根据图 4-2 所示的测量方法，可得函数关系式

$$\sin\frac{\alpha}{2} = \frac{D_1 - D_2}{2l} = \frac{D_1 - D_2}{2l_1 - 2l_2 - D_1 + D_2}$$

式中，$l = l_1 - l_2 - \dfrac{D_1}{2} + \dfrac{D_2}{2}$。

若不考虑测得值的系统误差，根据 l_1、l_2、D_1、D_2 的已知值代入得 $l = 57.96\text{mm}$，则计算出的角度值 α_0 为

$$\sin\frac{\alpha_0}{2} = 0.2588, \quad \frac{\alpha_0}{2} = 14°59'56'', \quad \alpha_0 = 29°59'52''$$

因

$$\sin\frac{\alpha}{2} = f(l_1, l_2, D_1, D_2)$$

根据式 (4.2)，可得角度 α 的系统误差为

$$\Delta\alpha = \frac{2}{\cos\frac{\alpha_0}{2}}\left(\frac{\partial f}{\partial l_1}\Delta l_1 + \frac{\partial f}{\partial l_2}\Delta l_2 + \frac{\partial f}{\partial D_1}\Delta D_1 + \frac{\partial f}{\partial D_2}\Delta D_2\right)$$

式中，各个误差传递函数为

$$\frac{\partial f}{\partial l_1} = -\frac{D_1 - D_2}{2l_2} = -0.0045, \qquad \frac{\partial f}{\partial l_2} = \frac{D_1 - D_2}{2l_2} = 0.0045$$

$$\frac{\partial f}{\partial D_1} = \frac{l_1 - l_2}{2l_2} = 0.0109, \qquad \frac{\partial f}{\partial D_2} = -\frac{l_1 - l_2}{2l_2} = -0.0109$$

将已知各误差及误差传递系数代入角度的系统误差式，得

$$\Delta\alpha = 23''$$

将所求得的角度系统误差修正后，得被检内锥角的实际值为

$$\alpha = \alpha_0 - \Delta\alpha = 29°59'29''$$

4.1.2 函数随机误差计算

随机误差的合成分为按标准差和按极限误差合成的方和根法，同时还要考虑各个误差传递系数和误差间的相关性的影响。随机误差是用表征其取值分散程度的标准差或极限误差来评定的。对于函数随机误差，也是用函数的标准差或极限误差来进行评定。因此，函数随机误差计算，就是研究函数 y 的标准差或极限误差与各测量值 $x_1, x_2, \cdots, x_n$ 的标准差或极限误差之间的关系。在计算极限误差时，各个测量项的统计量要在相同的显著水平下获得。若显著水平不同或置信系数不一样，则应该将置信系数考虑进去。下面讨论函数的标准差问题。

1. 函数标准差计算

函数的一般形式为

$$y = f(x_1, x_2, \cdots, x_n)$$

根据相关文献推导，用各个测量值的标准差表示的函数的标准差公式为

$$\sigma_y^2 = \left(\frac{\partial f}{\partial x_1}\right)^2 \sigma_{x_1}^2 + \left(\frac{\partial f}{\partial x_2}\right)^2 \sigma_{x_2}^2 + \cdots + \left(\frac{\partial f}{\partial x_n}\right)^2 \sigma_{x_n}^2 + 2\sum_{1 \leqslant i < j}^{n}\left(\frac{\partial f}{\partial x_i}\frac{\partial f}{\partial x_j}\rho_{ij}\sigma_{x_i}\sigma_{x_j}\right) \qquad (4.3)$$

式中，ρ_{ij} 为第 i 个测量值和第 j 个测量值之间的误差相关系数，$\partial f/\partial x_i (i = 1, 2, \cdots, n)$ 为各个测量值的误差传递系数。

2. 相互独立的函数标准差计算

若各测量值的随机误差是相互独立的，且当 N 适当大时，相关系数 ρ_{ij} 也为零，误差公式 (4.3) 可简化为

$$\sigma_y^2 = \left(\frac{\partial f}{\partial x_1}\right)^2 \sigma_{x_1}^2 + \left(\frac{\partial f}{\partial x_2}\right)^2 \sigma_{x_2}^2 + \cdots + \left(\frac{\partial f}{\partial x_n}\right)^2 \sigma_{x_n}^2$$

$$\sigma_y = \sqrt{\left(\frac{\partial f}{\partial x_1}\right)^2 \sigma_{x_1}^2 + \left(\frac{\partial f}{\partial x_2}\right)^2 \sigma_{x_2}^2 + \cdots + \left(\frac{\partial f}{\partial x_n}\right)^2 \sigma_{x_n}^2} \qquad (4.4)$$

令 $\partial f / \partial x_i = a_i$，则式 (4.4) 可写成

$$\sigma_y = \sqrt{a_1^2 \sigma_{x_1}^2 + a_2^2 \sigma_{x_2}^2 + \cdots + a_n^2 \sigma_{x_n}^2} \tag{4.5}$$

各测量值随机误差间互不相关的情况较为常见，且当各相关系数很小时，也可近似地作不相关处理，因此式 (4.4) 或式 (4.5) 是较常用的函数随机误差公式。

当各个测量值的随机误差为正态分布时，式 (4.5) 中的标准差用极限误差代替，可得函数的极限误差公式为

$$\delta_{\lim y} = \sqrt{a_1^2 \delta_{\lim x_1}^2 + a_2^2 \delta_{\lim x_2}^2 + \cdots + a_n^2 \delta_{\lim x_n}^2} \tag{4.6}$$

在多数情况下，$a_i = 1$，且函数形式较简单，即

$$y = x_1 + x_2 + \cdots + x_n$$

则函数的标准差为

$$\sigma_y = \sqrt{\sigma_{x_1}^2 + \sigma_{x_2}^2 + \cdots + \sigma_{x_n}^2} \tag{4.7}$$

函数的极限误差为

$$\delta_{\lim y} = \pm \sqrt{\sigma_{\lim x_1}^2 + \sigma_{\lim x_2}^2 + \cdots + \sigma_{\lim x_n}^2} \tag{4.8}$$

例 4.3　对例 4.1 用弓高弦长法间接测量大工件直径 D（图 4.1）：$D = \dfrac{l^2}{4h} + h$。已知 $h = 50\,\text{mm}$，$\delta_{\lim h} = \pm 0.05\,\text{mm}$，$l = 500\,\text{mm}$，$\delta_{\lim l} = \pm 0.1\,\text{mm}$，若系统误差 $\Delta D = 7.4\,\text{mm}$。试求其测量结果。

解　根据式 (4.6)，求得直径的极限误差为

$$\delta_{\lim D} = \pm \sqrt{\left(\frac{\partial f}{\partial l} \right)^2 \delta_{\lim l}^2 + \left(\frac{\partial f}{\partial h} \right)^2 \delta_{\lim h}^2} = \pm \sqrt{\left(\frac{s}{2h} \right)^2 \delta_{\lim l}^2 + \left(\frac{s^2}{4h^2} - 1 \right)^2 \delta_{\lim h}^2} = \pm 1.3\,\text{mm}$$

则所求直径的最后结果为

$$D = (D_0 - \Delta D) + \delta_{\lim D} = ((1300 - 7.4) \pm 1.3)\,\text{mm} = (1292.6 \pm 1.3)\,\text{mm}$$

例 4.4　用双圆球法检定高精度内锥角 α（图 4-2），已知

$$\sin \frac{\alpha}{2} = \frac{D_1 - D_2}{2l} = \frac{D_1 - D_2}{2l_1 - 2l_2 - D_1 + D_2}$$

$$D_1 = 45.00\,\text{mm}, \quad \sigma_{D_1} = 0.001\,\text{mm}, \quad D_2 = 15.00\,\text{mm}, \quad \sigma_{D_2} = 0.001\,\text{mm}$$

$$l_1 = 93.921\,\text{mm}, \quad \sigma_{l_1} = 0.018\,\text{mm}, \quad l_2 = 20.961\,\text{mm}, \quad \sigma_{l_2} = 0.001\,\text{mm}$$

试求测量结果。

解　根据式 (4.4)，求得角度的标准差为

$$\sigma_\alpha = \frac{2}{\cos \dfrac{\alpha_0}{2}} = \sqrt{\left(\frac{\partial f}{\partial l_1} \right)^2 \sigma_{l_1}^2 + \left(\frac{\partial f}{\partial l_2} \right)^2 \sigma_{l_2}^2 + \left(\frac{\partial f}{\partial D_1} \right)^2 \sigma_{D_1}^2 + \left(\frac{\partial f}{\partial D_2} \right)^2 \sigma_{D_2}^2} \approx 7.7''$$

则所求角度的最后结果为

$$\alpha = (\alpha_0 - \Delta \alpha) \pm 3\sigma_\alpha = (29°59'52'' - 23'') \pm 23.1'' = 29°59'29'' \pm 23.1''$$

4.2　误差间的相关关系和相关系数

在函数误差及其他误差的合成计算时，各误差间的相关性对计算结果有直接影响。例如，式(4.3)中的相关项反映了各随机误差相互间的线性关联对函数总误差的影响大小。当相关系数 $\rho_{ij}=0$ 时，式(4.3)简化为式(4.5)所示的常用函数随机误差传递公式。若 $\rho_{ij}=1$，则式(4.3)又可简化为

$$\sigma_y = \sqrt{a_1^2\sigma_{x_1}^2 + a_2^2\sigma_{x_2}^2 + \cdots + a_n^2\sigma_{x_n}^2 + 2\sum_{1\le i<j}^{n} a_i a_j \sigma_{x_i}\sigma_{x_j}} = a_1\sigma_{x_1} + a_2\sigma_{x_1} + \cdots + a_n\sigma_{x_n}$$

当 $\rho_{ij}=1$ 时，函数随机误差具有线性的传递关系。

以上分析结果充分说明，误差间的相关性与误差合成有密切关系。虽然通常遇到的测量实践多属误差间线性无关或近似线性无关，但线性相关的也常见。当各误差间相关或相关性不能忽略时，必须先求出各个误差间的相关系数，然后才能进行误差合成计算。因此，正确处理误差间的相关问题，有其重要意义。

4.2.1　误差间的线性相关关系

误差间的线性相关关系是指它们具有线性依赖关系，这种依赖关系有强有弱。联系最强时，在平均意义上，一个误差的取值完全决定了另一个误差的取值，此时两误差间具有确定的线性函数关系。当两误差间的线性依赖关系最弱时，一个误差的取值与另一个误差的取值无关，这是互不相关的情况。

一般两误差间的关系处于上述两种极端情况之间，既有联系而又不具有确定性关系。此时，线性依赖关系是指在平均意义上的线性关系，即一个误差值随另一个误差值的变化具有线性关系的倾向，但两者取值又不服从确定的线性关系，而具有一定的随机性。

4.2.2　相关系数

两误差间有线性关系时，其相关性强弱由相关系数来反映，在误差合成时应求得相关系数，并计算出相关项大小。

根据概率论可知，相关系数的取值范围是 $-1 \le \rho \le +1$。

当 $0<\rho<1$ 时，两误差 ξ 与 η 正相关，即一个误差增大时，另一个误差取值平均地增大。

当 $-1<\rho<0$ 时，两误差 ξ 与 η 负相关，即一个误差增大时，另一个误差取值平均地减小。

$\rho=1$ 时，称为完全正相关；$\rho=-1$ 时，称为完全负相关。此时两误差 ξ 与 η 之间存在着确定的线性函数关系。

当 $\rho=0$ 时，两误差间无线性关系或称不相关，即一个误差增大时，另一个误差取值可能增大，也可能减小。

由上面讨论可知，相关系数可表示两个误差 ξ 与 η 之间线性相关的密切程度，ρ 越接近 0，ξ 与 η 之间的线性相关程度越小；反之，$|\rho|$ 取值越接近 1，ξ 与 η 之间的线性相关程度越大。值得注意的是，相关系数只表示两误差的线性关系的密切程度，当 ρ 很小甚至等于 0 时，

两误差间不存在线性关系，但并不表示它们之间不存在其他函数关系。

确定两误差间的相关系数是比较困难的，通常可采用以下几种方法。

1. 直接判断法

通过两误差之间关系的分析，直接确定相关系数 ρ 。

可判断 $\rho_{ij} = 0$ 的情形如下：

(1) 断定 x_i 与 x_j 两分量之间没有相互依赖关系的影响。

(2) 当一个分量依次增大时，引起另一个分量呈正负交替变化，反之亦然。

(3) x_i 与 x_j 属于完全不相干的两类体系分量，如人员操作引起的误差分量与环境湿度引起的误差分量。

(4) x_i 与 x_j 虽相互有影响，但其影响甚微，视为可忽略不计的弱相关。

可判断 $\rho_{ij} = +1$ 或 $\rho_{ij} = -1$ 的情形如下：

(1) 断定 x_i 与 x_j 两分量间近似呈现正的或负的线性关系。

(2) 当一个分量依次增大时，引起另一个分量依次增大或减小，反之亦然。

(3) x_i 与 x_j 属于同一体系的分量，如用 1m 基准尺测 2m 尺，则各米分量间完全正相关。

2. 实验观察和简略计算法

在某些情况下，可直接测量两误差的多组对应值 (ξ_i, η_i) ，用观察或简略计算法求得相关系数。

(1) 观察法用多组测量的对应值 (ξ_i, η_i) 作图，将它与图 4-3 所示的标准图形相比，看它与哪一个图形相近，从而确定相关系数的近似值。

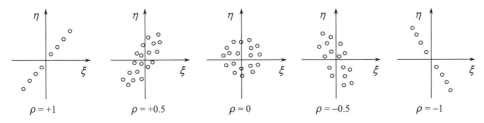

图 4-3　相关系数的标准图形

(2) 简单计算法。将多组测量的对应值 (ξ_i, η_i) 在平面坐标上作图(图 4-4)，然后作平行于纵轴的直线 A 将点阵左右均分，再作平行于横轴的直线 B 将点阵上下均分，并尽量使 A、B 线上无点，于是将点阵分为四部分，设各部分的点数分别为 n_1、n_2、n_3、n_4，则可以证明相关系数为

$$\rho \approx -\cos\left[\frac{n_1 + n_3}{\sum n}\pi\right]$$

式中，$\sum n = n_1 + n_2 + n_3 + n_4$ 。

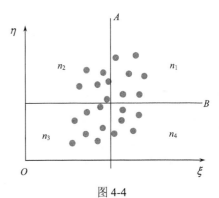

图 4-4

(3)直接计算法。根据多组测量的对应值(ξ_i, η_i)，按相关系数的定义直接计算得

$$\rho = \frac{\sum(\xi_i - \overline{\xi})(\eta_i - \overline{\eta})}{\sqrt{\sum(\xi_i - \overline{\xi})^2(\eta_i - \overline{\eta})^2}} \tag{4.9}$$

式中，$\overline{\xi}$、$\overline{\eta}$分别为ξ_i、η_i的均值。

3. 理论计算法

有些误差间的相关系数，可根据概率论和最小二乘法直接求出。

如果求得两个误差ξ与η间为线性相关，即$\xi = a\eta + b$，则相关系数为

$$\rho = \begin{cases} +1, & a > 0 \\ -1, & a < 0 \end{cases} \tag{4.10}$$

以上讨论了误差之间相关系数的各种求法，根据具体情况可采用不同的方法。一般先在理论上探求，若达不到目的，对于数值小或一般性的误差间的相关系数则可用直观判断法；对于数值大或重要的误差间的相关系数宜采用多组成对观测，不同情况采用不同的计算方法。

4.3　随机误差的合成

随机误差具有随机性，其取值是不可预知的，并用测量的标准差或极限误差来表征其取值的分散程度。对于直接测量(与被测量没有函数关系的测量过程)，随机误差的合成是采用方和根的方法，同时还要考虑到各个误差传递系数和误差间的相关性影响。

4.3.1　标准差的合成

全面分析测量过程中影响测量结果的各个误差因素，若有q个单项随机误差，它们的标准差分别为$\sigma_1, \sigma_2, \cdots, \sigma_q$，其相应的误差传递系数为$a_1, a_2, \cdots, a_q$。这些误差传递系数是由测量的具体情况来确定的。

根据方和根的运算方法，各个标准差合成后的总标准差为

$$\sigma = \sqrt{\sum_{i=1}^{q}(a_i\sigma_i)^2 + 2\sum_{1 \leqslant i < j}^{q} \rho_{ij}a_ia_j\sigma_i\sigma_j} \tag{4.11}$$

一般情况下，各个误差互不相关，相关系数$\rho_{ij} = 0$，则有

$$\sigma = \sqrt{\sum_{i=1}^{q}(a_i\sigma_i)^2} \tag{4.12}$$

用标准差合成有明显的优点，不仅简单方便，而且无论各单项随机误差的概率分布如何，只要给出各个标准差，均可按式(4.11)或式(4.12)计算总的标准差。

4.3.2　极限误差的合成

在测量实践中，各个单项随机误差和测量结果的总误差也常以极限误差的形式来表示，因此极限误差的合成也较常见。

用极限误差来表示随机误差，有明确的概率意义。极限误差合成时，各单项极限误差应取同一置信概率。若已知各单项极限误差为 $\delta_1,\delta_2,\cdots,\delta_q$，且置信概率相同，则按方和根法合成的总极限误差为

$$\delta = \pm\sqrt{\sum_{i=1}^{q}(a_i\delta_i)^2 + 2\sum_{1\leqslant i<j}^{q}\rho_{ij}a_ia_j\delta_i\delta_j} \tag{4.13}$$

式中，a_i 为各个极限误差传递系数；ρ_{ij} 为任意两误差间的相关系数。

一般情况下，已知的各单项极限误差的置信概率可能不相同，不能按式 (4.13) 进行极限误差合成。应根据各单项误差的分布情况，引入置信系数，先将误差转换为标准差，再按极限误差合成。

单项极限误差为

$$\delta_i = \pm t_i\sigma_i,\quad i=1,2,\cdots,q \tag{4.14}$$

式中，σ_i 为各单项随机误差的标准差；t_i 为各单项极限误差的置信系数。

总的极限误差为

$$\delta = \pm t\sigma \tag{4.15}$$

式中，σ 为合成后的总标准差；t 为合成后总极限误差的置信系数。

将式 (4.11) 代入式 (4.15) 得

$$\delta = \pm t\sqrt{\sum_{i=1}^{q}(a_i\sigma_i)^2 + 2\sum_{1\leqslant i<j}^{q}\rho_{ij}a_ia_j\sigma_i\sigma_j} \tag{4.16}$$

根据式 (4.14) 可得一般的极限误差合成公式为

$$\delta = \pm t\sqrt{\sum_{i=1}^{q}\left(\frac{a_i\delta_i}{t_i}\right)^2 + 2\sum_{1\leqslant i<j}^{q}\rho_{ij}a_ia_j\frac{\delta_i}{t_i}\frac{\delta_j}{t_j}} \tag{4.17}$$

根据已知的各单项极限误差和所选取的各个置信系数，即可按式 (4.17) 进行极限误差的合成。但必须注意，式 (4.17) 中的各个置信系数，不仅与置信概率有关，而且与随机误差的分布有关。也就是说，对于相同分布的误差，选定相同的置信概率，其相应的各个置信系数相同；对于不同分布的误差，即使选定相同的置信概率，其相应的各个置信系数也不相同。由此可知，式 (4.17) 中的置信系数 $t_1,t_2,\cdots,t_q$ 一般来说并不相同。对合成后的总误差置信系数 t，当各单项误差的数目 q 较多时，合成的总误差接近于正态分布，因此可按正态分布来确定 t 值。

当各个单项随机误差均服从正态分布时，式 (4.17) 中的各个置信系数完全相同，即 $t_1=t_2=\cdots=t_q=t$，则式 (4.17) 可简化为

$$\delta = \pm\sqrt{\sum_{i=1}^{q}(a_i\delta_i)^2 + 2\sum_{1\leqslant i<j}^{q}\rho_{ij}a_ia_j\delta_i\delta_j} \tag{4.18}$$

一般情况下，$\rho_{ij}=0$，则式 (4.18) 成为

$$\delta = \pm\sqrt{\sum_{i=1}^{q}(a_i\delta_i)^2} \tag{4.19}$$

式 (4.19) 具有十分简单的形式，由于各单项误差大多服从正态分布或假设近似服从正态

分布，而且它们之间常是线性无关或近似线性无关，因此式(4.19)是较为广泛使用的极限误差合成公式。

4.4　系统误差的合成

系统误差的大小是评定测量准确度高低的标志，系统误差越大，准确度越低；反之，准确度越高。系统误差具有确定的变化规律，不论其变化规律如何，根据对系统误差的掌握程度，可分为已定系统误差和未定系统误差。由于这两种系统误差的特征不同，其合成方法也不相同。

4.4.1　已定系统误差的合成

已定系统误差是指误差大小和方向均已确切掌握了的系统误差。在测量过程中，若有 r 个单项已定系统误差，其误差值分别为 $\Delta_1, \Delta_2, \cdots, \Delta_r$，相应的误差传递系数为 $a_1, a_2, \cdots, a_r$，则按代数和法进行合成，求得总的已定系统误差为

$$\Delta = \sum_{i=1}^{r} a_i \Delta_i \tag{4.20}$$

在实际测量中，有不少已定系统误差在测量过程中均已消除，由于某些原因未消除的已定系统误差也只是有限的少数几项，它们按代数和法合成后，还可以从测量结果中修正，故最后的测量结果中一般不再包含已定系统误差。

4.4.2　未定系统误差的合成

未定系统误差在测量实践中较为常见，对于某些影响较小的已定系统误差，为简化计算，也可不对其进行误差修正，而将其作未定系统误差处理，因此未定系统误差的处理是测量结果处理的重要内容之一。

1.　未定系统误差的特征及其评定

未定系统误差是指误差大小和方向未能确切掌握，或不必花费过多精力去掌握，而只能或只需估计出其不致超过某一极限范围 $\pm e_i$ 的系统误差。也就是说，在一定条件下客观存在的某一系统误差，一定是落在所估计的误差区间 $(-e_i, +e_i)$ 内的一个取值。当测量条件改变时，该系统误差又是误差区间 $(-e_i, +e_i)$ 内的另一个取值。而当测量条件在某一范围内多次改变时，未定系统误差也随之改变，其相应的取值在误差区间 $(-e_i, +e_i)$ 内服从某一概率分布。对于某一单项未定系统误差，其概率分布取决于该误差源变化时所引起的系统误差变化规律。理论上，此概率分布是可知的，但实际上常常较难求得。目前对未定系统误差的概率分布，均是根据测量实际情况的分析与判断来确定的，并采用两种假设：一种是按正态分布处理；另一种是按均匀分布处理。但这两种假设，在理论上与实践上往往缺乏根据，因此对未定系统误差的概率分布尚属有待于进一步研究的问题。某一单项未定系统误差的极限范围，是根据该误差源具体情况的分析与判断而作出估计的，其估计结果是否符合实际，往往取决于对误差源具体情况的掌握程度以及测量人员的经验和判断能力。但对某些未定系统误差的极限范围

是较容易确定的。

未定系统误差在测量条件不变时有一个恒定值，多次重复测量时其值固定不变，因而不具有抵偿性。利用多次重复测量取算术平均值的办法不能减小它对测量结果的影响，这是它与随机误差的重要差别。但是当测量条件改变时，由于未定系统误差的取值在某一极限范围内具有随机性，并且服从一定的概率分布，这些特征均与随机误差相同，因而评定它对测量结果的影响也应与随机误差相同，即采用标准差或极限误差来表征未定系统误差取值的分散程度。

一般来说，对一批量具、仪器和设备等在加工、安装、调试或检定中，随机因素带来的误差具有随机性。但对某一个具体的量具、仪器和设备，随机因素带来的误差却具有确定性，实际误差为一个恒定值。若尚未掌握这种误差的具体数值，则这种误差属未定系统误差。

2. 未定系统误差的合成

若测量过程中存在若干项未定系统误差，应正确地将这些未定系统误差进行合成，以求得最后结果。由于未定系统误差的取值具有随机性，并且服从一定的概率分布，因而若干项未定系统误差综合作用时，它们之间就具有一定的抵偿作用。这种抵偿作用与随机误差的抵偿作用相似，因而未定系统误差的合成，完全可以采用随机误差的合成公式，这就给测量结果的处理带来很大方便。对于某一项误差，当难以严格区分为随机误差或未定系统误差时，因不论作为哪一种误差处理，最后总误差的合成结果均相同，故可将该项误差认作一种误差来处理。

1) 标准差的合成

若测量过程中有 s 个单项未定系统误差，它们的标准差分别为 $u_1, u_2, \cdots, u_s$，其相应的误差传递系数为 $a_1, a_2, \cdots, a_s$，则合成后未定系统误差和的总标准差为

$$u = \pm \sqrt{\sum_{i=1}^{s}(a_i u_i)^2 + 2\sum_{1 \leqslant i < j}^{s} \rho_{ij} a_i a_j u_i u_j} \qquad (4.21)$$

当 $\rho_{ij} = 0$ 时，有

$$u = \pm \sqrt{\sum_{i=1}^{s}(a_i u_i)^2} \qquad (4.22)$$

2) 极限误差的合成

因为各个单项未定系统误差的极限误差为

$$e_i = \pm t_i u_i, \quad i = 1, 2, \cdots, s \qquad (4.23)$$

总的未定系统误差的极限误差为

$$e = \pm t u$$

则可得

$$e = \pm t \sqrt{\sum_{i=1}^{s}(a_i u_i)^2 + 2\sum_{1 \leqslant i < j}^{s} \rho_{ij} a_i a_j u_i u_j} \qquad (4.24)$$

或

$$e = \pm t \sqrt{\sum_{i=1}^{s} \left(\frac{a_i e_i}{t_i} \right)^2 + 2 \sum_{1 \leq i < j}^{s} \rho_{ij} a_i a_j \frac{e_i e_j}{t_i t_j}} \tag{4.25}$$

当各个单项未定系统误差均服从正态分布且取同一置信概率、$\rho_{ij} = 0$ 时，式 (4.25) 可简化为

$$e = \pm \sqrt{\sum_{i=1}^{s} \left(a_i e_i \right)^2} \tag{4.26}$$

未定系统误差由于其随机性，可按随机误差处理，但有一点不同，未定系统误差的平方和就是其方差，而随机误差的平方和除以项数才是其方差。

4.5 系统误差与随机误差的合成

以上分别讨论了各种相同性质的误差合成问题。当测量过程中存在各种不同性质的多项系统误差与随机误差的，应将其进行综合，以求得最后测量结果的总误差，并常用极限误差来表示，但有时也用标准差来表示。

4.5.1 按极限误差合成

若测量过程中有 r 个单项已定系统误差，s 个单项未定系统误差，q 个单项随机误差，它们的误差值或极限误差分别为 $\Delta_1, \Delta_2, \cdots, \Delta_r$；$e_1, e_2, \cdots, e_s$；$\delta_1, \delta_2, \cdots, \delta_q$。

为计算方便，设各个误差传递系数均为 1，则测量结果总的极限误差为

$$\Delta_{\text{总}} = \sum_{i=1}^{r} \Delta_i \pm t \sqrt{\sum_{i=1}^{s} \left(\frac{e_i}{t_i} \right)^2 + \sum_{i=1}^{q} \left(\frac{\delta_i}{t_i} \right)^2 + R} \tag{4.27}$$

式中，R 为各个误差间协方差之和。当各个误差均服从正态分布，取同一置信概率，且各个误差间互不相关时，式 (4.27) 可简化为

$$\Delta_{\text{总}} = \sum_{i=1}^{r} \Delta_i \pm \sqrt{\sum_{i=1}^{s} e_i^2 + \sum_{i=1}^{q} \delta_i^2} \tag{4.28}$$

一般情况下，已定系统误差经修正后，测量结果总的极限误差就是总的未定系统误差与总的随机误差的方均根，即

$$\Delta_{\text{总}} = \pm \sqrt{\sum_{i=1}^{s} e_i^2 + \sum_{i=1}^{q} \delta_i^2} \tag{4.29}$$

由式 (4.28) 和式 (4.29) 可以看出，当多项未定系统误差和随机误差合成时，对某一项误差不论作哪一种误差处理，其最后合成结果均相同。但必须注意，对于单次测量，可直接按式 (4.29) 求得最后结果的总误差。但对于多次重复测量，由于随机误差具有抵偿性，而系统误差固定不变，因此总误差合成公式中的随机误差项应除以重复测量次数 n，即测量结果平均值的总极限误差公式为

$$\Delta_{\text{总}} = \pm \sqrt{\sum_{i=1}^{s} e_i^2 + \frac{1}{n} \sum_{i=1}^{q} \delta_i^2} \tag{4.30}$$

由式(4.30)可知，在单次测量的总误差合成中，不需要严格区分各个单项误差为未定系统误差或随机误差，而在多次重复测量的总误差合成中，必须严格区分各个单项误差的性质。

4.5.2 按标准差合成

若用标准差来表示系统误差与随机误差的合成公式，则只需要考虑未定系统误差与随机误差的合成问题。

若测量过程中有 s 个单项未定系统误差，q 个单项随机误差，它们的标准差分别为 $u_1, u_2, \cdots, u_s$；$\sigma_1, \sigma_2, \cdots, \sigma_q$。为计算方便，设各个误差传递系数均为 1，则测量结果总的标准差为

$$\sigma = \sqrt{\sum_{i=1}^{s} u_i^2 + \sum_{i=1}^{q} \sigma_i^2 + R} \tag{4.31}$$

式中，R 为各个误差间协方差之和。

当各个误差间互不相关时，式(4.31)可简化为

$$\sigma = \sqrt{\sum_{i=1}^{s} u_i^2 + \sum_{i=1}^{q} \sigma_i^2} \tag{4.32}$$

与极限误差合成的理由相同，对于单次测量，可直接按式(4.32)求得最后结果的总标准差，但对于 n 次重复测量，测量结果平均值的总标准差公式为

$$\sigma = \sqrt{\sum_{i=1}^{s} u_i^2 + \frac{1}{n}\sum_{i=1}^{q} \sigma_i^2} \tag{4.33}$$

例 4.5 在万能工具显微镜上，用影像法测量某一平面工件的长度共两次，测得结果分别为 $l_1 = 50.026\,\text{mm}$，$l_2 = 50.025\,\text{mm}$，已知工件的高度 $H = 80\,\text{mm}$。求测量结果及其极限误差。

解 两次测量结果的平均值为

$$L_0 = \frac{1}{2}(l_1 + l_2) = \frac{1}{2}(50.026 + 50.025)\,\text{mm} = 50.0255\,\text{mm}$$

根据万能工具显微镜光学刻线尺的刻度误差表，查得在 50mm 位置的误差修正值 $\Delta = -0.0008\,\text{mm}$，此项误差为已定系统误差，应予修正，则测量结果为

$$L = L_0 + \Delta = 50.0255\,\text{mm} - 0.0008\,\text{mm} = 50.0247\,\text{mm}$$

在万能工具显微镜上用影像法测量平面工件尺寸，由有关资料可查得，其主要误差分析计算结果如下。

1)随机误差

该项误差由读数误差和工件瞄准误差引起，其极限误差分别为

(1)读数误差 $\delta_1 = \pm 0.8\,\mu\text{m}$；

(2)瞄准误差 $\delta_2 = \pm 1\,\mu\text{m}$。

2)未定系统误差

该误差由阿贝误差等引起，其极限误差如下。

(1)阿贝误差：

$$e_1 = \pm \frac{HL}{4000} = \pm \frac{80 \times 50}{4000} \mu m = \pm 1 \mu m$$

(2) 光学刻尺刻度误差：

$$e_2 = \pm \left(1 + \frac{L}{200}\right) \mu m = \pm \left(1 + \frac{50}{200}\right) \mu m = \pm 1.25 \mu m$$

(3) 温度误差：

$$e_3 = \pm \frac{7L}{1000} \mu m = \pm \frac{7 \times 50}{1000} \mu m = \pm 0.35 \mu m$$

(4) 光学刻尺的检定误差：

$$e_4 = \pm 0.5 \mu m$$

上列各误差式中，L 为被测长度，H 为被测工件的测量面高出标准刻度尺刻线面的距离，两者单位均为 mm，而求得的误差单位为 μm。

这四项误差在测量中都不具有抵偿性，也不随测量次数的增加而减小，故都属于系统误差。但它们给出的数值只是一个范围，而不是确定的数值，因此它们又应属于未定系统误差。

现将以上各项误差汇总如表 4-1 所示。

表 4-1

序号	误差因素	极限误差/μm		备注
		随机误差	未定系统误差	
1	阿贝误差	—	±1	—
2	光学刻尺刻度误差	—	±1.25	加修正值时不计入总误差
3	温度误差	—	±0.35	—
4	读数误差	±0.8	—	—
5	瞄准误差	±1	—	—
6	光学刻尺的检定误差	—	±0.5	不加修正值时不计入总误差

设备误差都服从正态分布且互不相关，则测量结果（两次测量的平均值）的极限误差如下。

当未修正刻尺刻度误差时的极限误差为

$$\delta = \pm \sqrt{\frac{1}{2} \sum_{i=1}^{2} \delta_i^2 + \sum_{j=1}^{3} e_j^2} = \pm \sqrt{\frac{1}{2}\left(1^2 + 0.8^2\right) + \left(1^2 + 1.25^2 + 0.35^2\right)} \mu m$$

$$= \pm 1.87 \mu m \approx \pm 1.9 \mu m$$

因此测量结果应表示为

$$L_0 = (50.0255 \pm 0.0019) \, mm$$

当已修正刻尺刻度误差时的极限误差为

$$\delta = \pm \sqrt{\frac{1}{2} \sum_{i=1}^{2} \delta_i^2 + \sum_{j=1}^{3} e_j^2} = \pm 1.48 \mu m \approx \pm 1.5 \mu m$$

则测量结果应表示为

$$L_0 = (50.0247 \pm 0.0015)\,\text{mm}$$

例 4.6　用 TC328B 型天平，配用三等标准砝码称一个不锈钢球的质量，一次称量得钢球质量 $M = 14.0040\,\text{g}$，求测量结果的标准差。

解　根据 TC328B 型天平的称量方法，其测量结果的主要误差分析计算结果如下。

1）随机误差

天平示值变动性所引起的误差为随机误差。用多次重复称量同一球的质量，得天平的标准差为

$$\delta_1 = 0.05\,\text{mg}$$

2）未定系统误差

在给定条件下，标准砝码误差和天平示值误差为确定值，但又不知道具体误差数值，而只知道误差范围（或标准差），故这两项误差均属未定系统误差。

（1）标准砝码误差。天平称量时所用的标准砝码有三个，即 10g 的一个，2g 的两个，它们的标准差分别为

$$u_{11} = 0.4\,\text{mg}, \quad u_{12} = 0.2\,\text{mg}$$

故三个砝码组合使用时，质量的标准差为

$$u_1 = \sqrt{u_{11}^2 + 2u_{12}^2} = \sqrt{0.4^2 + 2 \times 0.2^2} \approx 0.5(\text{mg})$$

（2）天平示值误差。天平示值为 $100 \times 0.1\text{mg}$ 时，最大误差为 $\pm 2 \times 0.1\text{mg}$。称重该球的质量时，示值为 $40 \times 0.1\text{mg}$，且对应三倍标准差，故该项标准差为

$$u_2 = 2 \times 0.1 \times \frac{40}{100} \times \frac{1}{3}\,\text{mg} \approx 0.03\,\text{mg}$$

以上三项误差互不相关，而且显然可知各个误差传递系数均为 1，因此误差合成后可得到测量结果的总标准差为

$$\sigma = \sqrt{\delta_1^2 + u_1^2 + u_2^2} = \sqrt{0.05^2 + 0.5^2 + 0.03^2} \approx 0.5(\text{mg})$$

则最后测量结果应表示为（1 倍标准差）

$$M = (14.0040 \pm 0.0005)\,\text{g}$$

4.6　误　差　分　配

任何测量过程皆包含有多项误差，测量结果的总误差则由各单项误差的综合影响确定。若给定测量结果总误差的允差，要求确定各个单项误差。在进行测量工作前，应根据给定测量总误差的允差来选择测量方案，合理进行误差分配，确定各单项误差，以保证测量精度。例如，前述的弓高弦长法测量大工件直径 D，若已给定直径测量的允许极限误差，要求确定弓高 h 和弦长 s 的测量极限误差应为多少，这就是误差分配问题。

误差分配应考虑测量过程中所有误差组成项的分配问题。为便于说明误差分配原理，这里只研究间接测量的函数误差分配，但其基本原理也适用于一般测量的误差分配。

对于函数的已定系统误差，可用修正方法来消除，不必考虑各个测量值已定系统误差的影响，而只需研究随机误差和未定系统误差的分配问题。根据式（4.29）和式（4.32），这两种

误差在误差合成时可同等看待，因此在误差分配时也可同等看待，其误差分配方法完全相同。

现设各误差因素皆为随机误差，且互不相关，由式(4.4)可得合成标准差为

$$\sigma_y = \sqrt{\left(\frac{\partial f}{\partial x_1}\right)^2 \sigma_1^2 + \left(\frac{\partial f}{\partial x_2}\right)^2 \sigma_2^2 + \cdots + \left(\frac{\partial f}{\partial x_n}\right)^2 \sigma_n^2} = \sqrt{a_1^2 \sigma_1^2 + a_2^2 \sigma_2^2 + \cdots + a_n^2 \sigma_n^2} \tag{4.34}$$
$$= \sqrt{D_1^2 + D_2^2 + \cdots + D_n^2}$$

式中，D_i 为函数的部分误差，$D_i = \frac{\partial f}{\partial x_i} \sigma_i = a_i \sigma_i$。若已给定 σ_y，需要确定 D_i 或相应的 σ_i，满足

$$\sigma_y \geqslant \sqrt{D_1^2 + D_2^2 + \cdots + D_n^2} \tag{4.35}$$

显然，式中 D_i 可以是任意值，为不确定解。

4.6.1　按等作用原则分配误差

等作用原则认为各个部分误差对函数误差的影响相等，即

$$D_1 = D_2 = \cdots = D_n = \frac{\sigma_y}{\sqrt{n}} \tag{4.36}$$

由此可得

$$\sigma_i = \frac{\sigma_y}{\sqrt{n}} \frac{1}{\partial f / \partial x_i} = \frac{\sigma_y}{\sqrt{n}} \frac{1}{a_i} \tag{4.37}$$

或用极限误差表示为

$$\delta_i = \frac{\delta}{\sqrt{n}} \frac{1}{\partial f / \partial x_i} = \frac{\delta}{\sqrt{n}} \frac{1}{a_i} \tag{4.38}$$

式中，δ 为函数的总极限误差；δ_i 为各单项误差的极限误差。

如果各个测得值的误差满足式(4.37)和式(4.38)，则所得的函数误差不会超过允许的给定值。

4.6.2　按可能性调整误差

按等作用原则分配误差可能会出现不合理的情况，这是因为计算出来的各个部分误差都相等，对于其中有的测量值，要保证它的测量误差不超出允许范围较为容易实现，而对于其中有的测量值则难以满足要求，若要保证它的测量精度，势必要用昂贵的高精度仪器，或者要付出较大的劳动。

另一方面，由式(4.37)和式(4.38)可以看出，当各个部分误差一定时，相应测量值的误差与其传递系数成反比。所以各个部分误差相等，其相应测量值的误差并不相等，有时可能相差较大。由于存在上述两种情况，对按等作用原则分配的误差，必须根据具体情况进行调整。调整的原则如下：

(1)扩大难于实现测量过程的误差分量，降低其精度要求；

(2)缩小易于实现测量过程的误差分量，提高其精度要求；

(3)对其余的误差分量不予调整，保持其精度要求。

4.6.3　验算调整后的总误差

误差分配后，应按误差合成公式计算实际总误差。若超出给定的允许误差范围，应选择可能缩小的误差项再缩小误差。若实际总误差较小，可适当扩大难以测量的误差项的误差。

按等作用原则分配误差需要注意，当有的误差已经确定而不能改变时(如受测量条件限制，必须采用某种仪器测量某一项目时)，应先从给定的允许总误差中除掉，然后对其余误差项进行误差分配。

例 4.7　测量一个圆柱体的体积时，可间接测量圆柱直径 D 及高度 h，根据函数式 $V = \dfrac{\pi D^2}{4} h$，求得体积 V。若要求测量体积的相对误差为 1%，试确定直径 D 及高度 h 的测量精度。

解　已知直径和高度的公称值为 $D_0 = 20\,\mathrm{mm}$，$h_0 = 50\,\mathrm{mm}$，并把 π 看作常数，取值为 3.1416，则可计算出体积 V_0 为

$$V_0 = \frac{\pi D_0^2}{4} h_0 = \frac{3.1416 \times 20^2}{4} \times 50\,\mathrm{mm}^3 = 15708\,\mathrm{mm}^3$$

而体积的绝对误差为

$$\delta_V = V_0 \times 1\% = 15708\,\mathrm{mm}^3 \times 1\% = 157.08\,\mathrm{mm}^3$$

因为测量项目有两项，即 $n = 2$。根据式 (4.38) 按等作用原则分配误差，则可得测量直径 D 与高度 h 的极限误差为

$$\delta_D = \frac{\delta_V}{\sqrt{n}} \frac{1}{\partial f / \partial D} = \frac{\delta_V}{\sqrt{n}} \frac{1}{\pi D h} = 0.071\,\mathrm{mm}$$

$$\delta_h = \frac{\delta_V}{\sqrt{n}} \frac{1}{\partial V / \partial h} = \frac{\delta_V}{\sqrt{n}} \frac{1}{\pi D^2} = 0.351\,\mathrm{mm}$$

由此可知，测量直径 D 的精度需要高些，而测量高度 h 的精度可低些。若用量具测量，由各种量具的极限误差表查得，直径可用 2 级千分尺测量。在 20mm 测量范围内的极限误差只需要用分度值为 0.10mm 的游标卡尺测量，在 50mm 测量范围内的极限误差为 ±0.150mm。

用这两种量具测量的体积极限误差为

$$\delta_V = \pm \sqrt{\left(\frac{\partial f}{\partial D}\right)^2 \delta_D^2 + \left(\frac{\partial V}{\partial h}\right)^2 \delta_h^2} = \pm \sqrt{\left(\frac{\pi D h}{2}\right)^2 \delta_D^2 + \left(\frac{\pi D^2}{4}\right)^2 \delta_h^2}$$

$$= \pm 51.36\,\mathrm{mm}^3 < 157.08\,\mathrm{mm}^3$$

用这两种量具测量不够合理，需要进一步调查，选用精度较低的量具。

例 4.8　按公式 $W = I^2 R t$ 测量电能。要求 W 的相对函数误差 $u_{\mathrm{crel}} \leqslant 1\%$。电流表最高准确度为 0.2 级，电阻和时间的测量使用具有较高准确度的仪器。试确定 I、R、t 的相对标准误差。

解　(1)确定灵敏系数：

$$c_i = \frac{\partial f}{\partial x_i}$$

I 的灵敏系数 $c_1 = 2$；R 的灵敏系数 $c_2 = 1$；t 的灵敏系数 $c_3 = 1$。

(2)按等作用原则分配函数误差。$u_{c\mathrm{rel}}$ 只有三个分量，它们是 $u_{I\mathrm{rel}}$、$u_{R\mathrm{rel}}$、$u_{t\mathrm{rel}}$，对应的相对标准差为 $s_{I\mathrm{rel}}$、$s_{R\mathrm{rel}}$、$s_{t\mathrm{rel}}$，$n=3$。

按等作用原则分配给各分量相对标准差为

$$u_{I\mathrm{rel}} = \frac{u_{c\mathrm{rel}}}{\sqrt{n}} = 0.5773\%$$

$$u_{R\mathrm{rel}} = \frac{u_{c\mathrm{rel}}}{\sqrt{n}} = 0.5773\%$$

$$u_{t\mathrm{rel}} = \frac{u_{c\mathrm{rel}}}{\sqrt{n}} = 0.5773\%$$

0.2 级电流表的相对标准差实际值为 $s'_{I\mathrm{rel}}$，A 为仪表的量程，$I \geqslant \frac{2}{3}A$，$\frac{2}{3}A$ 为仪表的最佳测量段。

$$s'_{I\mathrm{rel}} = \frac{A \cdot \alpha\%}{\frac{2}{3}A} = 0.3\%$$

$$u'_{I\mathrm{rel}} = |c_i| s'_{I\mathrm{rel}} = 0.6\% > 0.5773\%$$

按等作用原则分配不能满足测量要求，对电阻和时间测量分配的误差进行缩小调整：

$$u_{c\mathrm{rel}} = \sqrt{u'^2_{I\mathrm{rel}} + u^2_{R\mathrm{rel}} + u^2_{t\mathrm{rel}}}$$

$$u^2_{c\mathrm{rel}} = u'^2_{I\mathrm{rel}} + u^2_{R\mathrm{rel}} + u^2_{t\mathrm{rel}}$$

$$\sqrt{u^2_{c\mathrm{rel}} - u'^2_{I\mathrm{rel}}} = \sqrt{u^2_{R\mathrm{rel}} + u^2_{t\mathrm{rel}}} = \sqrt{u^2_{t\mathrm{rel}}} = \sqrt{2}u_{i\mathrm{rel}}$$

$$u_{i\mathrm{rel}} = \frac{\sqrt{u^2_{t\mathrm{rel}} - u'^2_{I\mathrm{rel}}}}{\sqrt{2}} = \frac{\sqrt{(1\%)^2 - (0.6\%)^2}}{\sqrt{2}} = 0.56\%$$

$$u_{R\mathrm{rel}} = u_{i\mathrm{rel}} = 0.56\%, \quad u_{t\mathrm{rel}} = u_{i\mathrm{rel}} = 0.56\%$$

$$u_{c\mathrm{rel}} = \sqrt{u^2_{I\mathrm{rel}} + u^2_{R\mathrm{rel}} + u^2_{t\mathrm{rel}}} = \sqrt{(0.6\%)^2 + (0.56\%)^2 + (0.56\%)^2} = 0.99\%$$

$$u_{c\mathrm{rel}} = 1\% > 0.99\% = u'_{c\mathrm{rel}} \text{（验算）}$$

所以相对合成标准误差的分配结果 $s'_{I\mathrm{rel}} = 0.6\%$、$s'_{R\mathrm{rel}} = 0.56\%$、$s'_{t\mathrm{rel}} = 0.56\%$ 是合理的。

4.7　微小误差准则

微小误差并不是指误差的绝对大小，而是根据误差相对比较得出的概念。如果一个直接被测量的测量误差与总误差（合成）相比，已小到可以忽略的程度，则称该误差为微小误差。

判断微小误差的方法如下：

根据误差传递定律，有

$$u_c = \sqrt{u_1^2 + u_2^2 + \cdots + u_k^2 + \cdots + u_m^2}$$

忽略微小误差 u_k 后，有

$$u'_c = \sqrt{u_1^2 + u_2^2 + \cdots + u_{k-1}^2 + + u_{k+1}^2 + \cdots + u_m^2}$$

即

$$u_c = u'_c$$

考虑测量误差为一位有效数字情况，应有

$$u_c - u'_c \leqslant 0.05u_c$$

$$u_c = \sqrt{u_1^2 + u_2^2 + \cdots + u_k^2 + \cdots + u_m^2} \tag{4.39}$$

$$u'_c = \sqrt{u_1^2 + u_2^2 + \cdots + u_{k-1}^2 + \cdots + u_{k+1}^2 + \cdots + u_m^2} \tag{4.40}$$

$$u_c - u'_c \leqslant 0.05u_c \Rightarrow 0.95u_c < u'_c \Rightarrow 0.9025u_c^2 < u'^2_c \tag{4.41}$$

由式(4.39)和式(4.40)可得

$$u'^2_c = u_c^2 - u_k^2$$

代入式(4.41)可得

$$0.9025u_c^2 < u_c^2 - u_k^2 \Rightarrow u_k < 0.312u_c$$

即

$$u_k < \frac{1}{3}u_c$$

式中，u_k 为微小误差；u_c 为合成(总)误差。

(1)当测量误差的有效数字取 1 位时，在此情况下，若某个分量 $u_k < \frac{1}{3}u_c$，则 u_k 可视为微小分量。

(2)当测量误差的有效数字取 2 位时，在此情况下，若某个分量 $u_k < \frac{1}{10}u_c$，则 u_k 可视为微小分量。

4.8 最佳测量方案的确定

若间接测量的函数关系为

$$y = f(x_1, x_2, \cdots, x_n)$$

根据误差合成公式，各直接量误差相互独立时间接量的标准差为

$$u_c = \sqrt{\left(\frac{\partial f}{\partial x_1}s_1\right)^2 + \left(\frac{\partial f}{\partial x_2}s_2\right)^2 + \cdots + \left(\frac{\partial f}{\partial x_n}s_n\right)^2}$$

$$= \sqrt{(c_1 s_1)^2 + (c_2 s_2)^2 + \cdots + (c_n s_n)^2} = \sqrt{u_1^2 + u_2^2 + \cdots + u_n^2}$$

由上式可知，欲使 u_c 为最小，可从以下几方面来考虑。

4.8.1 最佳测量函数公式的选择

在间接测量中，如果可由不同的函数公式来表示间接测量量，则应选取直接测量量的数目最少的函数公式。若不同的函数公式包含的直接测量量的数目相同，则应选择误差较小的直接测量量的函数公式。

例 4.9　测量某箱体零件的轴心距 L，试选择最佳测量方案。根据图 4-5，测量轴心距有三种方法。

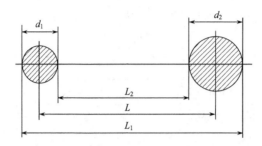

图 4-5　某箱体零件轴心距的测量

(1)测量两轴直径 d_1、d_2 和外尺寸 L_1，其函数式为

$$L = L_1 - \frac{d_1}{2} - \frac{d_2}{2}$$

(2)测量两轴直径 d_1、d_2 和内尺寸 L_2，其函数式为

$$L = L_2 + \frac{d_1}{2} + \frac{d_2}{2}$$

(3)测量外尺寸 L_1 和内尺寸 L_2，其函数式为

$$L = \frac{L_1}{2} + \frac{L_2}{2}$$

若已知测量的实验标准差分别为

$$s_{d_1} = 5\mu m, \quad s_{d_2} = 7\mu m, \quad s_{L_1} = 8\mu m, \quad s_{L_2} = 10\mu m$$

求最佳测量方案。

解　由式(4.4)可知上述三种方法的合成标准误差如下。

第一种方法：

$$u_{c1} = \sqrt{\left(\frac{\partial f}{\partial L_1}s_{L_1}\right)^2 + \left(\frac{\partial f}{\partial d_1}s_{d_1}\right)^2 + \left(\frac{\partial f}{\partial d_2}s_{d_2}\right)^2} = \sqrt{\left(s_{L_1}\right)^2 + \left(\frac{1}{2}s_{d_1}\right)^2 + \left(\frac{1}{2}s_{d_2}\right)^2} \approx 9.1\mu m$$

第二种方法：

$$u_{c2} = \sqrt{\left(\frac{\partial f}{\partial L_2}s_{L_2}\right)^2 + \left(\frac{\partial f}{\partial d_1}s_{d_1}\right)^2 + \left(\frac{\partial f}{\partial d_2}s_{d_2}\right)^2} = \sqrt{\left(s_{L_2}\right)^2 + \left(\frac{1}{2}s_{d_1}\right)^2 + \left(\frac{1}{2}s_{d_2}\right)^2} \approx 10.9\mu m$$

第三种方法：

$$u_{c3} = \sqrt{\left(\frac{\partial f}{\partial L_1}s_{L_1}\right)^2 + \left(\frac{\partial f}{\partial L_2}s_{L_2}\right)^2} = \sqrt{\left(\frac{1}{2}s_{L_1}\right)^2 + \left(\frac{1}{2}s_{L_2}\right)^2} \approx 6.4\mu m$$

比较三种测量方法的合成标准差，存在 $u_{c3} < u_{c1} < u_{c2}$，即第三种测量方法的合成标准差最小，在三种测量方案中为最佳测量方案。

4.8.2 灵敏系数最小选择

由函数误差公式(4.42)可知，若使各个测量值对函数的传递函数 $\dfrac{\partial f}{\partial x_i}=0$ 或最小，则函数误差也可相应减小，从而提高测量精度。

例 4.10 用弓高弦长法测量直径 D。已知其函数关系式为 $D=\dfrac{l^2}{4h}+h$，试确定最佳测量方案。

解 测量直径的合成标准误差 u_c 为

$$u_c=\sqrt{\left(\frac{\partial D}{\partial h}\right)^2 s_1^2+\left(\frac{\partial D}{\partial l}\right)^2 s_2^2}=\sqrt{\left(\frac{l^2}{4h^2}-1\right)^2 s_1^2+\left(\frac{l}{2h}\right)^2 s_2^2}$$

要使测量直径的合成标准误差 u_c 最小，必须：①使灵敏系数 $\dfrac{1}{2h}=0$ 或为最小；②使灵敏系数 $\dfrac{l^2}{4h^2}-1=0$ 或为最小。即在大直径测量时，当 h 越接近 $2l$ 时，直径的测量误差也越小。

习 题

4-1 三类误差合成的基本方法是什么？在三类误差合成时需要注意哪些问题？

4-2 误差传递系数的定义是什么？确定误差传递系数有哪些方法？

4-3 微小误差的定义和意义是什么？简述微小误差的判别方法及其应用。

4-4 系统误差合成与随机误差合成的方法有何区别？

4-5 简述误差分配的依据和基本步骤。

4-6 已知 $\rho=\dfrac{4m}{\pi d^2 h}$，其中 $m=\bar{m}\pm S_m$，$d=\bar{d}\pm S_d$，$h=\bar{h}\pm S_h$。求 h 的平均值和标准偏差传递公式。

4-7 长方体的边长分别为 a_1、a_2、a_3。测量时：(1)标准差均为 σ；(2)标准差各为 σ_1、σ_2、σ_3。试求体积的标准差。

4-8 相对测量时需用 54.255mm 的量块组作为标准件，量块组由四块量块研合而成，它们的基本尺寸为 $l_1=40\text{mm}$，$l_2=12\text{mm}$，$l_3=1.25\text{mm}$，$l_4=1.005\text{mm}$。经测量，它们的尺寸偏差及其测量极限误差分别为 $\Delta l_1=-0.7\mu\text{m}$，$\Delta l_2=+0.5\mu\text{m}$，$\Delta l_3=-0.3\mu\text{m}$，$\Delta l_4=+0.1\mu\text{m}$，$\delta_{\text{lim}l_1}=\pm0.35\mu\text{m}$，$\delta_{\text{lim}l_2}=\pm0.25\mu\text{m}$，$\delta_{\text{lim}l_3}=\pm0.20\mu\text{m}$，$\delta_{\text{lim}l_4}=\pm0.20\mu\text{m}$。试求量块组按基本尺寸使用时的修正值及给相对测量带来的测量误差。

4-9 为求长方体的体积 V，直接测量其各边长为 $a=161.6\text{mm}$，$b=44.5\text{mm}$，$c=11.2\text{mm}$，已知测量的系统误差为 $\Delta a=1.2\text{mm}$，$\Delta b=-0.8\text{mm}$，$\Delta c=0.5\text{mm}$。测量的极限误差为 $\delta_a=\pm0.8\text{mm}$，$\delta_b=\pm0.5\text{mm}$，$\delta_c=\pm0.5\text{mm}$。试求立方体的体积及其体积的极限误差。

4-10 用图 4-6 中(a)、(b)两种电路测电阻 R_X，若电压表的内阻为 R_V，电流表的内阻为 R_I，求测量值受电表影响产生的绝对误差和相对误差，并讨论所得结果。

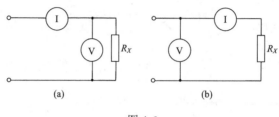

图 4-6

4-11 对某一质量进行 4 次重复测量，测得数据(单位 g)为 428.6，429.2，426.5，430.8。已知测量的已定系统误差 $\Delta=-2.6$，测量的各极限误差分量及其相应的传递系数如表 4-2 所示。若各误差均服从正态分布，试求该质量的最可信赖值及其极限误差。

表 4-2

序号	极限误差 / g		误差传递系数
	随机误差	未定系统误差	
1	2.1	—	1
2	—	1.5	1
3	—	1.0	1
4		0.5	1
5	4.5		1
6	—	2.2	1.4
7	1.0	—	2.2
8	—	1.8	1

4-12 测量某电路的电流 $I=22.5\text{mA}$，电压 $U=12.6\text{V}$，测量的标准差分别为 $\sigma_I=0.5\text{mA}$，$\sigma_U=0.1\text{V}$，求所耗功率 $P=UI$ 及其标准差 σ_P。

4-13 通过电桥平衡法测某电阻。由电桥平衡条件得出 $R_x=\dfrac{R_3C_4}{C_2}$，已知电容 C_2 的允许误差为 ±5%，电容 C_4 的允许误差为 ±2%，R_3 为精密电位器，其允许误差为 ±1%。试计算 R_x 的相对误差。

4-14 按公式 $V=\pi r^2 h$ 求圆柱体体积。若已知 r 约为 2cm，h 约为 20cm。要使体积的相对误差等于 1%，试问 r 和 h 测量时误差应为多少？

4-15 按公式 $\rho=\dfrac{4L}{\pi d^2 R}$ 测量金属导线的电导率，式中，L 为导线长度(cm)，d 为截面直径(cm)，R 为被测导线的电阻(Ω)。试说明在什么测量条件下 ρ 误差最小？对哪个参量要求最高？

4-16 用弓高弦长法测量直径，已知直径 D 和弓高 h、弦长 s 间的函数关系和弓高 h、弦长 s 的测量数据及误差。利用熟悉的语言编程求解出直径 D，以及直径的系统误差、随机误差和最后结果。$D=\dfrac{s^2}{4h}+h$，$h=50\text{mm}$，$\Delta h=-0.1\text{mm}$，$\delta_{\text{lim}h}=\pm0.05$，$s=50\text{mm}$，$\Delta s=1\text{mm}$，$\delta_{\text{lim}s}=\pm0.1$。

4-17 已知 $y=x_1+x_2+\cdots+x_n$，且 x_i 与 x_j 正相关。试写出函数系统误差公式及函数随机误差公式。

4-18　如图 4-7 所示，用双球法测量孔的直径 D，其钢球直径分别为 d_1 和 d_2，测出距离分别为 H_1、H_2。试求被测孔径 D 与各直接测量量的函数关系 $D = f(d_1, d_2, H_1, H_2)$ 及其误差传递系数。若已知

$$d_1 = 45.00\,\text{mm},\quad \Delta d_1 = 0.002\,\text{mm},\quad \sigma_{d_1} = 0.001\,\text{mm}$$
$$d_2 = 15.00\,\text{mm},\quad \Delta d_2 = -0.003\,\text{mm},\quad \sigma_{d_2} = 0.001\,\text{mm}$$
$$H_1 = 29.921\,\text{mm},\quad \Delta H_1 = 0.005\,\text{mm},\quad \sigma_{H_1} = 0.003\,\text{mm}$$
$$H_2 = 20.961\,\text{mm},\quad \Delta H_2 = 0.004\,\text{mm},\quad \sigma_{H_2} = 0.002\,\text{mm}$$

试求被测孔径 D 及其测量精度。

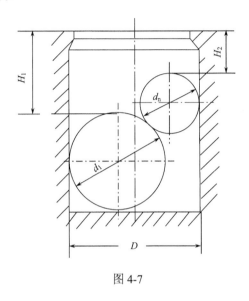

图 4-7

4-19　设有如下测量方程

$$d_2 = M - d_0\left(1 + \frac{1}{\sin\frac{\alpha}{2}}\right) + \frac{P}{2}\cot\frac{\alpha}{2}$$

试分析由各参数误差 δM、δd_0、$\delta\frac{\alpha}{2}$、δP 引起的测量结果 d_2 的误差 δd_2。

4-20　已知三个量块的尺寸及标准差分别为 $l_1 \pm \sigma_1 = (10.000 \pm 0.0004)\,\text{mm}$，$l_2 \pm \sigma_2 = (1.010 \pm 0.0003)\,\text{mm}$，$l_3 \pm \sigma_3 = (1.001 \pm 0.0001)\,\text{mm}$。求由这三个量块研合后的量块组的尺寸及其标准差。

4-21　测量某箱体零件的轴心距 L，分别采用如下两种方法进行间接测量：①测量外尺寸 L_1 和内尺寸 L_2，其函数关系为 $L = 0.5L_1 + 0.5L_2$；②测量两轴直径 d_1、d_2 和内尺寸 L_2，其函数关系为 $L = L_2 + 0.5d_1 + 0.5d_2$。已知测量的标准差分别为 $\sigma_{d_1} = 5\,\mu\text{m}$，$\sigma_{d_2} = 7\,\mu\text{m}$，$\sigma_{L_1} = 8\,\mu\text{m}$，$\sigma_{L_2} = 10\,\mu\text{m}$。试计算比较出哪种方法更好？

4-22　用一台测量精度为 $\pm 0.25\,\mu\text{m}$ 的压力变送器与一台模拟显示仪表组成压力测量系统，要求测量精度不低于 $\pm 1.0\%$，问应选用哪一精度等级的显示仪表？

4-23　已知 $x \pm \sigma x = 2.0 \pm 0.1$，$y \pm \sigma y = 3.0 \pm 0.2$，相关系数 $\rho_{xy} = 0$。试求 $\varphi = x^3\sqrt{y}$ 的值及其标准差。

4-24　用电压表和电流表测量某一纯电阻性电子器件的功耗时，已知用电压表测得器件上的直流电压降是 12.00V，其测量极限误差是 $\pm 0.04\text{V}$，用电流表测得通过器件的电流是 2.00A，其测量极限误差是 $\pm 0.02\text{A}$。另外，电压表和电流表分别存在 0.05V 和 -0.04A 的系统误差。测量时，电压和电流的测量结果相互独立，试确定电器的功耗及其测量极限误差。

4-25 某一量 u 由 x 和 y 之和求得，x 的值是由 16 次测量的平均值得出，其单次测量标准差为 0.2；y 的值是由 25 次测量的平均值得出，其单次测量标准差为 0.3，$\rho_{xy}=0$，求 u 的标准差。

4-26 在立式光学比较仪上鉴定 $L_0=10\text{mm}$ 的量块。所用基准量块为 4 等，其中心长度的实际偏差为 $-0.1\mu\text{m}$，检定的极限误差 $\delta_{\text{lim1}}=\pm0.2\mu\text{m}$。测量时恒温条件为 $t=(20\pm2)°\text{C}$。10 次重复测得值（单位为 μm）为 +0.5，+0.7，+0.4，+0.5，+0.3，+0.6，+0.5，+0.6，+1.0，+0.4。试求此测量方法的极限误差，并写出最后结果。

第 5 章　测量不确定度评定

由于测量误差的存在，被测量的真值难以确定，被测量真值只能是某个量值范围的一个估计值，因此测量结果带有不确定性。长期以来，人们不断追求以最佳方式估计被测量的值，以最科学的方法评价测量结果质量高低的程度。

本章介绍的测量不确定度就是评定测量结果质量高低的一个重要指标。不确定度越小，测量结果的质量越高，使用价值越大，其测量水平也越高；不确定度越大，测量结果的质量越低，使用价值越小，其测量水平也越低。

5.1　测量不确定度的基本概念

5.1.1　测量不确定度的定义

测量不确定度是指测量结果变化的不肯定，是表征被测量的真值在某个量值范围的一个估计，是测量结果含有的一个参数，用以表示被测量值的分散性。这种测量不确定度的定义表明，一个完整的测量结果应包含被测量值的估计与分散性参数两部分。例如，被测量 y 的测量结果为 $y \pm u$，其中 y 是被测量值的估计，u 为测量不确定度。显然，在测量不确定度的定义下，被测量的测量结果所表示的并非为一个确定的值，而是分散的无限个可能值所处的一个区间。

对于一个实际测量过程，影响测量结果的精度有多方面因素，因此测量不确定度一般包含若干个分量，各不确定度分量不论其性质如何，皆可用两类方法进行评定，即 A 类评定与 B 类评定。其中一些分量由一系列观测数据的统计分析来评定，称为 A 类评定；另一些分量不是用一系列观测数据的统计分析法，而是基于经验或其他信息来评定，称为 B 类评定。所有的不确定度分量均用标准差表征，它们或是由随机误差而引起，或是由系统误差而引起，都对测量结果的分散性产生相应的影响。

5.1.2　不确定度的来源

设 $x_1, x_2, \cdots, x_N$ 是测量结果 y 的不确定度来源。寻找不确定度来源时，可从测量器具、测量人员、测量环境、测量方法、被测量等全面考虑，做到不遗漏、不重复。遗漏会使 y 的不确定度过小，重复则会使 y 的不确定度过大。

不确定度的主要来源如下：

(1) 被测量定义不完善。被测量带有模糊性，使被测量定义不完善，从而成为不确定度来源。

(2) 被测量定义实现不理想。被测量经常按一些条件给出，这些条件实现常不容易、不完全，从而导致不确定度。

(3) 非代表抽样。测量样本可能不完全代表定义的被测量。

(4)环境。对测量环境条件认识不足，或测量环境条件的不完善，使得测量环境因素与要求的标准状态不一致，引起测量仪器、仪表的量值变化、机构失灵、互相位置改变，从而带来不确定度。

(5)测量人员。测量人员生理上的最小分辨率、感觉器官的生理变化、反应速度与习惯等引起不确定度。

(6)测量仪器的分辨力、鉴别力阈。

(7)标准值不准。

(8)参数不准。

(9)测量方法与程序的近似和假设。如测量过程中的一些重要因素在推导测量结果的表达式中没有反映出来、经验公式函数类型选择的近似性、对成熟的方法进行了不当的简化等。

(10)重复性。在同一条件下被测量观测值的变化。

5.1.3　测量不确定度与误差

测量不确定度和误差是误差理论中的两个重要概念，它们具有相同点，都是评价测量结果质量高低的重要指标，都可作为测量结果的精度评定参数。但它们又有明显的区别。从定义上讲，误差是测量结果与真值之差，它以真值或约定真值为中心，它是一个确定的差值，在数轴上表示为一个点；而测量不确定度是以被测量的估计值为中心，表示被测量值的分散性，它以分布区间的半宽度表示，因此在数轴上它表示一个区间。误差是一个理想的概念，一般不能准确知道，难以定量；而测量不确定度是反映人们对测量认识不足的程度，是可以定量评定的。不确定度是指测量值(近真值)附近的一个范围，测量值与真值之差(误差)可能落于其中，不确定度小，测量结果的可信赖程度高；不确定度大，测量结果的可信赖程度低。

在分类上，误差按自身特征和性质分为系统误差、随机误差和粗大误差，并可采取不同的措施来减小或消除各类误差对测量的影响。测量不确定度不按性质分类，而是按评定方法分为 A 类评定和 B 类评定，两类评定方法不分优劣，按实际情况的可能性加以选用。也就是说由系统引起的不确定度既可用 B 类评定方法也可以用 A 类评定方法得到。不确定度的性质和评定方法间没有对应关系。

将不确定度分为 A 类和 B 类的目的在于说明计算不确定度分量的两种不同评定途径。两种计算方法均基于概率分布，用任何一种方法得到的不确定度分量都用实验标准偏差表征。可以看出，测量不确定度分量，无论是 A 类评定还是 B 类评定，它们的标准不确定度均以标准偏差表示，因此两种评定方法得到的不确定度实质上并无区别，只是评定方法不同而已。所以将不确定度分为 A 类和 B 类两个分量时，并不要求分得十分准确，它们在结果处理上是一致的，而分类准确与否对合成不确定的数值并无影响。

不确定度与误差有区别，也有联系。误差是不确定度的基础，研究不确定度首先需要研究误差，只有对误差的性质、分布规律、相互联系及对测量结果的误差传递关系等有了充分的认识和了解，才能更好地估计各不确定度分量，正确得到测量结果的不确定度。用测量不确定度代替误差表示测量结果，易于理解、便于评定，具有合理性和实用性。不确定度是对经典误差理论的一个补充，是现代误差理论的内容之一，但它还有待于进一步研究、完善与发展。

5.2　标准不确定度的评定

测量不确定度的评定就是要决定测量结果的不确定程度及其相应的置信概率，即给出一定置信概率的测量不确定度。用标准差表征的不确定度，称为标准不确定度，用 u 表示。测量不确定度所包含的若干个不确定度分量，均是标准不确定度分量，用 u_i 表示，其评定方法包括 A 类评定和 B 类评定。A 类评定方法就是基于各个分量的标准差基础，B 类评定方法是基于一些经验性的知识或统计概率方面的知识或分布方面的知识等，得到分量的标准差，A 类与 B 类实现过程不一样，但本质一样，都是用标准差来表征不确定度。

5.2.1　标准不确定度的 A 类评定

以标准差表示的测量不确定度，称为标准不确定度。用对观测列进行统计分析的方法来评定标准不确定度，称为不确定度的 A 类评定，有时也称为 A 类不确定度评定。A 类评定的标准不确定度等同于由系列观测值获得的标准差 σ。

标准不确定度的 A 类评定用实验标准差 s 来表征。

1) 贝塞尔法

对于被测量 X，在重复性条件下进行 n 次独立重复观测，观测值为 x_i　$(i = 1, 2, \cdots, n)$，则算术平均值 $\overline{x}$ 为

$$\overline{x} = \frac{1}{n}\sum_{i=1}^{n} x_i \tag{5.1}$$

$s(x_i)$ 为单次测量的实验标准差，由贝塞尔公式计算得到

$$s(x_i) = \sqrt{\frac{\sum_{i=1}^{n}(x_i - \overline{x})^2}{n-1}} \tag{5.2}$$

$s(\overline{x})$ 为平均值的实验标准差，其值为

$$s(\overline{x}) = \frac{s(x_i)}{\sqrt{n}} \tag{5.3}$$

在某物理量的观测值中，若系统误差已消除或可以忽略不计，只存在随机误差，则观测值散布在其期望值附近。当取若干组观测值时，它们各自的平均值也散布在期望值附近，但比单个观测值更靠近期望值。也就是说，多次测量的平均值比一次测量值更准确。随着测量次数的增多，平均值收敛于期望值。因此，通常以样本的算术平均值作为被测量值的估计(即测量结果)，以平均值的实验标准差 $s(\overline{x})$ 作为测量结果的标准不确定度，即 A 类标准不确定度。

$$u(\overline{x}) = s(x_i)/\sqrt{n} \tag{5.4}$$

观测次数 n 充分多，才能使 A 类不确定度的评定可靠，一般认为 n 应大于 6。但也要视实际情况而定。当该 A 类不确定度分量对合成标准不确定度的贡献较大时，n 不宜太小，反之，当该 A 类不确定度分量对合成标准不确定度的贡献较小时，n 小一些关系也不大。

考虑到有限次测量服从 t 分布，A 类标准不确定度应表示为

$$U_{\mathrm{A}} = t_P \sqrt{\frac{\sum\limits_{i=1}^{n}(x_i - \overline{x})^2}{n(n-1)}} = t_P \sigma_x / \sqrt{n} \tag{5.5}$$

除贝塞尔法外，单次测量结果的标准不确定度 $s(x_{ik})$ 还有如下求法。

2）别捷尔斯法

别捷尔斯法由俄罗斯天文学家别捷尔斯（Peters）得出，计算公式为

$$s = 1.253 \times \frac{\sum\limits_{i=1}^{n}|v_i|}{\sqrt{n(n-1)}} \tag{5.6}$$

它可由残余误差 v 的绝对值之和求出单次测量的实验标准差 s。

3）最大残差法

$$s(x_{ik}) = c_{n_i} \max |x_{ik} - x_i|$$

系数 c_n 如表 5-1 所示。

表 5-1 最大残差法系数 c_n

n	2	3	4	5	6	7	8	9	10	15	20
c_n	1.77	1.02	0.83	0.74	0.68	0.64	0.61	0.59	0.57	0.51	0.48

4）极差法

服从正态分布的测量数据中，最大值与最小值之差称为极差。

$$s(x_{ik}) = \frac{1}{d_{n_i}}(x_{ik\,\max} - x_{ik\,\min})$$

系数 d_n 如表 5-2 所示。

表 5-2 极差法系数 d_n

n	2	3	4	5	6	7	8	9	10	15	20
d_n	1.13	1.69	2.06	2.33	2.53	2.70	2.85	2.97	3.08	3.47	3.74

例5.1 在重复性条件下，8 次独立重复测量某一电路的电流 I（单位为 mA）为 130，141，120，110，118，124，146，128。按贝塞尔公式计算单次观测值的标准不确定度。

解 将数据输入 Excel 的 A2:A9 单元格中，计算过程如图 5-1 所示。

可以使用描述统计工具进行处理。单击"数据"→"数据分析"→"描述统计"，弹出"描述统计"输入对话框，如图 5-2 所示。

输入区域为 A1:A9，由于 A1 为列标题，故选中"标志位于第一行"复选框。确定输出区域，单击"确定"，输出结果如图 5-3 所示，平均值 $\overline{I}$ 为 127mA，标准差 $s(I_i) = 11.9\,\mathrm{mA}$。

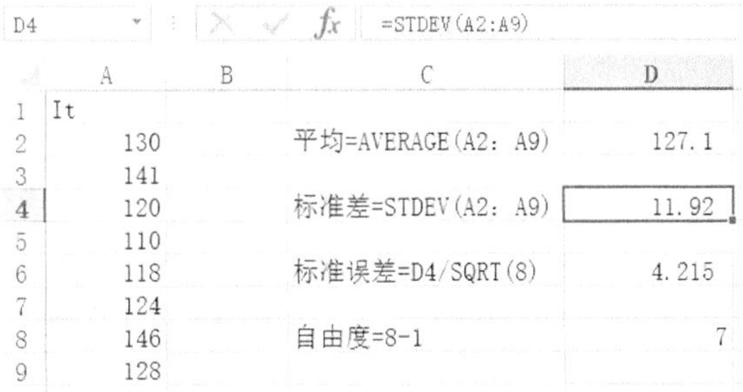

D4　=STDEV(A2:A9)

	A	B	C	D
1	It			
2	130		平均=AVERAGE(A2：A9)	127.1
3	141			
4	120		标准差=STDEV(A2：A9)	11.92
5	110			
6	118		标准误差=D4/SQRT(8)	4.215
7	124			
8	146		自由度=8-1	7
9	128			

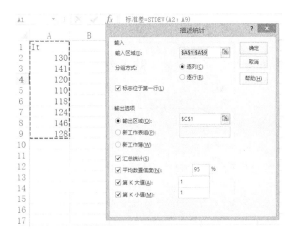

图 5-1　贝塞尔公式计算不确定度

图 5-2　“描述统计”输入对话框

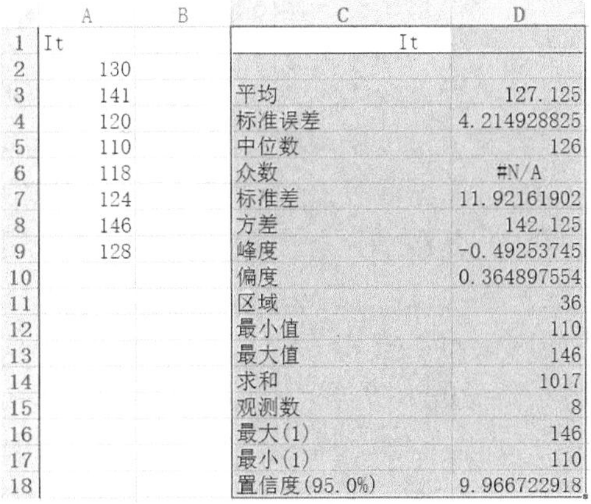

	A	B	C	D
1	It		It	
2	130			
3	141		平均	127.125
4	120		标准误差	4.214928825
5	110		中位数	126
6	118		众数	#N/A
7	124		标准差	11.92161902
8	146		方差	142.125
9	128		峰度	-0.49253745
10			偏度	0.364897554
11			区域	36
12			最小值	110
13			最大值	146
14			求和	1017
15			观测数	8
16			最大(1)	146
17			最小(1)	110
18			置信度(95.0%)	9.966722918

图 5-3　利用描述统计工具处理结果

标准误差即均值的实验标准差为

$$u(\bar{I})=s(\bar{I})=\frac{s(I_i)}{\sqrt{n}}=11.9/\sqrt{8}=4.2$$

自由度为

$$v = n - 1 = 8 - 1 = 7$$

5.2.2 标准不确定度的 B 类评定

1. B 类不确定度评定的信息来源

B 类评定不用统计分析法，而是基于一些经验性的知识或统计概率方面的知识或分布方面的知识等其他方法估计概率分布或分布假设来评定标准差并得到标准不确定度。B 类评定在不确定度评定中占有重要的地位，因为有的不确定度无法用统计方法来评定，或者虽可用统计法，但不经济可行，所以在实际工作中，采用 B 类评定方法居多。B 类评定的信息来源主要有以下六项。

(1)以前的观测数据；

(2)对有关技术资料和测量仪器特性的了解和经验；

(3)生产部门提供的技术说明文件；

(4)校准证书、检定证书或其他文件提供的数据、准确度的等别或级别，包括目前暂时使用的极限误差等；

(5)手册或某些资料给出的参考数据及其不确定度；

(6)规定实验方法的国家标准或类似技术文件中给出的重复性限 r 或复现性限 R。

2. B 类不确定度的评定方法

在不确定度的 B 类评定方法中，首先要解决的问题是如何假设其概率分布。根据中心极限定理，尽管被测量的值 x_i 的概率分布是任意的，但只要测量次数足够多，其算术平均值的概率分布就为近似正态分布。如果在被测量受多个相互独立的随机影响量的影响，这些影响量变化的概率分布各不相同，但每个变量影响均很小时，被测量的随机变化将服从正态分布。如果被测量既受随机因素影响又受系统因素影响，而又对影响量缺乏任何其他信息的情况下，一般假设为均匀分布。有些情况下，可采用同行的共识，如微波测量中的失配误差为反正弦分布等。B 类不确定度评定的可靠性取决于可利用的信息的质量。在可能的情况下应尽量充分利用长期实际观测的值来估计其概率分布。下面是在已知某些信息的情况下，评定 B 类不确定度的几种方法：

仪器不准确的程度主要用仪器误差来表示，所以仪器不准确对应的 B 类不确定度为

$$\sigma_B = \Delta_Y \tag{5.7}$$

式中，Δ_Y 为仪器误差或仪器的基本误差或允许误差或显示数值误差。一般的仪器说明书中都以某种方式注明仪器误差，是制造厂或计量检定部门给定的。物理实验教学中，由实验室提供。对于单次测量的随机误差，一般是以最大误差进行估计，分以下两种情况处理：

(1)在已知仪器准确度时，以其准确度作为误差大小。如一个量程为 150mA，准确度为 0.2 级的电流表，测一次电流，读数为 131.2mA。为估计其误差，则按准确度 0.2 级可算出最大绝对误差为 0.3mA，因而该次测量的结果可写成 $I = (131.2 \pm 0.3)$mA。又如，用物理天平称量某个物体的质量，当天平平衡时砝码为 $P = 145.02$g，让游码在天平横梁上偏离平衡位置一个刻度(相当于 0.05g)，天平指针偏过 1.8 分度，则该天平这时的灵敏度为 (1.8 ± 0.05) 分度/克，其感量为

0.03 克/分度，就是该天平称量物体质量时的准确度，测量结果可写成 $P=(145.02\pm0.03)$ g。

　　(2) 未知仪器准确度时，单次测量误差的估计应根据所用仪器的精密度、仪器灵敏度、测试者感觉器官的分辨能力以及观测时的环境条件等因素具体考虑，以使估计误差的大小尽可能符合实际情况。一般说，最大读数误差对连续读数的仪器可取仪器最小刻度值的一半，而对于无法进行估计的非连续读数的仪器，如数字式仪表，则取其最末位数的一个最小单位。

　　对于一般有刻度的量具和仪表，估计误差在最小分格的 1/10～1/5，通常小于仪器的最大允差 Δ_Y。所以通常以 Δ_Y 表示一次测量结果的 B 类不确定度。实际上，仪器的误差在[- Δ_Y，Δ_Y]范围内是按一定概率分布的。

　　一般而言，B 类评定不确定度 U_B 与 Δ_Y 的关系为

$$U_B = \Delta_Y / C \tag{5.8}$$

　　C 称为置信系数。采用 B 类评定法，需要先根据实际情况分析，对测量值进行一定的分布假设。常见有下列几种情况：

　　(1) 当测量估计值 x 受到多个独立因素影响且影响大小相近时，假设为正态分布，由所取置信概率 P 的分布区间半宽 a 与包含因子 k_P 估计标准不确定度，即

$$u_x = \frac{a}{k_P} \tag{5.9}$$

式中，包含因子的数值 k_P 可由本书附录中的正态分布积分表查得。包含因子 k_P 与测量列的分布特征、自由度和置信水准 P 有关。置信水平 P 值一般采用 99% 和 95%，多数采用 95%；自由度 $v = n-1$。

　　测量列的分布在没有其他非正态的明显特征时，原则上采用 t 分布。其 k_P 值采用 t 分布临界值。当自由度 v 充分大而被测量可能值又接近正态分布时，可以近似认为 $k_{95} = 2$，$k_{99} = 3$。当测量列非正态分布特征明显时，按具体的分布查得 k 值。

　　正态分布条件下，测量值的 B 类不确定度 $U_B = k_P / \mu_B = k_P \frac{\Delta_Y}{C}$，$k_P$ 称为置信因子，置信概率 P 与 k_P 的关系见表 5-3。

表 5-3　置信概率 P 与 k_P 的关系

P	0.500	0.683	0.900	0.950	0.955	0.990	0.997
k_P	0.675	1	1.65	1.96	2	2.58	3

　　根据概率统计理论，在均匀分布函数条件下，单次测量值的 B 类标准差 $U_B = k_P / \mu_B = k_P \frac{\Delta_Y}{C}$，$C = \sqrt{3}$，即 $U_B = \frac{\Delta_Y}{\sqrt{3}}$。在正态分布条件下，一次测量值的 B 类标准差 $U_B = k_P / \mu_B = k_P \frac{\Delta_Y}{C}$，$C = 3$，即 $U_B = \frac{\Delta_Y}{3}$。

　　(2) 当估计值 x 取自有关资料，所给出的测量不确定度 U_x 为标准差的 k_P 倍时，则其标准不确定度为

$$u_x = \frac{U_x}{k_P} \tag{5.10}$$

(3) 若根据信息，已知估计值 x 落在区间 $(x-a, x+a)$ 内的概率为 1，且在区间内各处出现的机会相等，则服从均匀分布，其标准不确定度为

$$u_x = \frac{a}{\sqrt{3}} \qquad (5.11)$$

(4) 当估计值 x 受到两个独立且均是具有均匀分布的因素影响时，x 服从在区间 $(x-a, x+a)$ 内的三角分布，其标准不确定度为

$$u_x = \frac{a}{\sqrt{6}} \qquad (5.12)$$

(5) 当估计值 x 服从在区间 $(x-a, x+a)$ 内的反正弦分布时，其标准不确定度为

$$u_x = \frac{a}{\sqrt{2}} \qquad (5.13)$$

常用分布置信概率 P 和包含因子 k 的关系见表 5-4。

表 5-4 常用分布置信概率 P 和包含因子 k 的关系表

分布类别	$P/\%$	k
正态分布	99.73	3
三角分布	100	$\sqrt{6}$
梯形分布 ($\beta=0.71$)	100	2
均匀分布	100	$\sqrt{3}$
反正弦分布	100	$\sqrt{2}$
两点分布	100	1

(6) 若已知 x_i 的扩展不确定度 $U(x_i)$ 和包含因子 k，则 x_i 的标准不确定度为

$$u(x_i) = \frac{U(x_i)}{k} \qquad (5.14)$$

若资料只给出了 U，没有指明 k，则可以认为 $k=2$（对应 95% 的置信概率）。

(7) 若已知 x_i 的扩展不确定度 $U_P(x_i)$ 及其置信概率 P，则其包含因子 k_P 与 x_i 的分布有关；此时除非另有说明，一般均按正态分布处理，则 x_i 的标准不确定度为

$$u(x_i) = \frac{U_P(x_i)}{k_P} \qquad (5.15)$$

(8) 若已知输入量 x_i 的可能值分布区间半宽度 δ（通常为允许误差限的绝对值），则其 k 与 x_i 的分布有关；此时，x_i 的标准不确定度为

$$u(x_i) = \delta / k$$

(9) 已知置信区间和包含因子。根据经验和有关信息或资料，先分析或判断被测量值落入的区间 $[\bar{x}-a, \bar{x}+a]$，并估计区间内被测量值的概率分布，再按置信水准 P 来估计包含因子 k，则 B 类标准不确定度 $u(x)$ 为

$$u(x) = \frac{a}{k} \qquad (5.16)$$

式中，a 为置信区间半宽；k 为对应于置信水准的包含因子。

(10) 已知扩展不确定度 U 和包含因子 k。

如果估计值 x_i 来源于制造部门的说明书、校准证书、手册或其他资料，其中同时还注明确给出了其扩展不确定度 $U(x_i)$ 是标准差 $s(x_i)$ 的 k 倍，指明了包含因子 k 的大小，则标准不确定度 $u(x_i) = U(x_i)/k$。

(11) 已知扩展不确定度 U_P 置信水平 P 的正态分布。

如果 x_i 的扩展不确定度不是按标准差 $s(x_i)$ 的 k 倍给出，而是给出了置信水准 P 和置信区间的半宽 U_P。一般按正态分布考虑评定其标准不确定度 $u(x_i)$。

$$u(x_i) = \frac{U_P}{k_P} \tag{5.17}$$

正态分布的置信水平(置信概率)P 与包含因子 k_P 之间存在着表 5-3 所示的关系。

这种情况在以"等"使用的仪器中出现最多。例如，使用某一等量块，我们可以查到该等别量块的扩展不确定度 U_{99} 与量块的标称值 L 有一个关系式，式(5.17)就可以计算出量块的标准不确定度。

(12) 已知扩展不确定度 U_P 以及置信水准 P 与有效自由度 v_{eff} 的 t 分布。如果 x_i 的扩展不确定度不仅给出了扩展不确定度 U_P 和置信水准 P，而且给出了有效自由度 v_{eff} 或包含因子 k_P，这时必须按 t 分布处理。

$$u(x_i) = \frac{U_P}{t_P(v_{\text{eff}})} \tag{5.18}$$

这种情况提供给不确定度评定的信息比较齐全，常出现在标准仪器的校准证书上。式中，$v_{\text{eff}} = u_c^4(y) / \sum_{i=1}^{N} \frac{u_i^4(y)}{v_i}$ 称为合成标准不确定度的有效自由度，v_i 为各 $u_i(y)$ 的自由度。

(13) 给出扩展不确定度 U_P。

在此情况下，因包含因子与校准结果的分布有关，若证书已给出校准结果的分布，则按该分布对应的 k_P 值计算。若证书未指明分布，按 JJF 1059—1999 的原则要求可按正态分布考虑。

例如，数字电压表的校准证书给出 100VDC 测量点的示值误差为 $E = 0.1\text{V}$，其扩展不确定度 $U_{95}(E) = 50\,\text{mV}$，且指出被测量以矩形分布估计。由于矩形分布的 $k_{95} = 1.65$，于是其标准不确定度为

$$u(E) = \frac{U_{95}(E)}{k_{95}} = 50/1.65\,\text{mV} = 30\,\text{mV}$$

(14) 以"等"使用仪器的不确定度计算。

当测量仪器检定证书上给出准确度等级时，可按检定系统或检定规程所规定的该等别的测量不确定度的大小。

以"等"使用仪器的不确定度计算一般采用正态分布或 t 分布。

(15) 以"级"使用仪器的不确定度计算。

当测量仪器检定证书上给出准确度级别时，可按检定系统或检定规程所规定的该级别的最大允许误差进行评定。假定最大允许误差为 $\pm A$，一般采用均匀分布，得到示值允差引起

的标准不确定度分量为

$$u(x_i) = \frac{A}{\sqrt{3}} \tag{5.19}$$

例如，电工仪表，若给出仪器准确度级别为 a，则 $A = $ 仪器量限（或被测量量值）$\times a\%$。

（16）信息来源于其他资料。

在这种情况下，通常得到的信息是输入量 x 的估计值分布区间的半宽 a，即允许误差极限的绝对值，由于 a 可以看作对应于置信概率 $P = 100\%$ 的置信区间的半宽度，因此实际上它就是该输入量的扩展不确定度。则输入量 x 的标准不确定度可表示为

$$u(x) = \frac{a}{k} \tag{5.20}$$

包含因子 k 的数值与输入量 x 的分布有关。因此必须先对输入量 x 的分布进行估计。如仪器分辨率导致的标准不确定度的评定，设分辨力为 δ_x，则 $a = \delta_x / 2$，按矩形分布估计。

例 5.2　校准证书给出标称值为 1kg 的砝码质量 $m = 1000.00032\text{g}$，并说明扩展不确定度 $U = 0.16\text{mg}$，$k=2$，则其标准不确定度为

$$u(m) = \frac{U}{k} = 0.16 / 2\,\text{mg} = 0.08\,\text{mg}$$

例 5.3　校准证书给出标称值为 100mm 的量块中心长度偏差为 $\Delta_L = 0.41\mu\text{m}$，并说明扩展不确定度 $U_{95} = 0.04\mu\text{m}$，$v_{\text{eff}} = 45$。查 t 分布表找到对应的包含因子 $k_P = t_{95}(45) = 2.01$，则其标准不确定度为

$$u(x) = \frac{U_P}{k_P} = 0.04 / 2.01\,\mu\text{m} \approx 0.02\,\mu\text{m}$$

例 5.4　某校准证书说明，标称值 1kg 的标准砝码的质量 m_s 为 1000.000325g，该值的测量不确定度按三倍标准差计算为 $240\mu\text{g}$。求该砝码质量的标准不确定度。

解　已知测量不确定度 $U_{m_s} = 240\mu\text{g}$，$k=3$，故标准不确定度为

$$u_{m_s} = \frac{U_{m_s}}{k} = \frac{240}{3}\,\mu\text{g} = 80\,\mu\text{g}$$

例 5.5　由手册查得纯铜在温度 20℃时的线膨胀系数为 $\alpha = 16.25 \times 10^{-6}\,℃$，并已知该系数 α 的误差范围为 $\pm 0.4 \times 10^{-6}\,℃$。求线膨胀系数 α 的标准不确定度。

解　根据手册提供的信息可认为 α 的值以等概率位于区间 $(16.25 - 0.4) \times 10^{-6}\,℃ \sim (16.25 + 0.4) \times 10^{-6}\,℃$ 内，且不可能位于此区间之外，故假设 α 服从均匀分布。已知其区间半宽 $a = 0.4 \times 10^{-6}\,℃$，则纯铜在温度为 20℃的线性膨胀系数 α 的标准不确定度为

$$u_\alpha = \frac{a}{\sqrt{3}} = \frac{0.4 \times 10^{-6}}{\sqrt{3}} = 0.23 \times 10^{-6}(℃)$$

5.2.3　自由度及其确定

1. 自由度的概念

自由度一词，在不同领域有不同的含义。这里若对被测量只观测一次，有一个观测值，

则不存在选择的余地，即自由度为 0。若有两个观测值，显然就多了一个选择。换言之，本来观测一次即可获得被测量值，但人们为了提高测量的质量(品质)或可信度而观测 n 次，其中多测的 $n-1$ 次实际上是由测量人员根据需要自由选定的，故称为自由度。

根据概率论与数理统计定义的自由度，在 n 个变量 v_i 平方和 $\sum\limits_{i=1}^{n} v_i^2$ 中，如果 n 个 v_i 之间存在着 k 个独立的线性约束条件，即 n 个变量中独立变量的个数仅为 $n-k$，则称平方和 $\sum\limits_{i=1}^{n} v_i^2$ 的自由度为 $n-k$。因此若用贝塞尔公式计算单次测量标准差 σ，式中，n 个 $\sum\limits_{i=1}^{n} v_i^2 = \sum\limits_{i=1}^{n}(x_i - \overline{x})^2$ 变量 v_i 之间存在唯一的线性约束条件 $\sum\limits_{i=1}^{n} v_i = \sum\limits_{i=1}^{n}(x_i - \overline{x}) = 0$，故 $\sum\limits_{i=1}^{n} v_i^2$ 的自由度为 $n-1$，则根据贝塞尔公式计算的标准差 σ 的自由度也等于 $n-1$。由此可以看出，系列测量的标准差的可信赖程度与自由度有密切的关系，自由度越大，标准差越可信赖。由于不确定度是用标准差来表征的，因此不确定度评定的质量如何，也可用自由度来说明。每个不确定度都对应着一个自由度，并将不确定度计算表达式中总和所包含的项数减去各项之间存在的约束条件数，所得差值称为不确定度的自由度。

2. 自由度的确定

1)标准不确定度 A 类评定的自由度

对于 A 类评定的标准不确定度，其自由度 v 即为标准差 σ 的自由度。由于标准差有不同的计算方法，其自由度也有所不同，并且可由相应公式计算出不同的自由度。例如，用贝塞尔法计算的标准差，其自由度 $v = n-1$，而用其他方法计算标准差，其自由度有所不同。

2)标准不确定度 B 类评定的自由度

对于 B 类评定的标准不确定度 u，由估计 u 的相对标准差来确定自由度，其自由度定义为

$$v = \frac{1}{2\left(\dfrac{\sigma_u}{u}\right)^2} \tag{5.21}$$

式中，σ_u 为评定 u 的标准差；σ_u / u 为评定 u 的相对标准差。

例如，当 $\sigma_u / u = 0.5$ 时，则 u 的自由度 $v = 2$，当 $\sigma_u / u = 0.25$ 时，则 u 的自由度 $v = 8$；当 $\sigma_u / u = 0.10$ 时，则 u 的自由度 $v = 50$；当 $\sigma_u / u = 0$ 时，则 u 的自由度 $v = \infty$，即 u 的评定非常可靠。表 5-5 给出了标准不确定度 B 类评定时不同的相对标准差所对应的自由度。

表 5-5　不同标准差对应的自由度

σ_u / u	0.71	0.50	0.41	0.35	0.32	0.29	0.27	0.25	0.24	0.22	0.18	0.16	0.10	0.07
v	1	2	3	4	5	6	7	8	9	10	15	20	50	100

例 5.6　用标准数字电压表在标准条件下，对直流电压源 10V 的输出电压值进行重复测

量 10 次，测得值如表 5-6 所示。

表 5-6　直流电压源输出电压的测量数据

n	1	2	3	4	5
v_i/V	10.000107	10.000103	10.000097	10.000111	10.000091
n	6	7	8	9	10
v_i/V	10.000108	10.000121	10.000101	10.000110	10.000094

已知标准电压表的示值误差按三倍标准差计算为 $U = \pm 3.5 \times 10^{-6} \times U_0$（$U_0$ 为标准电压表的读数，相对标准差为 25%），24h 的稳定度不超过 $\pm 15\mu V$（按均匀分布，相对标准差为 10%）。若用 10 次测量的平均值作为电压测量的估计值，试分析电压测量的不确定度来源，并分别计算其标准不确定度和自由度。

解　根据题意，引起电压测量不确定度的主要来源有电压测量的重复性、标准电压表的示值误差及其稳定性，其相应标准不确定度和自由度分别计算如下：

(1) 电压测量重复性引起的标准不确定度 u_{x1}。由 10 次测量数据计算的平均值 $\bar{V}=10.000104V$，用贝塞尔法计算单次测量的标准差为

$$\sigma = \sqrt{\frac{\sum_{i=1}^{10}(v_i - \bar{V})^2}{10-1}} = 0.000009\,V = 9\mu V$$

则算术平均值的标准差为

$$\sigma_V = \frac{\sigma}{\sqrt{10}} = 2.8\mu V$$

电压测量重复性引起的标准不确定度 u_{x1} 属 A 类评定，则 $u_{x1} = \sigma_{\bar{V}} = 2.8\mu V$，其自由度 $v_1 = 10-1 = 9$。

(2) 标准电压表的示值误差引起的标准不确定度 u_{x2}。标准电压表的示值误差按三倍标准差计算，不确定度 u_{x2} 的计算属 B 类评定，其中 $U_x = 3.5 \times 10^{-6}\,V$，$k=3$，则标准不确定度为

$$u_{x2} = \frac{3.5 \times 10^{-6} \times 10}{3}\,V = 1.17 \times 10^{-5}\,V = 11.7\mu V$$

其相对标准差为 25%，则自由度为

$$v_2 = \frac{1}{2\left(\dfrac{\sigma_{u2}}{u_2}\right)^2} = \frac{1}{2 \times (25\%)^2} = 8$$

(3) 标准电压表的稳定度引起的标准不确定度 u_{x3}。标准电压表的稳定度按均匀分布，其不确定度 u_{x3} 属 B 类评定，标准不确定度为

$$u_{x3} = \frac{15}{\sqrt{3}}\mu V = 8.7\mu V$$

其相对标准差为 10%，则自由度为

$$v_3 = \frac{1}{2\left(\dfrac{\sigma_{u_3}}{u_3}\right)^2} = \frac{1}{2 \times (10\%)^2} = 50$$

5.3　测量不确定度的合成

合成不确定度 σ 是由不确定度的两类分量(A 类和 B 类)求"方和根"计算而得。为使问题简化，本书只讨论简单情况下(即 A 类、B 类分量保持各自独立变化，互不相关)的合成不确定度。

A 类不确定度(统计不确定度)用 s_i 表示，B 类不确定度(非统计不确定度)用 σ_{B} 表示，合成不确定度为

$$\sigma = \sqrt{s_i^2 + \sigma_{\mathrm{B}}^2} \tag{5.22}$$

5.3.1　合成标准不确定度

在测量结果是由若干个其他量求得的情形下，测量结果的标准不确定度等于这些其他量的方差和协方差平方和的正平方根，它被称为合成标准不确定度。合成标准不确定度是测量结果标准差的估计值，用符号 u_c 表示。

方差是标准差的平方，协方差是相关性导致的方差。当两个被测量的估计值具有相同的不确定度来源，特别是受到相同的系统效应的影响(如使用了同一台标准器)时，它们之间即存在着相关性。如果两个都偏大或都偏小，则称为正相关；如果一个偏大而另一个偏小，则称为负相关。由这种相关性导致的方差，即为协方差。显然，计入协方差会扩大合成标准不确定度，协方差的计算既有属于 A 类评定的也有属于 B 类评定的。人们往往通过改变测量程序来避免发生相关性，或者使协方差减小到可以忽略不计的程度，如通过改变所使用的同一标准等。如果两个随机变量是独立的，则它们的协方差和相关系数等于零，但反之不一定成立。

合成标准不确定度仍然是标准差，它表征了测量结果的分散性。所用的合成方法，常被称为不确定度传播律，而传播系数又被称为灵敏系数，用 c_i 表示。合成标准不确定度的自由度称为有效自由度，用 v_{eff} 表示，它表明所评定的 u_c 的可靠程度。通常在报告以下测量结果时，可直接使用合成标准不确定度 $u_c(y)$，同时给出自由度 v_{eff}。

当测量结果受多种因素影响形成了若干个不确定度分量时，测量结果的标准不确定度用各标准不确定度分量合成后所得的合成标准不确定度 u_c 表示。为了求得 u_c，首先需要分析各种影响因素与测量结果的关系，以便准确评定各不确定度分量，然后才能进行合成标准不确定度计算，如在间接测量中，被测量 Y 的估计值 y，是由 N 个其他量的测得值 $x_1, x_2, \cdots, x_N$ 的函数求得，即

$$y = f(x_1, x_2, \cdots, x_N) \tag{5.23}$$

各直接测得值 x_i 的测量标准不确定度为 u_{x_i}，且它对被测量估计值影响的传递系数为 $\partial f / \partial x_i$，则由 x_i 引起被测量 y 的标准不确定度分量为

$$u_i = \left|\frac{\partial f}{\partial x_i}\right| u_{x_i} \tag{5.24}$$

而测量结果 y 的不确定度 u_y，应是所有不确定度分量的合成，用合成标准不确定度 u_c 来表征，计算公式为

$$u_c = \sqrt{\sum_{i=1}^{N}\left(\frac{\partial f}{\partial x_i}\right)^2 (u_{x_i})^2 + 2\sum_{1\leqslant i < j}^{N}\frac{\partial f}{\partial x_i}\frac{\partial f}{\partial x_j}\rho_{ij}u_{x_i}u_{x_j}} \tag{5.25}$$

式中，ρ_{ij} 为任意两个直接测量值 x_i 和 y_i 不确定度的相关系数。

若 x_i 和 y_i 的不确定度相互独立，即 $\rho_{ij} = 0$，则合成标准不确定度计算公式(5.25)可表示为

$$u_c = \sqrt{\sum_{i=1}^{N}\left(\frac{\partial f}{\partial x_i}\right)^2 (u_{x_i})^2} = \sqrt{\sum_{i=1}^{N}u_i^2} \tag{5.26}$$

当 $\rho_{ij} = 1$，且 $\partial f / \partial x_i$、$\partial f / \partial x_j$ 同号；或 $\rho_{ij} = -1$，且 $\partial f / \partial x_i$、$\partial f / \partial x_j$ 异号时，合成标准不确定度计算公式(5.25)可表示为

$$u_c = \sum_{i=1}^{N}\left|\frac{\partial f}{\partial x_i}\right|u_{x_i} \tag{5.27}$$

若引起不确定度分量的各种因素与测量结果之间为简单的函数关系，则应根据具体情况按 A 类评定或 B 类评定方法来确定各不确定度分量 u_i 的值，然后按上述不确定度合成方法求得合成标准不确定度。若

$$y = x_1 + x_2 + \cdots + x_n \tag{5.28}$$

则

$$u_c = \sqrt{\sum_{i=1}^{N}(u_{x_i})^2 + 2\sum_{1\leqslant i < j}^{N}\rho_{ij}u_{x_i}u_{x_j}} \tag{5.29}$$

用合成标准不确定度作为被测量 Y 估计值 y 的测量不确定度，其测量结果可表示为

$$Y = y \pm u_c \tag{5.30}$$

为了正确给出测量结果的不确定度，还应全面分析影响测量结果的各种因素，从而列出测量结果的所有不确定度来源，做到不遗漏、不重复。

5.3.2　展伸不确定度

合成标准不确定度可表示测量结果的不确定度，但它仅对应于标准差，由其所表示的测量结果为 $y \pm u_c$。然而在一些实际工作中，如高精度比对、一些与安全生产以及与身体健康有关的测量，要求给出的测量结果区间包含被测量真值的置信概率较大，即给出一个测量结果的区间，使被测量的值以高置信概率位于其中，为此需用展伸不确定度(也有称为扩展不确定度)表示测量结果。

展伸不确定度由合成标准不确定度 u_c 乘以包含因子 k 得到，记为 U，即

$$U = ku_c \tag{5.31}$$

为求得扩展不确定度，对合成标准不确定度所乘的数字因子，称为包含因子，有时也称为覆盖因子。

包含因子的取值决定了扩展不确定度的置信水平。鉴于扩展不确定度有 U 与 U_P 两种表示方式，它们在称呼上并无区别，但在使用时 k 一般为 2 或 3，而 k_P 则为给定置信概率 P 所要求的数字因子。在被测量估计值接近于正态分布的情况下，k_P 就是 t 分布（学生分布）中的 t 值。评定扩展不确定度 U_P 时，已知 P 与自由度 v，即可查表得到 k_P，进而求得 U_P，参见附表 3。

用展伸不确定度作为测量不确定度，则测量结果表示为

$$Y = y \pm U \tag{5.32}$$

包含因子 k_P 由 t 分布的临界值 $t_P(v)$ 给出，即

$$k_P = t_P(v) \tag{5.33}$$

式中，v 是合成标准不确定度 u_c 的自由度。

根据给定的置信概率 P 与自由度 v 查 t 分布表，得到 $t_P(v)$ 的值。当各不确定度分量 u_c 相互独立时，合成标准不确定度 u_c 的自由度 v 由下式计算：

$$v = \frac{u_c^4}{\sum_{i=1}^{N} \frac{u_i^4}{v_i}} \tag{5.34}$$

式中，N 为不确定度分量的个数；v_i 为各标准不确定度分量 u_c 的自由度。

当各不确定度分量的自由度 v_i 均为已知时，才能由式(5.34)计算合成不确定度的自由度 v。但往往由于缺少资料难以确定每一个分量的 v_i，则自由度 v 无法按式(5.34)计算，也不能按式(5.33)来确定包含因子 k 的值。为了求得展伸不确定度，一般情况下可取包含因子 $k=2$ 或 3。

5.3.3 几种常见的合成方法

1. 正态分布时随机不确定度合成

1)合成时最简单情况——分项属正态分布且标准差 σ_i 已知，合成 σ_Z 后，μ_Z 仍按正态估计

如果已知各项的标准偏差 σ_i，而总的标准偏差合成为

$$\sigma = \left[\sum_{i=1}^{m} \left(\frac{\partial f}{\partial x_i} \right)^2 \sigma_i^2 \right]^{\frac{1}{2}} \tag{5.35}$$

式中，m 是分项误差的数目。式(5.35)所示的合成对于各种不同形式分布都是正确的。合成标准差 σ 求出后再按正态分布进行估计，在一定置信概率条件下，合成后的随机不确定度为 μ，即

$$\mu = k\sigma \tag{5.36}$$

2)求出分项不确定度后的方和根法

按式 $\mu = k\sigma$ 估计，实质上是 N 很大按正态分布的概略估计。当 N 较小($N<15$)或各 x_i 与 N_i 互不相同时，仍按式(5.36)计算就有些勉强了，较为恰当的方式是：针对每一分项误差的具体情况，分别计算出在给定概率相同、具体情况不同时的不确定度后再进行合成，即便是这样简单的合成也会遇到不少困难。为了方便起见，先提出几个近似性假设条件。

假设各分项不确定度都取同样的置信概率，它也是合成后总不确定度的置信概率。根据各分项不确定度的具体情况的不同，查出当量置信因子 k 值，在求得各分项不确定度 $\mu_i = \dfrac{\partial f}{\partial x_i} k\sigma_i$ 后，再估计出总的不确定度 μ ，即

$$\mu = \left[\sum_{i=1}^{m} \left(\frac{\partial f}{\partial x_i} \right)^2 k^2 \right] \tag{5.37}$$

如果各分项不确定度构成和差关系时，$\dfrac{\partial f}{\partial x_i} = \pm 1$，可简写成

$$\mu = \left[\sum_{i=1}^{m} k^2 \sigma_i^2 \right]^{\frac{1}{2}} \tag{5.38}$$

2. 均匀分布时随机不确定度合成

概率密度函数的合成与一般的变量求和方法不同，有自己独有的特点，例如，多个中心值不同但间距几乎相同的正态分布，合成后的分布就不再遵循正态，而近于均匀分布；当各项误差都服从均匀分布合成后就不再遵循均匀分布，三个均匀分布合成后的分布就已近于正态分布。

遵循均匀分布并确知每一分项误差的分布限 a_i 时，其标准偏差可表示为

$$\sigma_{r,i} = \frac{a_i}{\sqrt{3}}$$

总合后的标准偏差为

$$\sigma_R = \left[\sum_{i=1}^{m} \left(\frac{\partial f}{\partial x_i} \right)^2 \sigma_{r,i}^2 \right]^{\frac{1}{2}} = \frac{1}{\sqrt{3}} \left[\sum_{i=1}^{m} \left(\frac{\partial f}{\partial x_i} a_i \right)^2 \right]^{\frac{1}{2}} \tag{5.39}$$

3. 按高斯方式进行误差合成

高斯公式进行误差合成的要旨是：首先根据正态或非正态的各项误差分布限求得各自的标准偏差值，然后合成为总标准偏差 $\sigma_G = \sigma_N$，再按正态分布处理，从而估计出在一定的置信概率条件下总的随机不确定度。

根据以往经验或有关资料中仅知其各分项的误差分布限 a_i，对其概率分布仅能作出一个适当的估计，此时就可按高斯公式进行标准偏差的合成。

总之，高斯公式特别适用于 B 类分量标准偏差的合成。

若已知各分项误差的极限范围 $\pm a_i$，并能大致估计出它们各自的概率分布形式，在这种情况下，可由散布系数 k 求得该分项的标准偏差，即

$$\sigma_i = \frac{a_i}{k} \tag{5.40}$$

按高斯公式合成后的不确定度究竟是否合乎客观实际，取决于各分项误差分布形式的了解、确切的掌握程度以及它们偏离正态时的情况如何，很难一概而论。

5.3.4　不确定度的报告

对测量不确定度进行分析与评定后，应给出测量不确定度的最后报告。

1. 报告的基本内容

不确定度报告一般应包含以下内容：
(1)测量方法及其依据；
(2)数学模型和对应于各输入量的灵敏系数；
(3)输入量或影响量的实验观测数据或其信息来源说明；
(4)标准不确定度的评定方法及其量值，并将它们列表；
(5)计算合成标准不确定度及扩展不确定度。

2. 测量结果的表示

(1)当不确定度用合成标准不确定度 U_c 表示时，可用下列几种方式之一表示测量结果。例如，假设报告的被测量 Y 是标称值为 100g 的标准砝码，其测量的估计值 y=100.02147g，对应的合成标准不确定度 U_c =0.35mg，自由度 v=9，则测量结果可用下列几种方法表示：

① $y = 100.02147$g，$U_c = 0.35$mg，$v = 9$；

② $y = 100.02147(35)$g，$v = 9$；

③ $y = 100.02147(0.00035)$g，$v = 9$；

④ $y = (100.02147 \pm 0.00035)$g，$v = 9$。

上述表示方法中，②中括号里的数为 U_c 的数值，U_c 的末位与被测量估计值的末位对齐，单位相同；③中括号里的数为 U_c 的数值，与被测量估计值的单位相同；④中"$\pm$"符号后的数为 U_c 的数值。

(2)当不确定度是用展伸不确定度 U 表示时，应按下列方式表示测量结果。

例如，报告上述的标称值为 100g 的标准砝码，其测量结果为

$$Y = y \pm U = (100.02147 \pm 0.00079)\text{g}$$

式中，展伸不确定度 $U = kU_c = 0.0079$，是由合成标准不确定度 $U_c = 0.35$mg 和包含因 k=2.26 确定的，k 是依据置信概率 P=0.95 和自由度 v=9，并由 t 分布表查得的。

这里必须注意，展伸不确定度的表示方法与标准不确定度表示形式④相同，容易混淆。因此，当用展伸不确定度表示测量结果时，应给出相应的说明。

(3)不确定度也可以用相对不确定度形式报告。例如，报告上述的标称值为 100g 的标准砝码，$U_c = 0.35$mg，$v = 9$，其测量结果可表示为

$$y = 100.02147\text{g}, \quad u_c = 0.00035\%, \quad v = 9$$

(4)合成标准不确定度或展伸不确定度的有效数字一般不超过两位，不确定度的数值与

被测量的估计值末位对齐。若计算出的 U_c 或 U 的位数较多，作为最后报告值时就要修约，将多余的位数舍去。但为了使舍去的数据对计算的不确定度影响很小，达到可以忽略的程度，需要按微小误差取舍准则，即依据"三分之一准则"进行数据舍取修约。先令测量估计值最末位的一个单位作为测量不确定度的基本单位，再将不确定度取至基本单位的整数位。多余位数按微小误差取舍准则，若小于基本单位的 1/3，则舍去，若大于或等于基本单位的 1/3，舍去后将最末整数位加 1。这种修约方法得到的不确定度，对测量结果评定更加可靠。

例5.7　已知被测量的估计值为20.0005mm，若有两种情况：①展伸不确定度 $U=0.00124$mm；②展伸不确定度 $U=0.00123$mm。要求对 U 进行修约。

解　根据被测量的估计值，取 0.0001mm 作为 U 的基本单位。①$U=0.00124$mm，其整数部分为 12，小数部分为 0.4，大于基本单位的 1/3，故舍去后整数单位加 1 修约后，$U=0.0013$mm；②展伸不确定度 $U=0.00123$mm，其整数部分为 12，小数部分为 0.3，小于基本单位的 1/3 故舍去。修约后，$U=0.0012$mm。

例 5.8　根据例 5.6 计算的各标准不确定度，并取置信概率 $P=95\%$，求电压测量的展伸不确定度及其自由度。

解　例5.6中已计算出各误差源的标准不确定度 u_{x_i}。由于不确定度的传递系数 $\left|\dfrac{\partial f}{\partial x_i}\right|=1$，故各个不确定度分量与其标准不确定度相等，即 $u_i=u_{x_i}$。因不确定度分量 u_1、u_2、u_3 相互独立，则不确定度的相关系数 $\rho_{ij}=0$。计算电压测量的合成不确定度为

$$u_c=\sqrt{u_1^2+u_2^2+u_3^2}=\sqrt{2.8^2+11.7^2+8.7^2}\,\mu V=15\mu V$$

按式(5.34)计算其自由度得

$$v=\frac{u_c^4}{\dfrac{u_1^4}{v_1}+\dfrac{u_2^4}{v_2}+\dfrac{u_3^4}{v_3}}=\frac{15^4}{\dfrac{2.8^4}{9}+\dfrac{11.7^4}{8}+\dfrac{8.7^4}{50}}=20$$

根据置信概率 $P=95\%$，自由度 $v=20$，查 t 分布表得 $t_{0.95}(20)=2.09$，即包含因子 $k_P=2.09$。于是，电压测量的展伸不确定度为

$$U=k_P u_c=2.09\times15\mu V=31.35\mu V$$

依据"三分之一准则"对展伸不确定度进行修约，得展伸不确定度 $U=32\mu V$。

最后的不确定度报告，电压测量结果为

$$U=(10.000104+0.000032)\,V$$

说明：以上测量结果中，"±"符号后的数值是展伸不确定度 $U=32\mu V$，是由合成标准不确定度 $u_c=15\mu V$ 及包含因子 $k=2.09$ 确定的。对应的置信概率 $P=95\%$，自由度 $v=20$。

例5.9　已知电阻 $R_1=(50.2\pm0.59)\,\Omega$，$R_2=(149.8\pm0.5)\,\Omega$，求它们串联的电阻 R 和合成不确定度 σ_R。

解　串联电阻的阻值为

$$R=R_1+R_2=50.2+149.8=200.0\,(\Omega)$$

合成不确定度

$$\sigma_R = \sqrt{\sum_1^2 \left(\frac{\partial R}{\partial R_i}\sigma_{R_i}\right)^2} = \sqrt{\left(\frac{\partial R}{\partial R_1}\sigma_1\right)^2 + \left(\frac{\partial R}{\partial R_2}\sigma_2\right)^2} = \sqrt{0.59^2 + 0.5^2} = 0.77(\Omega)$$

相对不确定度

$$E_R = \frac{\sigma_R}{R} = \frac{0.77}{200.0}\times100\% = 0.385\%$$

测量结果为

$$R = (200.0\pm0.77)\ \Omega$$

在例 5.9 中，由于 $\frac{\partial R}{\partial R_1}=1$，$\frac{\partial R}{\partial R_2}=1$，$R$ 的总合成不确定度为各个直接测量的不确定度平方求和后再开方。

间接测量的不确定度计算结果一般应保留一位有效数字，相对不确定度一般应保留 2 位有效数字。

例 5.10　测量金属环的内径 $D_1 = (2.880\pm0.004)\,\mathrm{cm}$，外径 $D_2 = (3.600\pm0.004)\,\mathrm{cm}$，厚度 $h = (2.575\pm0.004)\,\mathrm{cm}$。试求环的体积 V 和测量结果。

解　环体积公式为

$$V = \frac{\pi}{4}h(D_2^2 - D_1^2)$$

(1)环体积的近似真实值为

$$V = \frac{\pi}{4}h(D_2^2 - D_1^2) = \frac{3.1416}{4}\times2.575\times(3.600^2 - 2.880^2) = 9.436(\mathrm{cm}^3)$$

(2)合成不确定度为

$$\delta_V = \sqrt{\left(\frac{\partial V}{\partial D_1}\right)^2\delta_{D_1}^2 + \left(\frac{\partial V}{\partial D_2}\right)^2\delta_{D_2}^2 + \left(\frac{\partial V}{\partial h}\right)^2\delta_h^2} = 0.08\,\mathrm{cm}^3$$

(3)环体积的测量结果为

$$V = (9.44\pm0.08)\,\mathrm{cm}^3$$

V 的标准式中 $V = 9.436\,\mathrm{cm}^3$，应与不确定度的位数取齐，因此将小数点后的第 3 位数 6，按照数字修约原则进到百分位，故为 9.44。

5.4　测量不确定度的计算

5.4.1　测量不确定度的计算步骤

综上所述，评定与表示测量不确定度的步骤可归纳如下：

(1)明确被测量的定义及测量条件，明确测量原理、方法、被测量的数学模型，以及所用的测量标准、测量设备等。

(2)分析测量不确定度的来源，列出对测量结果影响显著的不确定度分量。

(3)利用 A 类或 B 类方法评定分量的标准不确定度，并给出不确定度数值 u_i 和自由度 v_i，A 类评定结果 $s(x_i)$ 或 $s(\bar{x})$ 即为该输入量的标准不确定度；B 类评定时需要找出输入量 x_i 的

区间大小 a（半宽），估计其分布及其包含因子 k_i 并计算：

$$u(x_i) = \frac{a_i}{k_i}$$

特别注意采用 A 类评定方法时要剔除异常数据。

（4）分析所有不确定度分量的相关性，确定各相关系数 ρ_{ij}。

（5）利用方和根法，求测量结果的合成标准不确定度 u_c 及自由度 v。

（6）若需要给出展伸不确定度，则将合成标准不确定度 u_c 乘以包含因子 k，得展伸不确定度 $U = ku_c$。

（7）给出不确定度的最后报告，以规定的方式报告被测量的估计值 y 及合成标准不确定度 u_c 或展伸不确定度 U，并说明获得它们的细节。

根据以上测量不确定度计算步骤，下面通过实例说明不确定度评定方法的应用。

5.4.2　体积测量的不确定度计算

1. 测量方法

直接测量圆柱体的直径 D 和高度 h，由函数关系式计算出圆柱体的体积为

$$V = \frac{\pi D^2}{4} h$$

由分度值为 0.01mm 的测微仪重复 6 次测量直径 D 和高度 h，测得数据如表 5-7 所示。

表 5-7　圆柱体直径和高度的测量数据

D/mm	10.075	10.085	10.095	10.060	10.0825	10.080
h/mm	10.105	10.115	10.115	10.110	10.110	10.115

计算直径 D 和高度 h 的测量平均值得 $\bar{D}$ =10.080mm，$\bar{h}$ =10.110mm，则体积 V 的测量结果的估计值为

$$V = \frac{\pi \bar{D}^2}{4} \bar{h} = 806.8\,\text{mm}^3$$

2. 不确定度评定

分析测量方法可知，对体积 V 的测量不确定度影响显著的因素主要有：直径和高度的测量重复性引起的不确定度 u_1、u_2，测微仪示值误差引起的不确定度 u_3。分析这些不确定度特点可知，不确定度 u_1、u_2 应采用 A 类评定方法，而不确定度 u_3 应采用 B 类评定方法。

下面分别计算各主要因素引起的不确定度分量。

（1）直径 D 的测量重复性引起的标准不确定度分量 u_1：由直径 D 的 6 次测量值求得算术平均值的标准差 σ_D = 0.0048mm，则直径 D 的测量标准不确定度 $u_D = \sigma_D = 0.0048\,\text{mm}$。又因 $\dfrac{\partial V}{\partial D} = \dfrac{\pi D}{2} h$，故由直径 D 测量重复性引起的不确定度分量为

$$u_1 = \left|\frac{\partial V}{\partial D}\right| u_D = 0.77\,\text{mm}^3$$

其自由度 $v_1 = 6 - 1 = 5$。

(2) 高度 h 的测量重复性引起的标准不确定度分量 u_2：由高度 h 的 6 次测量值求得算术平均值的标准差 $\sigma_h = 0.0026\,\text{mm}$，则高度 h 的测量标准不确定度 $u_2 = \sigma_h = 0.0026\,\text{mm}$。又因 $\partial V/\partial h = \pi D^2/4$，故由高度 h 测量重复性引起的不确定度分量为

$$u_2 = \left|\frac{\partial V}{\partial D}\right| u_h = 0.21\,\text{mm}^3$$

其自由度 $v_2 = 6 - 1 = 5$。

(3) 测微仪示值误差引起的不确定度分量 u_3：

$$u_{3D} = \left|\frac{\partial V}{\partial D}\right| u_Y, \quad u_{3h} = \left|\frac{\partial V}{\partial h}\right| u_Y$$

$$u_3 = \sqrt{u_{3D}^2 + u_{3h}^2} = 1.04\,\text{mm}$$

式中，u_Y 为测微仪本身的不确定度。

3. 不确定度合成

因不确定度分量 u_1、u_2、u_3 相互独立，即 $\rho_{ij} = 0$，得体积测量的合成标准不确定度

$$u_c = \sqrt{u_1^2 + u_2^2 + u_3^2} = \sqrt{0.77^2 + 0.21^2 + 1.04^2}\ \text{mm}^3 = 1.3\,\text{mm}^3$$

其自由度

$$v = \frac{u_c^4}{\displaystyle\sum_{i=1}^{N}\frac{u_i^4}{v_i}} = \frac{1.3^4}{\dfrac{0.77^4}{5} + \dfrac{0.21^4}{5} + \dfrac{1.04^4}{4}} = 7.86$$

取 $v = 8$。

4. 展伸不确定度

取置信概率 P 为 0.95，自由度 $v = 8$，查 t 分布表得 $t_{0.95}(8) = 2.31$，即包含因子 $k = 2.31$。于是，体积测量的展伸不确定度为

$$U = k u_c = 2.31 \times 1.3\,\text{mm}^3 = 3.0\,\text{mm}^3$$

5. 不确定度报告

(1) 用合成标准不确定度评定体积测量的不确定度，测量结果为

$$V = 806.8\,\text{mm}^3, \quad u_c = 1.3\,\text{mm}^3, \quad v = 7.86$$

(2) 用展伸不确定度评定体积测量的不确定度，则测量结果为

$$V = (806.8 \pm 3.0)\,\text{mm}^3, \quad p = 0.95, \quad v = 8$$

式中，"±"符号后的数值是展伸不确定度 $U = k u_c = 3.0\,\text{mm}^3$，是由合成标准不确定度 $u_c = 1.3\,\text{mm}^3$ 及包含因子 $k = 2.31$ 确定的。

5.4.3 几何量测量的不确定度

例 5.11 对某被测物进行 10 次等精度测量(重复性测量),仪器分辨率为 $2\mu m$,仪器检定证书给出不确定度是标准差的 2 倍(包含因子 2),其值为 $50\mu m$,测量数据如表 5-8 所示。进行测量不确定度的 A 类和 B 类评定,并给出测量结果。

表 5-8

序号	x_i/mm	x_i/mm	$x_i-\bar{x}/mm$	$(x_i-\bar{x})^2/mm$
1	999.76		-0.03	0.0009
2	999.77		-0.02	0.0004
3	999.78		-0.01	0.0001
4	999.75		-0.04	0.0016
5	999.80	999.79	0.01	0.0001
6	999.80		0.01	0.0001
7	999.82		0.03	0.0009
8	999.81		0.02	0.0004
9	999.83		0.04	0.0016
10	999.82		0.03	0.0009

解 由表 5-8 可知

$$\bar{x}=999.79, \quad \sum_{i=1}^{10}(x_i-\bar{x})^2=0.0070, \quad n=10$$

A 类评定如下:

$$s(\delta_{\bar{x}})=\sqrt{\frac{1}{n(n-1)}\sum_{i=1}^{10}(x_i-\bar{x})^2}=\sqrt{\frac{1}{10\times9}\times0.007}\ mm=0.009\ mm=9\mu m$$

B 类评定如下:

(1)检定证书表明,测量仪器标准不确定度 $u_1=\dfrac{50}{2}=25\mu m$。

(2)仪器分辨率 $\lambda=2\mu m$,区间半宽 $a=\dfrac{\lambda}{2}$,分辨率不确定度按矩形均匀分布,概率为 100% 时,查表得包含因子 $k=\sqrt{3}$,仪器分辨率标准不确定度 $u_2=\dfrac{2}{\sqrt{3}}=1.2\mu m$。

(3)测量时,检测人员布点(测点)的位置偏离 0.01mm(10μm),由此引起的不确定度区间半宽 $a=\dfrac{10}{2}=5\mu m$,按正态分布,置信概率为 50%,查得包含因子为 0.67,测量位置不确定度 $u_3=\dfrac{5}{0.67}=7.5\mu m$。

(4)确定合成不确定度 $u=\sqrt{\sum s_i^2+\sum u_i^2}=27.6\mu m$。

(5)确定扩展不确定度，按正态分布，以 99.73%的置信概率给出最佳区间，则扩展不确定度为 $U_{99.73} = ku = 3 \times 27.6\mu m = 82.8\mu m$。

测量结果：$X = \bar{x} \pm U_{99.73} = (999.79 \pm 0.08)\,mm$，扩展不确定度 $U_{99.73} = 0.08\,mm$，置信概率 P=99.73%。

5.4.4　电阻测量不确定度评定

1）测量的目的

在某电子设备生产中需要使用 1MΩ 的高阻电阻器，设计要求其允许误差极限在 ± 0.1% 以内。为此，对选用的高阻电阻器进行重复测量，测量其不确定度，以确定其电阻值是否满足预期的使用要求。

2）测量依据

参见《数字万用表操作规范》。

3）使用的仪器设备

数字多用表：最大允许误差± (0.005%×读数+3×最低位数值)，满量程值为 1999.9kΩ，最低位数值为 0.01kΩ；当环境温度为 5～25℃时，数字多用表的温度系数的影响可忽略。

4）实验数据

对 R 在重复性条件下进行 10 次独立、重复测量，其结果如表 5-9 所示。

表 5-9　实验数据

第 i 次	读数 R/kΩ	第 i 次	读数 R/kΩ
1	999.31	6	999.23
2	999.41	7	999.14
3	999.59	8	999.06
4	999.26	9	999.92
5	999.54	10	999.62

5）测量程序(方法)

在 Excel 中对数据进行处理，根据莱特准则测量出数据是否含有离群值。如果有则剔除离群值。然后再对剔除后的数据中求平均值、标准差；再进行数据的 A 类及 B 类评定，求出数据的不确定度，最终完成数据的处理，得出结论。

6）数学模型

(1)输入量的标准不确定度评定。根据数学模型，电阻测量不确定度将取决于输入量 R 的标准不确定度 $u(c)$。

(2)输入量 R 的标准不确定度 $U(c)$ 的评定。分析可得，$U(c)$ 由下列两个不确定度分量构成：①测量重复性引入的标准不确定度 U_2；②万用表自身引入的标准不确定度 U_2。

例 5.12　等精度测量某一尺寸 15 次，各次的测得值（单位为 mm）为 30.742，30.743，30.740，30.741，30.755，30.739，30.740，30.739，30.741，30.742，30.743，30.739，30.740，30.743，30.743。求测量结果平均值的标准偏差。若测得值已包含所有的误差因素，给出测量结果及不确定度报告。

解 (1)求算术平均值:

$$\overline{x} = \frac{\sum_{i=1}^{n} x_i}{n} = 30.742$$

(2)求残差 $v_i = x_i - \overline{x}$(单位为 μm):得

  0, +1, −2, −1, +13, −3, −2, −3, −1, 0, +1, −3, −2, +1, +1

(3)求残差标准偏差估计值 s:

$$s = \sqrt{\frac{\sum_{i=1}^{n} v_i^2}{n-1}} = 3.9\,\text{mm}$$

(4)按 3σ 准则判别粗大误差,剔除不可靠数据: $|+13| > 3\sigma$(等于 $3s=11.7$),30.755 应剔除。

(5)剩余 14 个数字再进行同样处理。

求得平均值:430.375/14=30.741。

求得残差(单位 μm): +1, +2, −1, 0, −2, −1, −2, 0, +1, +2, −2, −1, +2, +2。

求标准偏差估计值(单位为 μm): $s=1.6$, $3\sigma=3s=4.8$,再无发现粗大误差。

(6)求测量结果平均值的标准偏差(单位为 μm): $s_{\overline{x}} = \dfrac{s}{\sqrt{n}} = 0.4$ 。

(7)测量结果:属于 A 类评定、按贝塞尔法评定。

测得值为 30.741mm。

测量结果的展伸不确定度: $U=0.0009$ mm。

U 由合成标准不确定度 $u_c=0.0004$ 求得,基于自由度 $\nu=13$,置信水准 $P=0.95$ 的 t 分布临界值所得包含因子 $k=2.16$。

习　　题

5-1　测量不确定度的评定方法有哪几种?浅谈测量不确定度与测量误差的关系和区别。

5-2　不确定度的产生来源是什么?

5-3　归纳不确定度的分类和确定方法。

5-4　何为自由度?A 类标准不确定度及 B 类标准不确定度的自由度如何计算?

5-5　测量不确定度的评定是否可以称为误差分析?试解释标准不确定度、合成标准不确定度、扩展不确定度,给出测量不确定度评定的步骤。

5-6　某校准证书说明,标称值10Ω的标准电阻器的电阻 R 在 20℃时为 $(10.000742\pm129)\mu\Omega$ $(P=99\%)$。求该电阻器的标准不确定度,并说明属于哪一类评定的不确定度。

5-7　已知某高精度标准电池稳定仪的主要不确定度分量如下:

(1)仪器示值误差不超过$\pm0.15\,\mu$V,按均匀分布,其超过标准差为 25%;

(2)电流量的重复性,经 9 次测量,其平均值的标准差为 0.05 μV;

(3)仪器的分辨率为 0.10μV，按均匀分布，其相对标准差为 15%。

求该稳定仪的不确定度分量，并估计其合成标准不确定度及其自由度。

5-8　利用四台测角仪测量同一工件的角度，所得数据及其标准差如下：

$$x_1 = 38° 47' 06'', \quad s_1 = 0.2''$$
$$x_2 = 38° 47' 11'', \quad s_2 = 0.5''$$
$$x_3 = 38° 47' 09'', \quad s_3 = 0.4''$$
$$x_4 = 38° 47' 08'', \quad s_4 = 0.4''$$

求测量结果($P = 95\%$)。

5-9　某圆球的半径为 r，若重复 10 次测量得 $r \pm \sigma = (3.132 \pm 0.005)$ cm。试求该圆球最大截面的圆周和面积及圆球体积的测量不确定度，置信概率 $P = 99\%$。

5-10　在光学计上用 52.5mm 的量块组作为标准件测量圆柱体直径，量块组由三块量块研合而成，其尺寸分别是 $l_1 = 40$ mm、$l_2 = 10$ mm、$l_3 = 2.5$ mm。量块按"级"使用，经查手册得其研合误差分别不超过 ± 0.45 μm、± 0.30 μm、± 0.25 μm，取置信概率 $P = 99.73\%$ 的正态分布。求该量块组引起的测量不确定度。

5-11　用螺旋测微器测量小钢球的直径，5 次的测量值(单位为 mm)分别为 11.922,11.923,11.922,11.922,11.922。螺旋测微器的最小分度数值为 0.01mm。试写出测量结果的标准式。

5-12　用电压表直接测量一个标称值为 200Ω 的电阻两端的电压，以便确定该电阻承受的功率。测量所用电压的技术指标由使用说明书得知，其最大允许误差为 $\pm 1\%$，经计量鉴定合格，证书指出它的自由度为 10。当证书上没有有关自由度的信息时，就认为自由度是无穷大。标称值为 200Ω 的电阻经校准，校准证书给出其校准值为 199.99Ω，校准值的扩展不确定度为 0.02Ω(包含因子 k 为 2)。用电压表对该电阻在同一条件下重复测量 5 次，测量值(单位为 V)分别为：2.2，2.3，2.4，2.2，2.5。测量时，温度变化对测量结果的影响可忽略不计。要求报告功率的测量结果及其扩展不确定度。

5-13　由分度值为 0.01mm 的测微仪重复 6 次测量直径 D 和高度 h，测得数据如表 5-10 所示。请按测量不确定度的一般计算步骤，用自己熟悉的语言编程完成不确定度分析。

表 5-10

D/mm	8.075	8.085	8.095	8.085	8.080	8.060
h/mm	8.105	8.115	8.115	8.110	8.115	8.110

5-14　某数字电压表的说明书指出，该表在校准后的两年内，其 2V 量程的测量误差不超过

$$\pm (14 \times 10^{-6} \times 读数 + 1 \times 10^{-6} \times 量程) V$$

相对标准差为 20%。若按均匀分布，求：1V 测量时电压表的标准不确定度；设在该表校准一年后，对标称值为 1V 的电压进行 16 次重复测量，得观测值的平均值为 0.92857V，并由此算得单次测量的标准差为 0.000036V。若以平均值作为测量的估计值，试分析影响测量结果不确定度的主要来源，分别求出不确定度分量，说明评定方法的类别，求测量结果的合成标准不确定度及其自由度。

5-15　用数字电压表在标准条件下对 10V 直流电压进行了 10 次测量，得到 10 个数据如表 5-11 所示。由该数字电压表的检定证书给出，其示值误差按三倍标准差计算为 3.5×10^{-6} V。同时，在进行电压测量前，对数字电压表进行了 24h 的校准，在 10V 测量时，24h 的示值稳定度不超过 ± 15 μV，假设服从均匀分布(置信因子取 $\sqrt{3}$)。求：

(1) 测量结果的最佳估计值。

(2) 分析影响测量结果不确定度的主要来源，分别求出各不确定度分量。

(3) 求测量结果的合成标准不确定度。

表 5-11

n	1	2	3	4	5
v_i	10.000107	10.000103	10.000097	10.000111	10.000091
n	6	7	8	9	10
v_i	10.000108	10.000121	10.000101	10.000110	10.000094

5-16 已知某高精度标准电池检定仪的主要不确定度分量如下：

(1) 仪器示值误差不超过 $\pm 15\mu V$，按均匀分布，其相对标准差为 25%；

(2) 输入电流的重复性，经 9 次测量，其平均值的标准差为 $0.05\mu V$；

(3) 分辨率为 $0.10\mu V$，按均匀分布，其相对标准差为 15%。

求该检定仪的不确定度分量，并估计其合成标准不确定度及其自由度。

5-17 用测量范围为 $\pm 100\mu m$ 的某电感测微仪重复测量某量。已知主要不确定度分量有：

(1) 仪器示值误差不超过 $\pm 1.2\mu m$，按均匀分布，其相对标准差为 25%；

(2) 重复测量 9 次测量，按贝塞尔公式计算的单次标准差为 $1.5\mu m$；

(3) 分辨率误差为 $0.2\mu m$，按均匀分布，其相对标准差为 20%。

求测量结果的合成标准不确定度及其自由度。

5-18 某电子测量设备的技术说明书指出：当输入信号的频率在 200kHz 时，其相对误差不大于 $\pm 2.5\%$；环境温度在 (20 ± 10)℃范围变化时，温度附加误差不大于 $\pm 1\% \cdot$℃$^{-1}$。电源电压变化 $\pm 10\%$ 时，附加误差不大于 $\pm 2\%$；更换晶体管时，附加误差不大于 $\pm 1\%$。假设在环境温度 23℃时使用该设备，使用前更换了一个晶体管，电源电压为 220V，被测信号为 0.5V (200kHz) 的交流信号，量程为 1V。求测量不确定度。

5-19 在光学计上用量块组作为标准件，重复测量圆柱体直径 9 次，已知单次测量的标准差为 $0.3\mu m$，用算术平均值作为直径测量结果。量块组由三块量块组成，各量块的标准不确定度分别为 $0.15\mu m$、$0.10\mu m$、$0.08\mu m$，其相对标准差均为 25%。求直径测量结果的合成标准不确定度及其自由度。

第 6 章　数据处理的最小二乘法

最小二乘法是数据处理的一种基本方法，基本思想是在残余误差平方和最小的条件下获得最可信赖值。最小二乘法广泛地应用于最可信赖值估计、组合测量的数据处理、回归分析和经验公式拟合中。本章重点阐述最小二乘法的原理及其在线性参数和非线性参数估计中的应用。

6.1　最小二乘法原理

6.1.1　最小二乘法原理的代数表示

最小二乘法的产生是为了解决从一组测量值中寻求最可信赖值的问题。为了确定 t 个待求量 $X_1, X_2, \cdots, X_t$ 的估计量 $x_1, x_2, \cdots, x_t$，分别直接测量 n 个直接量 $Y_1, Y_2, \cdots, Y_t$ $(n > t)$ 的测量数据 $l_1, l_2, \cdots, l_n$。

设有如下函数关系：

$$\begin{cases} Y_1 = f_1(X_1, X_2, \cdots, X_t) \\ Y_2 = f_2(X_1, X_2, \cdots, X_t) \\ \quad\vdots \\ Y_n = f_n(X_1, X_2, \cdots, X_t) \end{cases} \tag{6.1}$$

若直接量的估计量 $Y_1, Y_2, \cdots, Y_t$ 分别为 $y_1, y_2, \cdots, y_t$，则可得如下关系：

$$\begin{cases} y_1 = f_1(x_1, x_2, \cdots, x_t) \\ y_2 = f_2(x_1, x_2, \cdots, x_t) \\ \quad\vdots \\ y_n = f_n(x_1, x_2, \cdots, x_t) \end{cases} \tag{6.2}$$

而测量数据 $l_1, l_2, \cdots, l_n$ 的残余误差应为

$$\begin{cases} l_1 - y_1 = v_1 \\ l_2 - y_2 = v_2 \\ \quad\vdots \\ l_n - y_n = v_n \end{cases} \tag{6.3}$$

即

$$\begin{cases} l_1 - f_1(x_1, x_2, \cdots, x_t) = v_1 \\ l_2 - f_2(x_1, x_2, \cdots, x_t) = v_2 \\ \quad\vdots \\ l_n - f_n(x_1, x_2, \cdots, x_t) = v_n \end{cases} \tag{6.4}$$

式 (6.3) 或式 (6.4) 称为残差方程。

若数据 $l_1,l_2,\cdots,l_n$ 的测量误差是无偏的（$E(\delta)=0$），即排除了测量的系统误差，服从正态分布，且相互独立，并设其标准差分别为 $\sigma_1,\sigma_2,\cdots,\sigma_n$，则各测量结果出现在相应真值附近 $d\delta_1,d\delta_2,\cdots,d\delta_n$ 区域内的概率分别为

$$P_1 = f_1(\delta_1)\mathrm{d}\delta_1 = \frac{1}{\delta_1\sqrt{2\pi}}\mathrm{e}^{-\frac{\delta_1^2}{2\sigma_1^2}}\mathrm{d}\delta_1$$

$$P_2 = f_2(\delta_2)\mathrm{d}\delta_2 = \frac{1}{\delta_2\sqrt{2\pi}}\mathrm{e}^{-\frac{\delta_2^2}{2\sigma_2^2}}\mathrm{d}\delta_2 \qquad (6.5)$$

$$\vdots$$

$$P_n = f_n(\delta_n)\mathrm{d}\delta_n = \frac{1}{\delta_n\sqrt{2\pi}}\mathrm{e}^{-\frac{\delta_n^2}{2\sigma_n^2}}\mathrm{d}\delta_n$$

式中，$\delta_1,\delta_2,\cdots,\delta_n$ 分别为测量结果 $l_1,l_2,\cdots,l_n$ 的测量误差。

因各测量数据是相互独立的，则由概率乘法定理可知，各测量数据同时分别出现在 $l_1,l_2,\cdots,l_n$ 附近 $d\delta_1,d\delta_2,\cdots,d\delta_n$ 区域的概率应为

$$P = P_1P_2P_3\cdots P_n = \frac{1}{\sigma_1\sigma_2\sigma_3\cdots\sigma_n(\sqrt{2\pi})^n}\mathrm{e}^{-\frac{1}{2}\left(\frac{\delta_1^2}{\sigma_1^2}+\frac{\delta_2^2}{\sigma_2^2}+\cdots+\frac{\delta_n^2}{\sigma_n^2}\right)}\mathrm{d}\delta_1\mathrm{d}\delta_2\cdots\mathrm{d}\delta_n \qquad (6.6)$$

根据最大似然原理，由于测量值 $l_1,l_2,\cdots,l_n$ 事实上已经出现，所以有理由认为这 n 个测量值同时出现于相应区间 $d\delta_1,d\delta_2,\cdots,d\delta_n$ 的概率 P 应为最大，即待求量的最可信赖值的确定应满足同时出现的概率最大这一条件。

由式(6.6)不难看出，要使 P 最大，就应满足

$$\frac{\delta_1^2}{\sigma_1^2}+\frac{\delta_2^2}{\sigma_2^2}+\cdots+\frac{\delta_n^2}{\sigma_n^2} = \min \qquad (6.7)$$

按上述条件给出的结果以最大的可能性接近真值。但这些结果仅是估计量并非真值，因此上述条件应以残差的形式表示，即

$$\frac{v_1^2}{\sigma_1^2}+\frac{v_2^2}{\sigma_2^2}+\cdots+\frac{v_n^2}{\sigma_n^2} = \min \qquad (6.8)$$

引入权的符号 p：

$$p_1:p_2:\cdots:p_n = \frac{1}{\sigma_1^2}:\frac{1}{\sigma_2^2}:\cdots:\frac{1}{\sigma_n^2} \qquad (6.9)$$

可得

$$p_1v_1^2 + p_2v_2^2 + \cdots + p_nv_n^2 = \sum_{i=1}^{n}p_iv_i^2 = \min \qquad (6.10)$$

式(6.10)表明，测量结果的最可信赖值应在加权残差平方和为最小的条件下求出，这就是最小二乘法原理。

在等精度测量中有：

$$\sigma_1 = \sigma_2 = \cdots = \sigma_n$$

$$p_1 = p_2 = \cdots = p_n$$

则式 (6.10) 可化简为

$$v_1^2 + v_2^2 + \cdots + v_n^2 = \sum_{i=1}^{n} v_i^2 = \min \tag{6.11}$$

式 (6.11) 表明，在等精度测量中，测量结果的最可信赖值应在残差平方和为最小的条件下求出。

应当指出，上述最小二乘原理是在测量误差无偏、正态分布和相互独立的条件下推出的，此时所得估计量具有最优性，否则就不具有最优性。不过在不严格服从正态分布的情形下也常使用最小二乘法进行数据处理。

6.1.2　最小二乘法原理的矩阵表示

设列向量为

$$\boldsymbol{L} = \begin{bmatrix} l_1 \\ l_2 \\ \vdots \\ l_n \end{bmatrix}, \quad \hat{\boldsymbol{X}} = \begin{bmatrix} x_1 \\ x_2 \\ \vdots \\ x_t \end{bmatrix}, \quad \boldsymbol{V} = \begin{bmatrix} v_1 \\ v_2 \\ \vdots \\ v_n \end{bmatrix}$$

和 $n \times t$ 阶矩阵 $(n > t)$

$$\boldsymbol{A} = \begin{bmatrix} a_{11} & a_{12} & \cdots & a_{1t} \\ a_{21} & a_{22} & \cdots & a_{2t} \\ \vdots & \vdots & & \vdots \\ a_{n1} & a_{n2} & \cdots & a_{nt} \end{bmatrix}$$

式中，$l_1, l_2, \cdots, l_n$ 为 n 个直接测量结果 (已获得的测量数据)；$x_1, x_2, \cdots, x_t$ 为 t 个待求量的估计量；$v_1, v_2, \cdots, v_n$ 为 n 个直接测量结果的残差；$a_{11}, a_{12}, \cdots, a_{nt}$ 为 $n \times t$ 个残差方程的系数。

则残差方程可以用矩阵形式表示为

$$\begin{bmatrix} l_1 \\ l_2 \\ \vdots \\ l_n \end{bmatrix} - \begin{bmatrix} a_{11} & a_{12} & \cdots & a_{1t} \\ a_{21} & a_{22} & \cdots & a_{2t} \\ \vdots & \vdots & & \vdots \\ a_{n1} & a_{n2} & \cdots & a_{nt} \end{bmatrix} \begin{bmatrix} x_1 \\ x_2 \\ \vdots \\ x_n \end{bmatrix} = \begin{bmatrix} v_1 \\ v_2 \\ \vdots \\ v_n \end{bmatrix}$$

即

$$\boldsymbol{L} - \boldsymbol{A}\hat{\boldsymbol{X}} = \boldsymbol{V}$$

等精度测量时，残差平方和最小这一条件的矩阵形式为

$$\begin{bmatrix} v_1 v_2 \cdots v_n \end{bmatrix} \begin{bmatrix} v_1 \\ v_2 \\ \vdots \\ v_n \end{bmatrix} = \min$$

即 $\boldsymbol{V}^{\mathrm{T}} \boldsymbol{V} = \min$ 或 $(\boldsymbol{L} - \boldsymbol{A}\hat{\boldsymbol{X}})^{\mathrm{T}} (\boldsymbol{L} - \boldsymbol{A}\hat{\boldsymbol{X}}) = \min$。

在不等精度测量中，每个测量数据的权都不一样，引入权矩阵：

$$P = \begin{bmatrix} P_1 & 0 & \cdots & 0 \\ 0 & P_2 & \cdots & 0 \\ \vdots & \vdots & & \vdots \\ 0 & 0 & \cdots & P_n \end{bmatrix} = \begin{bmatrix} \dfrac{\sigma^2}{\sigma_1^2} & 0 & \cdots & 0 \\ 0 & \dfrac{\sigma^2}{\sigma_2^2} & \cdots & 0 \\ \vdots & \vdots & & \vdots \\ 0 & 0 & \cdots & \dfrac{\sigma^2}{\sigma_n^2} \end{bmatrix}$$

式中，$P_i = \dfrac{\sigma^2}{\sigma_i^2}$ 分别为测量数据的 $l_1, l_2, \cdots, l_n$ 权；σ^2 为单位权方差；σ_i^2 分别为测量数据 $l_1, l_2, \cdots, l_n$ 的方差。

这样，不等精度测量最小二乘原理的条件应为加权残余误差平方和最小，其矩阵形式为

$$V^{\mathrm{T}} P V = \min \tag{6.12}$$

即

$$(L - A\hat{X})^{\mathrm{T}} P (L - A\hat{X}) = \min \tag{6.13}$$

6.1.3　最小二乘原理与算术平均值原理的关系

为了确定一个量 X 的估计量 x，对它进行 n 次直接测量，得到 n 个数据 $l_1, l_2, \cdots, l_n$，相应的权分别为 $p_1, p_2, \cdots, p_n$，则测量的误差方程为

$$\begin{cases} v_1 = l_1 - x \\ v_2 = l_2 - x \\ \vdots \\ v_n = l_n - x \end{cases} \tag{6.14}$$

其最小二乘法处理的正规方程为

$$\left(\sum_{i=1}^{n} p_i a_i a_i \right) x = \sum_{i=1}^{n} p_i a_i l_i \tag{6.15}$$

由误差方程知 $a_i = 1$，因而有

$$\left(\sum_{i=1}^{n} p_i \right) x = \sum_{i=1}^{n} p_i l_i \tag{6.16}$$

可得最小二乘法处理的结果：

$$x = \frac{\displaystyle\sum_{i=1}^{n} p_i l_i}{\displaystyle\sum_{i=1}^{n} p_i} = \frac{p_1 l_1 + p_2 l_2 + \cdots + p_n l_n}{p_1 + p_2 + \cdots + p_n} \tag{6.17}$$

这正是不等精度测量时加权算术平均值原理所给出的结果。

对于等精度测量有

$$p_1 = p_2 = \cdots = p_n = p$$

则由最小二乘法所确定的估计量为

$$x = \frac{p_1 l_1 + p_2 l_2 + \cdots + p_n l_n}{p_1 + p_2 + \cdots + p_n} = \frac{p(l_1 + l_2 + \cdots + l_n)}{np} = \frac{\sum_{i=1}^{n} l_i}{n} \tag{6.18}$$

此式与等精度时算数平均值原理给出的结果相同。

　　由此可见，最小二乘法原理与算术平均值原理是一致的，算术平均值原理可以看作最小二乘法原理的特例。

6.2　线性参数最小二乘法处理

　　线性参数的最小二乘法处理程序可归结为：首先根据具体问题列出误差方程式；再按最小二乘原理，利用求极值的方法将误差方程转化为正规方程；然后求解正规方程，得到待求的估计量；最后给出精度估计。

6.2.1　等精度测量线性参数最小二乘法的代数算法

1．列出残余误差方程

线性参数测量方程的误差方程为

$$\begin{cases} v_1 = l_1 - (a_{11}x_1 + a_{12}x_2 + \cdots + a_{1t}x_t) \\ v_2 = l_2 - (a_{21}x_1 + a_{22}x_2 + \cdots + a_{2t}x_t) \\ \quad\quad\quad\quad\quad\vdots \\ v_n = l_n - (a_{n1}x_1 + a_{n2}x_2 + \cdots + a_{nt}x_t) \end{cases} \tag{6.19}$$

2．正规方程

　　为了获得更可靠的结果，测量次数 n 总是要多于未知参数的数目 t，即所得误差方程式的数目要多于未知数的数目，因而直接用一般解代数方程的方法求解是无法求解这些未知参数的。最小二乘法可以将误差方程转化为有确定解的代数方程组(其方程式数目正好等于未知数的个数)，从而可求解出这些未知参数。这个有确定解的代数方程组称为最小二乘法估计的正规方程。

　　在测量误差无偏、服从正态分布和相互独立的条件下，未知参数的最可信赖值在 $\sum_{i=1}^{n} v_i^2 = \min$ 条件下求解。为了求出式(6.4)的估计量 $x_1, x_2, \cdots, x_n$，可利用求极值的方法来满足 $\sum_{i=1}^{n} v_i^2 = \min$ 的条件，即对残余误差的平方和 $\sum_{i=1}^{n} v_i^2$ 求导数，并令其为零，即

$$\begin{cases} \dfrac{\partial\left(\sum\limits_{i=1}^{n}v_i^2\right)}{\partial x_1}=0 \\[3mm] \dfrac{\partial\left(\sum\limits_{i=1}^{n}v_i^2\right)}{\partial x_2}=0 \\[1mm] \vdots \\[1mm] \dfrac{\partial\left(\sum\limits_{i=1}^{n}v_i^2\right)}{\partial x_t}=0 \end{cases} \tag{6.20}$$

注意到式(6.20)中各二阶偏导数恒正，则上面各方程求得的极值是最小值，满足最小二乘条件，因而也是所要求的估计量。

将式(6.19)代入式(6.20)，整理得

$$\begin{cases} \sum\limits_{i=1}^{n}a_{i1}a_{i1}x_1+\sum\limits_{i=1}^{n}a_{i1}a_{i2}x_2+\cdots+\sum\limits_{i=1}^{n}a_{i1}a_{it}x_t=\sum\limits_{i=1}^{n}a_{i1}l_i \\[3mm] \sum\limits_{i=1}^{n}a_{i2}a_{i1}x_1+\sum\limits_{i=1}^{n}a_{i2}a_{i2}x_2+\cdots+\sum\limits_{i=1}^{n}a_{i2}a_{it}x_t=\sum\limits_{i=1}^{n}a_{i2}l_i \\[3mm] \vdots \\[1mm] \sum\limits_{i=1}^{n}a_{it}a_{i1}x_1+\sum\limits_{i=1}^{n}a_{it}a_{i2}x_2+\cdots+\sum\limits_{i=1}^{n}a_{it}a_{it}x_t=\sum\limits_{i=1}^{n}a_{it}l_i \end{cases} \tag{6.21}$$

式(6.21)即为等精度测量的线性参数最小二乘法处理的正规方程。这是一个 t 元线性方程组，当其系数行列式不为零时，有唯一确定的解，由此可解得欲求的估计量。

式(6.21)在形式上有如下特点：

(1)沿主对角线分布着平方项系数 $\sum\limits_{i=1}^{n}a_{i1}a_{i1}$，$\sum\limits_{i=1}^{n}a_{i2}a_{i2}$，…，$\sum\limits_{i=1}^{n}a_{it}a_{it}$，且都是正数。

(2)以主对角线为对称线，对称分布的各系数彼此两两相等，如 $\sum\limits_{i=1}^{n}a_{i1}a_{i2}$ 与 $\sum\limits_{i=1}^{n}a_{i2}a_{i1}$ 相等，$\sum\limits_{i=1}^{n}a_{i2}a_{it}$ 与 $\sum\limits_{i=1}^{n}a_{it}a_{i2}$ 相等，……

(3)方程个数等于待求量个数，有唯一解。

3. 精度估计

在参数估计中不仅要给出待估计量的最可信赖值，还要确定其可信赖程度，即给出估计量 $x_1,x_2,\cdots,x_t$ 的精度。

1)测量数据的精度估计

为了确定最小二乘估计量 $x_1,x_2,\cdots,x_t$ 的精度，首先需要给出直接测量所得测量数据的精度。测量数据的精度也以标准差 σ 来表示。因为无法求得 σ 的真值，因而只能依据有限次的

测量结果求出 σ 的估计值 s。

设对包含 t 个未知量的 n 个线性参数组进行 n 次独立的等精度测量，获得了 n 个测量数据 $l_1, l_2, \cdots, l_n$。其相应的测量误差分别为 $\delta_1, \delta_2, \cdots, \delta_n$，由于真值是未知的，只能由残余误差 $v_1, v_2, \cdots, v_n$ 给出 σ^2 的估计量。

可以证明 $\left(\sum\limits_{i=1}^{n} v_i^2 \right) \Big/ \sigma^2$ 是自由度为 $n-t$ 的 χ^2 变量的性质，有

$$E\left\{ \left(\sum_{i=1}^{n} v_i^2 \right) \Big/ \sigma^2 \right\} = n - t \tag{6.22}$$

因而

$$\begin{aligned}
E\left\{ \left(\sum_{i=1}^{n} v_i^2 \right) \Big/ n \right\} &= E\left\{ \left[\left(\sum_{i=1}^{n} v_i^2 \right) \Big/ n \right] \frac{\sigma^2}{\sigma^2} \right\} \\
&= E\left\{ \left[\left(\sum_{i=1}^{n} v_i^2 \right) \Big/ \sigma^2 \right] \frac{\sigma^2}{n} \right\} = \frac{\sigma^2}{n} E\left\{ \left(\sum_{i=1}^{n} v_i^2 \right) \Big/ \sigma^2 \right\} = \frac{n-1}{n} \sigma^2
\end{aligned} \tag{6.23}$$

由此可知，根据式 (6.22)，取残余误差平方的平均值作为 σ^2 的估计量 s^2，则所得 s^2 将对 σ^2 有系统偏移，即

$$s^2 = \frac{\sum\limits_{i=1}^{n} v_i^2}{n} \tag{6.24}$$

将不是 σ^2 的无偏估计量。因为

$$E\left\{ \left[\left(\sum_{i=1}^{n} v_i^2 \right) \Big/ n \right] \frac{n}{n-t} \right\} = E\left\{ \left(\sum_{i=1}^{n} v_i^2 \right) \Big/ (n-t) \right\} = \sigma^2 \tag{6.25}$$

所以，可取

$$s^2 = \frac{\sum\limits_{i=1}^{n} v_i^2}{n-t} \tag{6.26}$$

作为 σ^2 的无偏估计量。因而测量数据的标准差估计量为

$$s = \sqrt{ \frac{\sum\limits_{i=1}^{n} v_i^2}{n-t} } \tag{6.27}$$

注意：贝塞尔公式中的测量次数为 n，未知数 $t=1$，与式 (6.27) 一致。

2) 测量估计量的精度估计

设有正规方程

$$\begin{cases} \sum_{i=1}^{n} a_{i1}a_{i1}x_1 + \sum_{i=1}^{n} a_{i1}a_{i2}x_2 + \cdots + \sum_{i=1}^{n} a_{i1}a_{it}x_t = \sum_{i=1}^{n} a_{i1}l_i \\ \sum_{i=1}^{n} a_{i2}a_{i1}x_1 + \sum_{i=1}^{n} a_{i2}a_{i2}x_2 + \cdots + \sum_{i=1}^{n} a_{i2}a_{it}x_t = \sum_{i=1}^{n} a_{i2}l_i \\ \qquad\qquad\qquad\qquad \vdots \\ \sum_{i=1}^{n} a_{it}a_{i1}x_1 + \sum_{i=1}^{n} a_{it}a_{i2}x_2 + \cdots + \sum_{i=1}^{n} a_{it}a_{it}x_t = \sum_{i=1}^{n} a_{it}l_i \end{cases} \tag{6.28}$$

现在要给出由此方程所确定的估计量 $x_1, x_2, \cdots, x_t$ 的精度。首先利用不定乘数法求出 $x_1, x_2, \cdots, x_t$ 的表达式，然后找出估计量 $x_1, x_2, \cdots, x_t$ 的精度与测量数据 $l_1, l_2, \cdots, l_n$ 精度的关系，即可得到估计量精度估计的表达式。

等精度测量中，估计量 $x_1, x_2, \cdots, x_t$ 的标准差为

$$\begin{cases} s_{x_1} = s\sqrt{d_{11}} \\ s_{x_2} = s\sqrt{d_{22}} \\ \qquad \vdots \\ s_{xt} = s\sqrt{d_{tt}} \end{cases} \tag{6.29}$$

式中，s 为测量数据的标准差。式中的不定乘数 $d_{11}, d_{22}, \cdots, d_{tt}$ 可由下列方程组求得

$$\left.\begin{array}{l} \left.\begin{array}{l} \sum_{i=1}^{n} a_{i1}a_{i1}d_{11} + \sum_{i=1}^{n} a_{i1}a_{i2}d_{12} + \cdots + \sum_{i=1}^{n} a_{i1}a_{it}d_{1t} = 1 \\ \sum_{i=1}^{n} a_{i2}a_{i1}d_{11} + \sum_{i=1}^{n} a_{i2}a_{i2}d_{12} + \cdots + \sum_{i=1}^{n} a_{i2}a_{it}d_{1t} = 0 \\ \qquad\qquad\qquad\qquad \vdots \\ \sum_{i=1}^{n} a_{it}a_{i1}d_{11} + \sum_{i=1}^{n} a_{it}a_{i2}d_{12} + \cdots + \sum_{i=1}^{n} a_{it}a_{it}d_{1t} = 0 \end{array}\right\} \\ \left.\begin{array}{l} \sum_{i=1}^{n} a_{i1}a_{i1}d_{21} + \sum_{i=1}^{n} a_{i1}a_{i2}d_{22} + \cdots + \sum_{i=1}^{n} a_{i1}a_{it}d_{2t} = 0 \\ \sum_{i=1}^{n} a_{i2}a_{i1}d_{21} + \sum_{i=1}^{n} a_{i2}a_{i2}d_{22} + \cdots + \sum_{i=1}^{n} a_{i2}a_{it}d_{2t} = 1 \\ \qquad\qquad\qquad\qquad \vdots \\ \sum_{i=1}^{n} a_{it}a_{i1}d_{21} + \sum_{i=1}^{n} a_{it}a_{i2}d_{22} + \cdots + \sum_{i=1}^{n} a_{it}a_{it}d_{2t} = 0 \end{array}\right\} \\ \qquad\qquad\qquad\qquad \vdots \\ \left.\begin{array}{l} \sum_{i=1}^{n} a_{i1}a_{i1}d_{t1} + \sum_{i=1}^{n} a_{i1}a_{i2}d_{t2} + \cdots + \sum_{i=1}^{n} a_{i1}a_{it}d_{tt} = 0 \\ \sum_{i=1}^{n} a_{i2}a_{i1}d_{t1} + \sum_{i=1}^{n} a_{i2}a_{i2}d_{t2} + \cdots + \sum_{i=1}^{n} a_{i2}a_{it}d_{tt} = 0 \\ \qquad\qquad\qquad\qquad \vdots \\ \sum_{i=1}^{n} a_{it}a_{i1}d_{t1} + \sum_{i=1}^{n} a_{it}a_{i2}d_{t2} + \cdots + \sum_{i=1}^{n} a_{it}a_{it}d_{tt} = 1 \end{array}\right\} \end{array}\right\} \tag{6.30}$$

式 (6.30) 中，不定乘数 $d_{11}, d_{12}, \cdots, d_{1t}$ ；　$d_{21}, d_{22}, \cdots, d_{2t}$ ；　$\cdots$ ；　$d_{t1}, d_{t2}, \cdots, d_{tt}$ 的系数与正规方程式 (6.28) 的系数完全一样，因而在实际计算时，可以利用解正规方程的中间结果，十分简便。

例 6.1　测量方程为 $\begin{cases} 3x + y = 2.9 \\ x - 2y = 0.9 \\ 2x - 3y = 1.9 \end{cases}$ 。试用最小二乘法的代数法求 x、y 的最小二乘法处理及其相应精度。

解　误差方程为

$$\begin{cases} v_1 = 2.9 - (3x + y) \\ v_2 = 0.9 - (x - 2y) \\ v_3 = 1.9 - (2x - 3y) \end{cases}$$

列正规方程

$$\begin{cases} \sum_{i=1}^{n} a_{i1} a_{i1} x + \sum_{i=1}^{n} a_{i1} a_{i2} y = \sum_{i=1}^{n} a_{i1} l_i \\ \sum_{i=1}^{n} a_{i2} a_{i1} x + \sum_{i=1}^{n} a_{i2} a_{i2} y = \sum_{i=1}^{n} a_{i2} l_i \end{cases}$$

代入数据得

$$\begin{cases} 14x - 5y = 13.4 \\ -5x + 14y = -4.6 \end{cases}$$

解得

$$\begin{cases} x = 0.962 \\ y = 0.015 \end{cases}$$

将 x、y 代入误差方程式，得

$$\begin{cases} v_1 = 2.9 - (3 \times 0.962 + 0.015) = -0.001 \\ v_2 = 0.9 - (0.962 - 2 \times 0.015) = -0.032 \\ v_3 = 1.9 - (2 \times 0.962 - 3 \times 0.015) = 0.021 \end{cases}$$

测量数据的标准差为

$$\sigma = \sqrt{\frac{\sum_{i=1}^{n} v_i^2}{n - t}} = \sqrt{\frac{\sum_{i=1}^{3} v_i^2}{3 - 2}} = 0.038$$

求解不定乘数

$$\begin{cases} 14 d_{11} - 5 d_{12} = 1 \\ -5 d_{11} + 14 d_{12} = 0 \end{cases}, \quad \begin{cases} 14 d_{21} - 5 d_{22} = 0 \\ -5 d_{21} + 14 d_{11} = 1 \end{cases}$$

解得

$$d_{11} = d_{22} = 0.082$$

x、y 的精度分别为

$$\sigma_x = \sigma \sqrt{d_{11}} = 0.01, \quad \sigma_y = \sigma \sqrt{d_{22}} = 0.01$$

6.2.2　等精度测量线性参数最小二乘法的矩阵算法

1. 残余误差方程

设列向量

$$L = \begin{bmatrix} l_1 \\ l_2 \\ \vdots \\ l_n \end{bmatrix}, \quad \hat{X} = \begin{bmatrix} x_1 \\ x_2 \\ \vdots \\ x_t \end{bmatrix}, \quad V = \begin{bmatrix} v_1 \\ v_2 \\ \vdots \\ v_n \end{bmatrix}$$

和 $n \times t$ 阶矩阵 $(n > t)$

$$A = \begin{bmatrix} a_{11} & a_{12} & \cdots & a_{1t} \\ a_{21} & a_{22} & \cdots & a_{2t} \\ \vdots & \vdots & & \vdots \\ a_{n1} & a_{n2} & \cdots & a_{nt} \end{bmatrix}$$

式中，$l_1, l_2, \cdots, l_n$ 为 n 个直接测量结果(已获得的测量数据)；$x_1, x_2, \cdots, x_t$ 为 t 个待求量的估计量；$v_1, v_2, \cdots, v_n$ 为 n 个直接测量结果的残差；$a_{11}, a_{12}, \cdots, a_{nt}$ 为 $n \times t$ 个残差方程的系数。

则残差方程可以用矩阵形式表示为

$$\begin{bmatrix} l_1 \\ l_2 \\ \vdots \\ l_n \end{bmatrix} - \begin{bmatrix} a_{11} & a_{12} & \cdots & a_{1t} \\ a_{21} & a_{22} & \cdots & a_{2t} \\ \vdots & \vdots & & \vdots \\ a_{n1} & a_{n2} & \cdots & a_{nt} \end{bmatrix} \begin{bmatrix} x_1 \\ x_2 \\ \vdots \\ x_n \end{bmatrix} = \begin{bmatrix} v_1 \\ v_2 \\ \vdots \\ v_n \end{bmatrix}$$

即

$$L - A\hat{X} = V \tag{6.31}$$

等精度测量时，残差平方和最小这一条件的矩阵形式为

$$[v_1 v_2 \cdots v_n] \begin{bmatrix} v_1 \\ v_2 \\ \vdots \\ v_n \end{bmatrix} = \min \tag{6.32}$$

即

$$V^{\mathrm{T}} V = \min \tag{6.33}$$

或

$$(L - A\hat{X})^{\mathrm{T}} (L - A\hat{X}) = \min \tag{6.34}$$

2. 正规方程

下面介绍利用矩阵方法推导正规方程并给出最小二乘问题的矩阵解。

因 $\dfrac{\partial}{\partial X}(V^{T}AV) = 2\dfrac{\partial V^{T}}{\partial X}AV$ ，所以有

$$\frac{\partial(V^{T}V)}{\partial \hat{X}} = 2\frac{\partial V^{T}}{\partial \hat{X}}V \tag{6.35}$$

又因 $V = L - A\hat{X}$ ，从而有

$$V^{T} = (L - A\hat{X})^{T} = L^{T} - \hat{X}^{T}A^{T} \tag{6.36}$$

由 $\dfrac{\partial}{\partial X}(X^{T}A) = A$ ，得

$$\frac{\partial V^{T}}{\partial \hat{X}} = -A^{T} \tag{6.37}$$

将式(6.37)代入式(6.35)，得

$$\frac{\partial(V^{T}V)}{\partial \hat{X}} = 2\frac{\partial V^{T}}{\partial \hat{X}}V = -2A^{T}V = 0 \tag{6.38}$$

即

$$A^{T}V = 0 \tag{6.39}$$

式(6.39)即为矩阵形式的正规方程。

由于

$$\frac{\partial^{2}(V^{T}V)}{\partial \hat{X}^{2}} = \frac{\partial(-2A^{T}V)}{\partial \hat{X}} = -2A^{T}\frac{\partial V}{\partial \hat{X}} \tag{6.40}$$

将 $L - A\hat{X} = V$ 代入式(6.40)，得

$$\frac{\partial^{2}(V^{T}V)}{\partial \hat{X}^{2}} = -2A^{T}(-A) = A^{T}A > 0 \tag{6.41}$$

显然，因 $\dfrac{\partial(V^{T}V)}{\partial \hat{X}^{2}} = 0$ ， $\dfrac{\partial^{2}(V^{T}V)}{\partial \hat{X}^{2}} > 0$ ，所以 $\displaystyle\sum_{i=1}^{n} v_{i}^{2} = \min$ 是成立的。

由 $A^{T}V = 0$ 及 $V = L - A\hat{X}$ ，则式(6.39)所示的正规方程又可表示为

$$A^{T}L - A^{T}A\hat{X} = 0 \tag{6.42}$$

即

$$(A^{T}A)\hat{X} = A^{T}L \tag{6.43}$$

若 A 的秩为 t ，则矩阵 $A^{T}A$ 满秩，且其行列式 $|A^{T}A| \neq 0$ ，此时 $(A^{T}A)^{-1}$ 左乘式(6.43)两边，就得到正规方程解的矩阵表达式：

$$\hat{X} = (A^{T}A)^{-1}A^{T}L \tag{6.44}$$

3. 精度估计

等精度测量中，估计量 $x_1, x_2, \cdots, x_t$ 的标准差为

$$\begin{cases} s_{x_1} = s\sqrt{d_{11}} \\ s_{x_2} = s\sqrt{d_{22}} \\ \quad\vdots \\ s_{x_t} = s\sqrt{d_{tt}} \end{cases} \tag{6.45}$$

式中，s 为测量数据的标准差，$s = \sqrt{\dfrac{\sum\limits_{i=1}^{n} v_i^2}{n-t}}$。式中的不定乘数，可由矩阵 $\boldsymbol{A}^{\mathrm{T}}\boldsymbol{A}$ 求逆得到，即

$$(\boldsymbol{A}^{\mathrm{T}}\boldsymbol{A})^{-1} = \begin{bmatrix} d_{11} & d_{12} & \cdots & d_{1t} \\ d_{21} & d_{22} & \cdots & d_{2t} \\ \vdots & \vdots & & \vdots \\ d_{t1} & d_{t2} & \cdots & d_{tt} \end{bmatrix} \tag{6.46}$$

对角线上的元素分别对应 $d_{11}, d_{22}, \cdots, d_{tt}$。

例 6.2 已知铜棒的长度和温度之间具有线性关系：$y_t = y_0(1 + \alpha t)$。为获得 0℃时的铜棒长度 y_0 和铜的线膨胀系数 α，现测得不同温度下铜棒的长度如表 6-1 所示，求 y_0 和 α 的最可信赖值及其精度估计。

表 6-1　不同温度下铜棒的长度

i	1	2	3	4	5	6
$t_i / ℃$	10	20	25	30	40	45
l_i / mm	2000.36	2000.72	2000.80	2001.07	2001.48	2001.60

解 列出误差方程：

$$v_i = l_i - (y_0 + \alpha y_0 t_i)$$

令 $y_0 = c$、$\alpha y_0 = d$ 为两个待估计参量，则误差方程可写为

$$v_i = l_i - (c + t_i d)$$

按照最小二乘的矩阵形式计算：

$$\boldsymbol{L} = \begin{bmatrix} 2000.36 \\ 2000.72 \\ 2000.80 \\ 2001.07 \\ 2001.48 \\ 2001.60 \end{bmatrix}, \quad \hat{\boldsymbol{X}} = \begin{bmatrix} c \\ d \end{bmatrix}, \quad \boldsymbol{A} = \begin{bmatrix} 1 & 10 \\ 1 & 20 \\ 1 & 25 \\ 1 & 30 \\ 1 & 40 \\ 1 & 45 \end{bmatrix}$$

则有

$$C^{-1} = (A^{\mathrm{T}}A)^{-1} = \begin{bmatrix} 1.13 & -0.034 \\ -0.034 & 0.0012 \end{bmatrix}$$

那么

$$\hat{X} = C^{-1}A^{\mathrm{T}}L = \begin{bmatrix} c \\ d \end{bmatrix} = \begin{bmatrix} 1999.97 \\ 0.03654 \end{bmatrix}$$

所以得到

$$y_0 = c = 1999.97\,\mathrm{mm}$$

$$\alpha = d / y_0 = 0.0000183\,/\,℃$$

因此，铜棒长度 y_t 随温度 t 的线性变化规律为

$$y_t = 1999.97(1 + 0.0000183t)$$

求解铜棒长度的测量精度，列出残差方程

$$v_i = l_i - 1999.97(1 + 0.0000183t_i),\ i = 1, 2, \cdots, 6$$

将 t_i、l_i 的值代入上式，求得残差 v_i，进而求得 v_i^2 及 $\sum_{i=1}^{n} v_i^2$，见表 6-2。

表 6-2

i	l_i/mm	t_i/℃	αt_i	$y_0(1 + \alpha t_i)$	v_i/mm	v_i^2
1	2000.36	10	0.0001830	2000.336	0.024	5.76×10^{-4}
2	2000.72	20	0.0003660	2000.702	0.018	3.24×10^{-4}
3	2000.80	25	0.0004575	2000.885	-0.085	72.25×10^{-4}
4	2001.07	30	0.0005480	2001.068	0.002	0.04×10^{-4}
5	2001.48	40	0.0007320	2001.436	0.046	21.16×10^{-4}
6	2001.60	45	0.0008235	2001.617	-0.017	2.88×10^{-4}
$\sum$	—	—	—	—	—	105.34×10^{-4}

将 $\sum_{i=1}^{n} v_i^2 = 105 \times 10^{-4}\,\mathrm{mm}^2$ 代入式 (6.27)，得到标准差的估计值：

$$s = \sqrt{\frac{\sum_{i=1}^{n} v_i^2}{n - t}} = \sqrt{\frac{105 \times 10^{-4}}{6 - 2}}\,\mathrm{mm} = 0.051\,\mathrm{mm}$$

求解铜棒长度和线膨胀系数估计量的精度：

由

$$D = \begin{bmatrix} d_{11} & d_{12} & \cdots & d_{1t} \\ d_{21} & d_{22} & \cdots & d_{2t} \\ \vdots & \vdots & & \vdots \\ d_{t1} & d_{t2} & \cdots & d_{tt} \end{bmatrix} = (A^{\mathrm{T}}A)^{-1} = \begin{bmatrix} 1.13 & -0.034 \\ -0.034 & 0.0012 \end{bmatrix}$$

代入式(6.45)得

$$s_c = s\sqrt{d_{11}} = 0.051\times\sqrt{1.13} = 0.054(\mathrm{mm})$$

$$s_d = s\sqrt{d_{22}} = 0.051\times\sqrt{0.0012} = 0.0018(\mathrm{mm/℃})$$

所以最后得到铜棒的长度和线膨胀系数的估计量的精度为

$$s_{y_0} = s_c = 0.054\,\mathrm{mm}$$

$$s_\alpha = \frac{s_d}{y_0} = \frac{0.0018}{1999.97}\,/℃ = 9.0\times10^{-7}\,/℃$$

例 6.3　已知两个量 x、y 的关系为 $y=a+bx$，测得 (x_i, y_i) 的数值如下：

x：16，21，18，21，28，24。

y：4364，4366，4362，4365，4378，4370。

在 Excel 中利用矩阵计算 a、b 及其标准不确定度(精度)。

解　将测量数据代入残差方程，得

$$\begin{cases} a+16b-4364=0 \\ a+21b-4366=0 \\ a+19b-4366=0 \\ a+21b-4365=0 \\ a+29b-4378=0 \\ a+24b-4370=0 \end{cases}$$

Excel 的计算过程如图 6-1 所示。

D2　=(C2-(G12+B2*G13))

	A	B	C	D	E	F	G	H	I	J	K
1	A		L	υ	υ²	A'					
2	1	16	4364	3.346	11.193	1	1	1	1	1	1
3	1	21	4366	-0.695	0.483	16	21	19	21	29	24
4	1	19	4362	-2.279	5.192						
5	1	21	4365	-1.695	2.872						
6	1	29	4378	1.641	2.693						
7	1	24	4370	-0.319	0.102						
8	均值	21.667	4367.5								
9				Σ	22.5336						
10			s(υ)=SQRT(E9/4)		2.37348						
11	A'A=MMULT(F2:K3,A2:B7)			A'L=MMULT(F2:K3,C2:C7)			MMULT(MINVERSE(A12:B13),D12:D13)				
12	6	130		26205		a=	4341.3				
13	130	2916		567895		b=	1.208				
14											
15	(A'A)⁻¹=MINVERSE(A12:B13)										
16	4.892617	-0.21812	u(a)=s(a)=E10*SQRT(A16)=			5.250					
17	-0.21812	0.010067	u(b)=s(b)=E10*SQRT(B17)=			0.238					

图 6-1　利用最小二乘法的矩阵计算不确定度的过程

将残差方程中待测量 a 和 b 的系数矩阵 $\boldsymbol{A}$ 输入在 A2:B7 中，将测量量 y 的测值矩阵 $\boldsymbol{L}$ 输入在 C2:C7 中。在计算 $\boldsymbol{A}$ 的转置矩阵 $\boldsymbol{A}^{\mathrm{T}}$ 时，要先选择输出区，如选中 F2:K3，然后输入公式“=TRANSPOSE(A2:B7)”，同时按下 Ctrl+Shift+Enter 键。在计算矩阵相乘 $(\boldsymbol{A}^{\mathrm{T}}\boldsymbol{A})$ 时，要先选择输出区，如 A12:B13，然后输入公式“=MMULT(F2:K3,A2:B7)”，同时按下 Ctrl+Shift+Enter 键。

采用同样的方法计算 $\boldsymbol{A}^{\mathrm{T}}\boldsymbol{L}$ 和 $(\boldsymbol{A}^{\mathrm{T}}\boldsymbol{A})^{-1}\boldsymbol{A}^{\mathrm{T}}\boldsymbol{L}$：

计算结果为 $a = 4341.3$ ，$b = 1.21$ 。

将 a 与 b 的值代入残差方程，残差置于 D2:D7。

根据公式 $s = \sqrt{\dfrac{\sum v_i^2}{n-t}}$ ，计算得 $s = 1.21$ 。

计算 $(A^{\mathrm{T}}A)^{-1}$ 。将结果置于 A16:B17 中。

取其对角线元素，根据公式 $\begin{cases} s_{x_1} = s\sqrt{d_{11}} \\ s_{x_2} = s\sqrt{d_{22}} \\ \quad\vdots \\ s_{x_t} = s\sqrt{d_{tt}} \end{cases}$ 计算 a、b 的不确定度：

$$u(a) = 5.25$$
$$u(b) = 0.24$$

结果为

$$a = 4341, \quad u(a) = 5.25$$
$$b = 1.21, \quad u(b) = 0.24$$

6.2.3 不等精度测量线性参数最小二乘处理

1. 残余误差方程

设有 $n\times 1$ 阶矩阵(列向量)

$$\boldsymbol{L}^* = \begin{bmatrix} l_1 \\ l_2 \\ \vdots \\ l_n \end{bmatrix}, \quad \boldsymbol{V}^* = \begin{bmatrix} v_1 \\ v_2 \\ \vdots \\ v_n \end{bmatrix}$$

$n\times t$ 阶矩阵 $(n > t)$

$$\boldsymbol{A}^* = \begin{bmatrix} a_{11} & a_{12} & a_{1t} \\ a_{21} & a_{22} & a_{2t} \\ a_{n1} & a_{n2} & a_{nt} \end{bmatrix}$$

则线性参数不等精度测量的残差方程的矩阵式为

$$\boldsymbol{L}^* - \boldsymbol{A}^* \hat{X} = \boldsymbol{V}^* \tag{6.47}$$

此时，最小二乘条件用矩阵的形式可表示为

$$\boldsymbol{V}^{*\mathrm{T}}\boldsymbol{V}^* = 最小 \tag{6.48}$$

或

$$(\boldsymbol{L}^* - \boldsymbol{A}^* \hat{X})^{\mathrm{T}}(\boldsymbol{L}^* - \boldsymbol{A}^* \hat{X}) = \min \tag{6.49}$$

2. 正规方程

不等精度测量中，线性参数的误差方程仍如式(6.4)一样，但在进行最小二乘法处理时，

要取加权残余误差平方和为最小，即

$$\sum_{i=1}^{n} p_i v_i^2 = \min \tag{6.50}$$

对 $\sum_{i=1}^{n} p_i v_i^2$ 求导数并令其为 0，得

$$\begin{cases} \dfrac{\partial (\sum\limits_{i=1}^{n} p_i v_i^2)}{\partial x_1} = 0 \\[4mm] \dfrac{\partial (\sum\limits_{i=1}^{n} p_i v_i^2)}{\partial x_2} = 0 \\ \quad\vdots \\ \dfrac{\partial (\sum\limits_{i=1}^{n} p_i v_i^2)}{\partial x_t} = 0 \end{cases} \tag{6.51}$$

该方程满足

$$\sum_{i=1}^{n} p_i v_i^2 = \min \tag{6.52}$$

的条件，经整理后得如下方程组：

$$\begin{cases} \sum\limits_{i=1}^{n} p_i a_{i1} a_{i1} x_1 + \sum\limits_{i=1}^{n} p_i a_{i1} a_{i2} x_2 + \cdots + \sum\limits_{i=1}^{n} p_i a_{i1} a_{it} x_t = \sum\limits_{i=1}^{n} p_i a_{i1} l_i \\[3mm] \sum\limits_{i=1}^{n} p_i a_{i2} a_{i1} x_1 + \sum\limits_{i=1}^{n} p_i a_{i2} a_{i2} x_2 + \cdots + \sum\limits_{i=1}^{n} p_i a_{i2} a_{it} x_t = \sum\limits_{i=1}^{n} p_i a_{i2} l_i \\ \quad\quad\quad\quad\quad\quad\quad\quad\quad\quad\vdots \\ \sum\limits_{i=1}^{n} p_i a_{it} a_{i1} x_1 + \sum\limits_{i=1}^{n} p_i a_{it} a_{i2} x_2 + \cdots + \sum\limits_{i=1}^{n} p_i a_{it} a_{it} x_t = \sum\limits_{i=1}^{n} p_i a_{it} l_i \end{cases} \tag{6.53}$$

式(6.53)是不等精度测量时最小二乘法处理的正规方程。它仍有前述等精度测量时的正规方程的特点，即主对角线各项系数是平方和，为正值，以主对角线为对称轴线的其他各相应项两两相等。

与等精度测量时最小二乘法处理相似，采用矩阵法推导，可得到不等精度测量线性参数的最小二乘的正规方程，即

$$A^{\mathrm{T}} P V = 0 \tag{6.54}$$

而

$$V = L - A\hat{X} \tag{6.55}$$

所以式(6.54)又可写成

$$A^{\mathrm{T}} P (L - A\hat{X}) = 0 \tag{6.56}$$

即

$$A^{\mathrm{T}}PA\hat{X} = A^{\mathrm{T}}PL \tag{6.57}$$

若 A 的秩为 t，则矩阵 $A^{\mathrm{T}}PA$ 满秩，且其行列式 $|A^{\mathrm{T}}PA| \neq 0$，此时，$(A^{\mathrm{T}}PA)^{-1}$ 左乘式 (6.57) 两边，就得到正规方程解得矩阵表达式：

$$\hat{X} = (A^{\mathrm{T}}PA)^{-1}A^{\mathrm{T}}PL \tag{6.58}$$

3. 精度估计

1) 测量数据的精度估计

不等精度测量数据的精度估计与等精度测量数据的精度估计相似，只是公式中的残余误差平方和变为加权残余误差平方和，测量数据的单位权方差的无偏估计为

$$s^2 = \frac{\sum\limits_{i=1}^{n} p_i v_i^2}{n-t} \tag{6.59}$$

故不等精度测量数据的单位权标准差为

$$s = \sqrt{\frac{\sum\limits_{i=1}^{n} p_i v_i^2}{n-t}} \tag{6.60}$$

2) 测量估计量的精度估计

不等精度测量的情况与等精度测量的情况类似。在不等精度测量中，估计量 $x_1, x_2, \cdots, x_t$ 的标准差为

$$\begin{cases} s_{x_1} = s\sqrt{d_{11}} \\ s_{x_2} = s\sqrt{d_{22}} \\ \quad \vdots \\ s_{x_t} = s\sqrt{d_{tt}} \end{cases} \tag{6.61}$$

式中，s 为测量数据的标准差。式中的不定系数，可由矩阵 $A^{\mathrm{T}}PA$ 求逆得到，即

$$(A^{\mathrm{T}}PA)^{-1} = \begin{bmatrix} d_{11} & d_{12} & \cdots & d_{1t} \\ d_{21} & d_{22} & \cdots & d_{2t} \\ \vdots & \vdots & & \vdots \\ d_{t1} & d_{t2} & \cdots & d_{tt} \end{bmatrix}$$

对角线上的元素分别对应 $d_{11}, d_{22}, \cdots, d_{tt}$。

例 6.4　试由下列测量方程组，求 x、y、z 的最可信赖值及其精度。

$$x = 0, \quad p_1 = 85$$
$$y = 0, \quad p_2 = 108$$
$$z = 0, \quad p_3 = 49$$
$$x - y = 0.92, \quad p_4 = 165$$
$$z - y = 1.35, \quad p_5 = 78$$
$$z - x = 1.00, \quad p_6 = 60$$

解　系数矩阵、测量值列向量和权值矩阵分别为

$$A = \begin{bmatrix} 1 & 0 & 0 \\ 0 & 1 & 0 \\ 0 & 0 & 1 \\ 1 & -1 & 0 \\ 0 & -1 & 1 \\ -1 & 0 & 1 \end{bmatrix}, \quad L = \begin{bmatrix} 0 \\ 0 \\ 0 \\ 0.92 \\ 1.35 \\ 1.00 \end{bmatrix}, \quad P = \begin{bmatrix} 85 & 0 & 0 & 0 & 0 & 0 \\ 0 & 108 & 0 & 0 & 0 & 0 \\ 0 & 0 & 49 & 0 & 0 & 0 \\ 0 & 0 & 0 & 165 & 0 & 0 \\ 0 & 0 & 0 & 0 & 78 & 0 \\ 0 & 0 & 0 & 0 & 0 & 60 \end{bmatrix}$$

$(A^{\mathrm{T}}PA)^{-1}$ 矩阵为

$$(A^{\mathrm{T}}PA)^{-1} = \begin{bmatrix} 0.0056 & 0.0034 & 0.0032 \\ 0.0034 & 0.0051 & 0.0032 \\ 0.0032 & 0.0032 & 0.0077 \end{bmatrix}$$

最佳估计值为

$$X = \begin{bmatrix} x \\ y \\ z \end{bmatrix} = (A^{\mathrm{T}}PA)^{-1}A^{\mathrm{T}}PL = \begin{bmatrix} 0.184 \\ -0.481 \\ 0.742 \end{bmatrix}$$

残余误差为

$$v_1 = l_1 - x = -0.184$$
$$v_2 = l_2 - y = 0.481$$
$$v_3 = l_3 - z = -0.742$$
$$v_4 = l_4 - (x - y) = 0.255$$
$$v_5 = l_5 - (z - y) = 0.127$$
$$v_6 = l_6 - (z - x) = 0.442$$

直接测量量标准差为

$$s = \sqrt{\frac{\sum_{i=1}^{n} p_i v_i^2}{n-t}} = 5.117$$

由 $(A^{\mathrm{T}}PA)^{-1}$ 矩阵，可得不定乘数为

$$\begin{cases} d_{11} = 0.0056 \\ d_{22} = 0.0051 \\ d_{33} = 0.0077 \end{cases}$$

最佳估计量的标准差为

$$\begin{cases} s_x = s\sqrt{d_{11}} = 0.38 \\ s_y = s\sqrt{d_{22}} = 0.37 \\ s_z = s\sqrt{d_{33}} = 0.45 \end{cases}$$

例 6.5　某测量过程有误差方程式及相应的标准差：

$$v_1 = 6.44 - (x_1 + x_2), \quad \sigma_1 = 0.06$$
$$v_2 = 8.60 - (x_1 + 2x_2), \quad \sigma_2 = 0.06$$
$$v_3 = 10.81 - (x_1 + 3x_2), \quad \sigma_3 = 0.08$$
$$v_4 = 13.22 - (x_1 + 4x_2), \quad \sigma_4 = 0.08$$
$$v_5 = 15.27 - (x_1 + 5x_2), \quad \sigma_5 = 0.08$$

试求 x_1 和 x_2 的最可信赖值。

　　解　确定这个公式的权为

$$p_1 : p_2 : p_3 : p_4 : p_5 = \frac{1}{\sigma_1^2} : \frac{1}{\sigma_2^2} : \frac{1}{\sigma_3^2} : \frac{1}{\sigma_4^2} : \frac{1}{\sigma_5^2} = 16 : 16 : 9 : 9 : 9$$

取各式的权为

$$p_1 = 16, \quad p_2 = 16, \quad p_3 = 9, \quad p_4 = 9, \quad p_5 = 9$$

现用表 6-3 计算给出正规方程常数项和系数。

表 6-3

i	a_{i1}	a_{i2}	p_i	$p_i a_{i1}^2$	$p_i a_{i2}^2$	$p_i a_{i1} a_{i2}$	l_i	$p_i a_{i1} l_i$	$p_i a_{i2} l_i$
1	1	1	16	16	16	16	6.44	103.04	103.04
2	1	2	16	16	64	32	8.60	137.60	275.20
3	1	3	9	9	81	27	10.81	97.29	291.87
4	1	4	9	9	144	36	13.22	118.98	475.92
5	1	5	9	9	225	45	15.27	137.43	687.15
$\sum$				59	530	156		549.34	1833.18

　　可得正规方程

$$\begin{cases} 59x_1 + 156x_2 = 594.34 \\ 156x_1 + 530x_2 = 1833.18 \end{cases}$$

解得最小二乘法处理结果为

$$\begin{cases} x_1 \approx 4.186 \\ x_2 \approx 2.227 \end{cases}$$

　　也可以使用矩阵求解。令

$$L = \begin{bmatrix} 6.44 \\ 8.60 \\ 10.81 \\ 13.22 \\ 15.27 \end{bmatrix}, \quad \hat{X} = \begin{bmatrix} x_1 \\ x_2 \end{bmatrix}, \quad A = \begin{bmatrix} 1 & 1 \\ 1 & 2 \\ 1 & 3 \\ 1 & 4 \\ 1 & 5 \end{bmatrix}, \quad P_{m \times n} = \begin{bmatrix} 16 & 0 & 0 & 0 & 0 \\ 0 & 16 & 0 & 0 & 0 \\ 0 & 0 & 9 & 0 & 0 \\ 0 & 0 & 0 & 9 & 0 \\ 0 & 0 & 0 & 0 & 9 \end{bmatrix}$$

得

$$\hat{X} = \begin{bmatrix} x_1 \\ x_2 \end{bmatrix} = (A^{\mathrm{T}}PA)^{-1}A^{\mathrm{T}}PL = \begin{bmatrix} 4.186 \\ 2.227 \end{bmatrix}$$

例 6.6　为精密测定 1 号、2 号和 3 号电容器的电容 x_1、x_2、x_3，进行了等权独立、无系统误差的测量。测得 1 号电容值 $C_1 = 0.3$，2 号电容值 $C_2 = -0.4$，1 号和 3 号并联电容值 $C_3 = 0.5$，2 号和 3 号并联电容值 $C_4 = -0.3$。试用最小二乘法求 x_1、x_2、x_3 及其标准差。

解　列出残差方程组为

$$\begin{cases} v_1 = 0.3 - x_1 \\ v_2 = -0.4 - x_2 \\ v_3 = 0.5 - (x_1 + x_2) \\ v_4 = -0.3 - (x_2 + x_3) \end{cases}$$

为计算方便，将数据列于表 6-4 中。

表 6-4

i	a_{i1}	a_{i2}	a_{i3}	y_i	$a_{i1}a_{i1}$	$a_{i1}a_{i2}$	$a_{i1}a_{i3}$
1	1	0	0	0.3	1	0	0
2	0	1	0	−0.4	0	0	0
3	1	0	1	0.5	1	0	1
4	0	1	0	−0.3	0	0	0
$\sum$					2	0	1

i	$a_{i1}y_i$	$a_{i2}a_{i2}$	$a_{i2}a_{i3}$	$a_{i2}y_i$	$a_{i3}a_{i3}$	$a_{i3}y_i$
1	0.3	0	0	0	0	0
2	0	1	0	−0.4	0	0
3	0.5	0	0	0	1	0.5
4	0	1	1	−0.3	1	−0.3
$\sum$	0.8	2	1	−0.7	2	0.2

按表 6-4 计算正规方程组各系数和常数项后，列出正规方程组：

$$\begin{cases} 2x_1 + 0x_2 + x_3 = 0.8 \\ 0x_1 + 2x_2 + x_3 = -0.7 \\ x_1 + x_2 + 2x_3 = 0.2 \end{cases}$$

解出

$$x_1 = 0.325, \quad x_2 = -0.425, \quad x_3 = 0.150$$

代入残差方程组，计算：

$$v_1 = v_2 = -v_3 = v_4 = -0.025$$

$$\left[\sum_{i=1}^{4} v_i^2 \right] = v_1^2 + v_2^2 + v_3^2 + v_4^2 = 0.0025$$

$$\sigma = \sqrt{\frac{0.0025}{4-3}} = 0.05$$

由 $d_{11} = 0.75$、$d_{22} = 0.75$、$d_{33} = 1$，求出：

$$\sigma_{x_j} = \sqrt{d_{jj}}\,\sigma$$

$$\sigma_{x_1} = 0.0433, \quad \sigma_{x_2} = 0.0433, \quad \sigma_{x_3} = 0.050$$

最后得 1 号、2 号和 3 号电容器的精密电容值：

$$x_1 = 0.325 \pm 3\sigma_{x_1}, \quad x_2 = -0.425 \pm 3\sigma_{x_2}, \quad x_3 = -0.150 \pm 3\sigma_{x_3}$$

也可以用矩阵形式求解，这里显然有

$$A = \begin{bmatrix} 1 & 0 & 0 \\ 0 & 1 & 0 \\ 1 & 0 & 1 \\ 0 & 1 & 1 \end{bmatrix}, \quad Y = \begin{bmatrix} 0.3 \\ -0.4 \\ 0.5 \\ -0.3 \end{bmatrix}$$

这样可求得

$$A^{\mathrm{T}} = \begin{bmatrix} 1 & 0 & 1 & 0 \\ 0 & 1 & 0 & 1 \\ 0 & 0 & 1 & 1 \end{bmatrix}$$

$$A^{\mathrm{T}}A = \begin{bmatrix} 2 & 0 & 1 \\ 0 & 2 & 1 \\ 1 & 1 & 2 \end{bmatrix}$$

$$(A^{\mathrm{T}}A)^{-1} = \begin{bmatrix} 0.75 & 0.25 & -0.5 \\ 0.25 & 0.75 & -0.5 \\ -0.5 & -0.5 & 1 \end{bmatrix}$$

由 $(A^{\mathrm{T}}A)^{-1}$ 得

$$\begin{cases} d_{11} = 0.75 \\ d_{22} = 0.75 \\ d_{33} = 1 \end{cases}$$

故其标准差

$$\begin{cases} \sigma_{x_1} = \sigma\sqrt{d_{11}} = 0.0433 \\ \sigma_{x_2} = \sigma\sqrt{d_{22}} = 0.0433 \\ \sigma_{x_3} = \sigma\sqrt{d_{33}} = 0.05 \end{cases}$$

6.3 非线性参数最小二乘法处理

6.3.1 非线性参数的最小二乘法处理程序

非线性参数的最小二乘法处理程序可归结为：首先采取线性化的方法，将非线性函数化为线性函数，其次根据具体问题列出误差方程式；再按最小二乘原理，利用求极值的方法将误差方程转化为正规方程；然后求解正规方程，得到待求的估计量；最后给出精度估计。

6.3.2　非线性函数线性化

在一般情况下，函数

$$y_i = f_i(x_1, x_2, \cdots, x_t), \quad i = 1, 2, \cdots, n \tag{6.62}$$

为非线性函数。测量的误差方程

$$
\begin{cases}
v_1 = l_1 - f_1(x_1, x_2, \cdots, x_t) \\
v_2 = l_2 - f_2(x_1, x_2, \cdots, x_t) \\
\quad \vdots \\
v_n = l_n - f_n(x_1, x_2, \cdots, x_t)
\end{cases} \tag{6.63}
$$

是非线性方程组。首先将非线性函数化为线性函数，为此，取 $x_{10}, x_{20}, \cdots, x_{t0}$ 为待估计量 x_1，$x_2, \cdots, x_t$ 的近似值，而估计量 x 则可表示为

$$
\begin{cases}
x_1 = x_{10} + \delta_1 \\
x_2 = x_{20} + \delta_2 \\
\quad \vdots \\
x_t = x_{t0} + \delta_t
\end{cases} \tag{6.64}
$$

式中，$\delta_1, \delta_2, \cdots, \delta_t$ 分别为估计量与所取近似值的偏差。

因此，只需要求得偏差 $\delta_1, \delta_2, \cdots, \delta_t$ 即可由式(6.64)获得估计量 $x_1, x_2, \cdots, x_t$。

现将函数在 $x_{10}, x_{20}, \cdots, x_{t0}$ 处展开，并取一次项，有

$$f_i(x_1, x_2, \cdots, x_t) = f_i(x_{10}, x_{20}, \cdots, x_{t0}) + \left(\frac{\partial f_i}{\partial x_1}\right)_0 \delta_1 + \left(\frac{\partial f_i}{\partial x_2}\right)_0 \delta_2 + \cdots + \left(\frac{\partial f_i}{\partial x_t}\right)_0 \delta_t, \quad i = 1, 2, \cdots, n \tag{6.65}$$

式中，$\left(\dfrac{\partial f_i}{\partial x_r}\right)_0$ 为函数 f_i 对 x_r 的偏导数在 $x_{10}, x_{20}, \cdots, x_{t0}$ 处的值，$r = 1, 2, \cdots, t$。

将展开式(6.65)代入误差方程(6.63)，并令

$$l_i' = l_i - f_i(x_{10}, x_{20}, \cdots, x_{t0})$$

$$a_{i1} = \left(\frac{\partial f_i}{\partial x_1}\right)_0, \ a_{i2} = \left(\frac{\partial f_i}{\partial x_2}\right)_0, \ \cdots, \ a_{it} = \left(\frac{\partial f_i}{\partial x_t}\right)_0$$

则误差方程(6.63)化为线性方程组

$$
\begin{cases}
v_1 = l_1' - (a_{11}\delta_1 + a_{12}\delta_2 + \cdots + a_{1t}\delta_t) \\
v_2 = l_2' - (a_{21}\delta_1 + a_{22}\delta_2 + \cdots + a_{2t}\delta_t) \\
\quad \vdots \\
v_n = l_n' - (a_{n1}\delta_1 + a_{n2}\delta_2 + \cdots + a_{nt}\delta_t)
\end{cases} \tag{6.66}
$$

于是，就可以按线性参数的情形列出正规方程并求解出 $\delta_r (r = 1, 2, \cdots, t)$，进而可按式(6.64)求得相应的估计量 $x_r (r = 1, 2, \cdots, t)$。

为获得函数的展开式，必须首先确定未知数的近似值，其方法如下。

(1) 直接测量。对未知量 x_r 直接进行测量，所得结果即可作为其近似值。

(2) 通过部分方程式进行计算。从误差方程中选取最简单的 t 个方程式，采用近似的求解方法，如令 $v_i = 0$，于是可以得到一个 t 元齐次方程组，由此解得 $x_{10}, x_{20}, \cdots, x_{t0}$ 即为未知数的近似值。选用哪种方法，应视具体问题而定。

例 6.7 将下面的非线性残差方程组化成线性的形式，并给出未知参数 x_1、x_2 的最小二乘处理。

$$\begin{cases} v_1 = 3.42 - x_1^2 \\ v_2 = 2.25 - x_1 x_2 \\ v_3 = 3.72 - 2x_1 \\ v_4 = 3.12 - (x_1 + x_2) \end{cases}$$

解 将残余误差方程改写为非线性方程组的形式：

$$\begin{cases} f_1(x_1, x_2) = x_1^2 = 3.42 \\ f_2(x_1, x_2) = x_1 x_2 = 2.25 \\ f_3(x_1, x_2) = 2x_1 = 3.72 \\ f_4(x_1, x_2) = x_1 + x_2 = 3.12 \end{cases} \tag{6.67}$$

由

$$\begin{cases} 2x_1 = 3.72 \\ x_1 + x_2 = 3.12 \end{cases}$$

得

$$\begin{cases} \hat{x}_1 = 1.86 \\ \hat{x}_2 = 1.26 \end{cases}$$

为了使 f_1、f_2 化为线性函数关系，令 x_1 的近似值 $x_{10} = 1.86$，x_2 的近似值 $x_{20} = 1.26$，则

$$\begin{cases} x_1 = x_{10} + \delta_1 = 1.86 + \delta_1 \\ x_2 = x_{20} + \delta_2 = 1.26 + \delta_2 \end{cases} \tag{6.68}$$

按泰勒级数在 x_{10}、x_{20} 处展开，取一次项，则有

$$f_i(x_1, x_2) = f_i(x_{10}, x_{20}) + \left(\frac{\partial f_i}{\partial x_1}\right) x_1 + \left(\frac{\partial f_i}{\partial x_2}\right) x_2 \tag{6.69}$$

令 $f_i = f_i(x_1, x_2) - f_i(x_{10}, x_{20})$，则有

$$\left(\frac{\partial f_i}{\partial x_1}\right) x_1 + \left(\frac{\partial f_i}{\partial x_2}\right) x_2 = l_i$$

各偏导数为

$$\begin{cases} \left(\dfrac{\partial f_1}{\partial x_1}\right) = 2x_1 = 3.72, \quad \left(\dfrac{\partial f_1}{\partial x_2}\right) = 0 \\ \left(\dfrac{\partial f_2}{\partial x_1}\right) = x_2 = 1.26, \quad \left(\dfrac{\partial f_2}{\partial x_2}\right) = x_1 = 1.86 \\ \left(\dfrac{\partial f_3}{\partial x_1}\right) = 2, \quad \left(\dfrac{\partial f_3}{\partial x_3}\right) = 0 \\ \left(\dfrac{\partial f_4}{\partial x_1}\right) = 1, \quad \left(\dfrac{\partial f_4}{\partial x_2}\right) = 1 \end{cases}$$

将各偏导数代入误差方程(6.63)，得

$$l_1 = 3.42 - 1.86^2 = -0.04$$
$$l_2 = 2.25 - 1.86 \times 1.26 = -0.09$$
$$l_3 = 3.72 - 2 \times 1.86 = 0$$
$$l_4 = 3.12 - (1.86 + 1.26) = 0$$

将以上各式代入式(6.69)，得

$$\begin{cases} 3.72\delta_1 = -0.04 \\ 1.26\delta_1 + 1.86\delta_2 = -0.09 \\ 2\delta_1 = 0 \\ \delta_1 + \delta_2 = 0 \end{cases} \tag{6.70}$$

采用矩阵求解：

$$\boldsymbol{A} = \begin{bmatrix} 3.27 & 0 \\ 1.26 & 1.86 \\ 2 & 0 \\ 1 & 1 \end{bmatrix}, \quad \boldsymbol{L} = \begin{bmatrix} -0.04 \\ -0.09 \\ 0 \\ 0 \end{bmatrix}$$

$$(\boldsymbol{A}^{\mathrm{T}}\boldsymbol{A})^{-1} = \begin{bmatrix} 20.426 & 3.334 \\ 3.334 & 4.460 \end{bmatrix}$$

$$\boldsymbol{X} = \begin{bmatrix} x_1 \\ x_2 \end{bmatrix} = (\boldsymbol{A}^{\mathrm{T}}\boldsymbol{A})^{-1}\boldsymbol{A}^{\mathrm{T}}\boldsymbol{L} = \begin{bmatrix} -0.008 \\ -0.032 \end{bmatrix}$$

所以，得

$$\boldsymbol{X} = \begin{bmatrix} \delta_1 \\ \delta_2 \end{bmatrix} = \begin{bmatrix} -0.008 \\ -0.032 \end{bmatrix} \tag{6.71}$$

将式(6.71)代入式(6.68)，得

$$\begin{cases} x_1 = x_{10} + \delta_1 = 1.86 - 0.008 = 1.852 \approx 1.85 \\ x_2 = x_{20} + \delta_2 = 1.26 - 0.032 = 1.228 \approx 1.23 \end{cases}$$

残余误差为

$$v_1 = 3.42 - 1.85^2 = -0.0025$$
$$v_2 = 2.25 - 1.85 \times 1.23 = -0.0255$$
$$v_3 = 3.72 - 2 \times 1.85 = 0.02$$
$$v_4 = 3.12 - (1.85 + 1.23) = 0.04$$

习　　题

6-1　最小二乘法的原理是什么，可以解决哪些实际问题？用最小二乘法处理测量数据的实质意义是什么？最小二乘法问题和回归分析有何联系和区别？

6-2　最小二乘法应用的前提条件是什么？试推导最小二乘原理和算术平均值原理的联系与区别。

6-3　线性参数的最小二乘法一般处理程序是什么？线性参数最小二乘法的正规方程如何得出，它与待求量的精度估计有何联系。

6-4　最小二乘法在解决组合测量中如何应用？

6-5　已知不等精度测量的单位权标准差 $\sigma = 0.004$，正规方程为

$$33x_1 + 32x_2 = 70.184, \quad 32x_1 + 117x_2 = 111.994$$

试给出 x_1、x_2 的最小二乘法处理及其相应精度。

6-6　残差方程及相应的标准差如下：

$$\begin{cases} v_1 = 1.632 - x_1, & s_1 = 0.002 \\ v_2 = 0.510 - x_2, & s_2 = 0.002 \\ v_3 = 2.145 - (x_1 + x_2), & s_3 = 0.003 \\ v_4 = 3.771 - (2x_1 + x_2), & s_4 = 0.003 \\ v_5 = 4.187 - (x_1 + 5x_2), & s_5 = 0.003 \end{cases}$$

试列出正规方程并求解。

6-7　测力计示值 F 与测量时温度的对应值如表(6-5)所示，设 T 值无误差，F 为等精度测量的结果。若 F 随 T 的变化呈线性关系，即 $F = K_0 + KT$，试给出系数 K_0 与 K 的最小二乘估计。

表 6-5

T	15	18	21	24	27	30
F/N	43.61	43.63	43.68	43.71	43.74	43.78

6-8　不等精度测量的方程组如下：

$$x - 3y = -5.6, \quad p_1 = 1$$
$$4x + y = 8.1, \quad p_2 = 2$$
$$2x - 3y = 0.5, \quad p_3 = 3$$

试用代数法求 x、y 的最小二乘法处理及其相应精度。

6-9　已知误差方程为

$$v_1 = 10.013 - x_1, \quad v_3 = 10.002 - x_3, \quad v_5 = 0.008 - (x_1 - x_3)$$
$$v_2 = 10.010 - x_2, \quad v_4 = 0.004 - (x_1 - x_2), \quad v_6 = 0.006 - (x_2 - x_3)$$

试给出 x_1、x_2、x_3 的最小二乘法处理及其相应精度。

6-10　研究米尺基准器的线膨胀系数，得出在不同温度时该基准器的长度修正值可用公式 $\Delta L = x + yt + zt^2$ 表示。式中，x 为 $0\,℃$ 时米尺基准器的修正值(单位为 μm)；y 和 z 为温度系数；t 为温度。在不同温度时米尺基准器的修正值 ΔL 如表 6-6 所示。试求 x、y、z 的最小二乘法处理及其相应精度。

表 6-6

$t/℃$	0.551	5.363	10.459	14.277	17.806	22.103	24.633	28.986	34.417
$\Delta L/\mu m$	5.70	47.61	91.49	124.25	154.87	192.64	214.57	252.09	299.84

6-11　将下面的非线性残余误差方程组化成线性的形式，并求 R_1、R_2 的最小二乘法处理及相应精度。

$$\begin{cases} 5.13 - R_1 = v_1 \\ 8.26 - R_2 = v_2 \\ 13.21 - (R_1 + R_2) = v_3 \\ 3.01 - \dfrac{R_1 R_2}{R_1 + R_2} = v_4 \end{cases}$$

6-12　测量平面三角形的三个角，得 $A = 48°5'10''$，$B = 60°25'24''$，$C = 70°42'7''$。假设各测量值权分别为 1、2、3，求 A、B、C的最佳估计值。

6-13　现有两个电容器，分别测其电容，然后又将其串联和并联测量，测得结果如下：

$$C_1 = 0.2071\mu F, \quad C_1 + C_2 = 0.4111\mu F$$

$$C_2 = 0.2056\mu F, \quad \frac{C_1 C_2}{C_1 + C_2} = 0.1035\mu F$$

试求电容器电容量的最可信赖值及其精度。

6-14　如图 6-2 所示，已知直接测量刻线的各种组合量，要求检定刻线 A、B、C、D 间距离 X_1、X_2、X_3，测量数据的标准差以及估计量的标准差。编制相应的处理程序，并分析运行结果。已知 $L_1 = 2.018\text{mm}$，$L_2 = 1.986\text{mm}$，$L_3 = 2.020\text{mm}$，$L_4 = 4.020\text{mm}$，$L_5 = 3.984\text{mm}$，$L_5 = 6.030\text{mm}$。

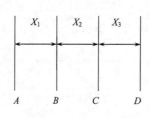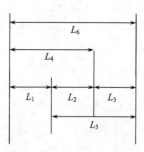

图 6-2

6-15　等精度测量方程为

$$\begin{cases} Y_1 = 5X_1 - 0.2X_2 \\ Y_2 = 2X_1 - 0.5X_2 \\ Y_3 = X_1 - X_2 \end{cases}$$

对 Y 的测量值分别为

$$l_1 = 0.8$$
$$l_2 = 0.2$$
$$l_3 = -0.3$$

试求 X_1、X_2 的最小二乘估计及其精度估计。

6-16　已知某金属棒的长度和温度之间的关系为 $L_t = L_0(1 + \alpha t)$。在不同温度下，测得该金属棒的长度如表 6-7 所示。请用最小二乘法估计 $0°C$ 时金属棒的长度和金属的线膨胀系数 α。

表 6-7

$t / °C$	10.0	40.0	70.0	100.0
L_t / mm	20.0	21.0	23.0	24.0

第 7 章 回 归 分 析

7.1 概 述

在生产和科学研究中，还有一类问题，即测量和处理数据的目的并不是被测量的估计值，而是为了寻求两个变量或多个变量之间的内在关系。

1. 函数关系与相关关系

相关是指自然与社会现象等客观现象数量关系的一种表现。相互关联的变量之间的关系可以分成两种类型：函数关系与相关关系。

1)函数关系

函数关系反映了相关变量间存在着完全确定的关系。在这种关系中，对于某一变量的一个数值，都有另一变量的确定值与之对立，如圆的面积 s 与半径 r 存在函数关系 $s = \pi r^2$，r 值发生变化时，有确定的 s 值与之对应。

2)相关关系

相关关系是指现象之间确实存在着一定的联系，但数量关系表现为不严格相互依存关系。即对于一个变量或几个变量为一定值时，另一变量值表现为在一定范围内的随机波动，具有非确定性，变量之间不能完全用函数来表达。例如，一块农田的水稻产量与施肥量的关系。

相关关系与函数关系均是指变量间的相互关系。函数关系是一种确定关系；而相关关系是一种非确定关系。函数关系是自变量与因变量之间的关系，这种关系是两个非随机变量的关系；而相关关系是非随机变量与随机变量的关系。这两种类型的关系在一定条件下可以互相转化。确定性关系和相关关系之间往往没有严格的界限。由于测量误差等原因，确定性关系在实际中往往通过相关关系表现出来；另一方面，通过对事物内部发展变化规律的更深刻的认识，相关关系又可能转化为确定性关系。

2. 回归分析的类型

回归分析研究两个及两个以上的变量时，根据变量的地位、作用不同，分为自变量和因变量。一般把作为估测根据的变量叫作自变量，把待估测的变量叫作因变量。反映自变量和因变量之间联系的数学表达式叫作回归方程，某一类回归方程称为回归模型。

(1)在回归分析中，根据研究的自变量的多少可以分为一元回归和多元回归。只有一个自变量和一个因变量的回归称为一元回归或简单回归。若自变量的数目在两个或两个以上，因变量只有一个，则称为多元回归。

(2)根据所建立的回归模型的形式，又可以分为线性回归和非线性回归。回归方程的因变量是自变量的一次函数形式，回归线图在坐标图上表现为一条直线的为线性回归。回归方程的因变量是自变量的二次或二次以上函数形式，回归线图在坐标图上表现为曲线形状，称为非线性回归或曲线回归。

　　研究一个因变量与一个自变量之间的线性关系，称为一元线性回归或简单线性回归；研究一个因变量与多个自变量之间的线性关系，称为多元线性回归。

　　3. 回归分析的内容

　　(1)建立回归方程。依据研究对象变量之间的关系建立回归方程。

　　(2)进行相关关系的检验。相关关系检验就是选择恰当的相关指标，判定所建立的回归方程中变量之间关系的密切程度。相关程度越高，就表明回归方程与实际值的偏差越小，拟合效果越好。如果回归方程变量间的相关关系不好，所建立的回归方程就失去了意义。

　　(3)利用回归模型进行预测。如果回归方程拟合得好，就可以用它来作变量的预测，根据自变量取值来估计因变量的值。由于回归方程与实际值之间存在误差，预测值不可能就是由回归方程计算所得的确定值，其应该处于一个范围或区间。这个区间称为预测值的置信区间，它说明回归模型的适用范围或精确程度。实际值位于该区间的可靠度一般应在95%以上。

7.2　一元线性回归

　　一元回归是处理两个变量之间的关系，即两个变量 x 和 y 之间的关系。假如两个变量之间的关系是线性的就称为一元线性回归。这就是工程上和科研中常遇到的直线拟合问题。

7.2.1　回归方程的确定

　　x 和 y 为线性关系，其一元线性回归模型可以表示为

$$y_t = \beta_0 + \beta x_t + \varepsilon_t, \quad t = 1, 2, \cdots, N \tag{7.1}$$

式中，$\varepsilon_1, \varepsilon_2, \cdots, \varepsilon_N$ 表示其他随机因素对因变量 $y_1, y_2, \cdots, y_N$ 影响的总和，通常是一组相互独立且服从正态分布 $N(0, \sigma)$ 的随机变量；β_0 称为回归常数；β 称为回归系数。

　　变量 x 是随机变量，也可以是一般变量，不特别指出时，都按一般变量处理，即它是没有误差的变量。这样变量 y 也是服从正态分布 $N(\beta_0 + \beta_1 x_t, \sigma)$ 的随机变量。

　　设 b_0 和 b 分别是参数 β_0 和 β 的最小二乘估计值，于是得到一元线性回归方程：

$$\hat{y} = b_0 + bx \tag{7.2}$$

对于每一个 x_t，由式(7.2)可确定一个回归值：

$$\hat{y}_t = b_0 + bx_t, \quad t = 1, 2, \cdots, N \tag{7.3}$$

实际测得值 y_t 与这个回归值 $\hat{y}_t$ 之差就是残余误差 v_t，即

$$v_t = y_t - \hat{y}_t = y_t - (b_0 + bx_t), \quad t = 1, 2, \cdots, N \tag{7.4}$$

应用最小二乘原理可求解回归系数 b_0 和 b，可得到最小二乘法的矩阵形式，令

$$\boldsymbol{Y} = \begin{bmatrix} y_1 \\ y_2 \\ \vdots \\ y_N \end{bmatrix}, \quad \boldsymbol{X} = \begin{bmatrix} 1 & x_1 \\ 1 & x_2 \\ \vdots & \vdots \\ 1 & x_N \end{bmatrix}, \quad \hat{\boldsymbol{b}} = \begin{bmatrix} b_0 \\ b \end{bmatrix}, \quad \boldsymbol{V} = \begin{bmatrix} v_1 \\ v_2 \\ \vdots \\ v_N \end{bmatrix}$$

则误差方程的矩阵形式为

$$Y - X\hat{b} = V \tag{7.5}$$

设测得值 y_t 的精度相等，则有

$$\hat{b} = (X^T X)^{-1} X^T Y \tag{7.6}$$

式中，

$$X^T X = \begin{bmatrix} N & \sum_{t=1}^{N} x_t \\ \sum_{t=1}^{N} x_t & \sum_{t=1}^{N} x_t^2 \end{bmatrix}, \quad X^T Y = \begin{bmatrix} \sum_{t=1}^{N} y_t \\ \sum_{t=1}^{N} x_t y_t \end{bmatrix}$$

$$(X^T X)^{-1} = \frac{1}{N\sum_{t=1}^{N} x_t^2 - \left(\sum_{t=1}^{N} x_t\right)^2} \begin{bmatrix} \sum_{t=1}^{N} x_t^2 & -\sum_{t=1}^{N} x_t \\ -\sum_{t=1}^{N} x_t & N \end{bmatrix}$$

代入式(7.6)，计算可得

$$\hat{b} = (X^T X)^{-1} X^T Y = \frac{1}{N\sum_{t=1}^{N} x_t^2 - \left(\sum_{t=1}^{N} x_t\right)^2} \begin{bmatrix} \sum_{t=1}^{N} x_t^2 & -\sum_{t=1}^{N} x_t \\ -\sum_{t=1}^{N} x_t & N \end{bmatrix} \begin{bmatrix} \sum_{t=1}^{N} y_t \\ \sum_{t=1}^{N} x_t y_t \end{bmatrix}$$

$$= \frac{1}{N\sum_{t=1}^{N} x_t^2 - \left(\sum_{t=1}^{N} x_t\right)^2} \begin{bmatrix} \left(\sum_{t=1}^{N} x_t^2\right)\left(\sum_{t=1}^{N} y_t\right) - \left(\sum_{t=1}^{N} x_t\right)\left(\sum_{t=1}^{N} x_t y_t\right) \\ N\left(\sum_{t=1}^{N} x_t y_t\right) - \left(\sum_{t=1}^{N} x_t\right)\left(\sum_{t=1}^{N} y_t\right) \end{bmatrix}$$

令

$$\bar{x} = \frac{1}{N} \sum_{t=1}^{N} x_t$$

$$\bar{y} = \frac{1}{N} \sum_{t=1}^{N} y_t$$

$$l_{xx} = \sum_{t=1}^{N} (x_t - \bar{x})^2 = \sum_{t=1}^{N} x_t^2 - \frac{1}{N}\left(\sum_{t=1}^{N} x_t\right)^2$$

$$l_{xy} = \sum_{t=1}^{N} (x_t - \bar{x})(y_t - \bar{y}) = \sum_{t=1}^{N} x_t y_t - \frac{1}{N}\left(\sum_{t=1}^{N} x_t\right)\left(\sum_{t=1}^{N} y_t\right)$$

$$l_{yy} = \sum_{t=1}^{N} (y_t - \bar{y})^2 = \sum_{t=1}^{N} y_t^2 - \frac{1}{N}\left(\sum_{t=1}^{N} y_t\right)^2$$

即可得到

$$b = \frac{N\sum_{t=1}^{N} x_t y_t - \sum_{t=1}^{N} x_t \sum_{t=1}^{N} y_t}{N\sum_{t=1}^{N} x_t{}^2 - \left(\sum_{t=1}^{N} x_t\right)^2} = \frac{l_{xy}}{l_{xx}} \tag{7.7}$$

$$b_0 = \frac{\left(\sum_{t=1}^{N} x_t{}^2\right)\left(\sum_{t=1}^{N} y_t\right) - \sum_{t=1}^{N} x_t \sum_{t=1}^{N} x_t y_t}{N\sum_{t=1}^{N} x_t{}^2 - \left(\sum_{t=1}^{N} x_t\right)^2} = \overline{y} - b\overline{x} \tag{7.8}$$

将式(7.8)代入式(7.2)可得到回归直线的另一种形式：

$$\hat{y} - \overline{y} = b(x - \overline{x})$$

该式说明回归直线式(7.2)一定通过点$(\overline{x}, \overline{y})$，这一点对回归直线的作图是有帮助的。

7.2.2　回归方程的方差分析及显著性检验

回归方程式求出来了，但它是否有实际意义呢？这里有两个问题需要解决。

(1) 就这种求回归直线的方法本身而言，对任何两个变量 x 和 y 的一组数据 (x_t, y_t) $(t = 1, 2, \cdots, N)$，都可以用最小二乘法给它们拟合一条直线。这条直线是否基本上符合 y 与 x 之间的客观规律，就是回归方程显著性检验要解决的问题。

(2) 由于 x 与 y 之间是相关关系，知道了 x 的值，并不能精确地知道 y 的值。那么用回归方程，根据自变量 x 的值预报因变量 y 的值，其效果如何？这就是回归方程的预报精度问题。为此，必须对回归问题作进一步分析。

现介绍一种常用的方差分析法，其实质是对 N 个观测值与其算术平均值之差的平方和进行分解，将对 N 个观测值的影响因素从数量上区别开，然后用 F 检验法对所求回归方程进行显著性检验。

1. 回归问题的方差分析

观测值 $y_1, y_2, \cdots, y_N$ 之间的差异(称为变差)是由两个方面原因引起的：①自变量 x 取值的不同；②其他因素(包括实验误差)的影响。为了对回归方程进行检验，首先必须把它们引起的变差从 y 的总变差中分解出来，见图 7-1。

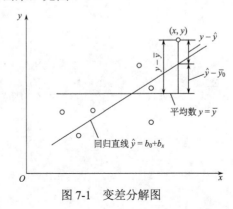

图 7-1　变差分解图

N 个观测值之间的变差，可用观测值 y 与其算术平均值的离差平方和来表示，称为总的离差平方和，记作

$$S = \sum_{t=1}^{N} (y_t - \overline{y})^2 = l_{yy} \tag{7.9}$$

因为

$$\begin{aligned}
S &= \sum_{t=1}^{N} (y_t - \overline{y})^2 = \sum_{t=1}^{N} \left[(y_t - \hat{y}_t) + (\hat{y}_t - \overline{y}) \right]^2 \\
&= \sum_{t=1}^{N} (\hat{y}_t - \overline{y})^2 + \sum_{t=1}^{N} (y_t - \hat{y}_t)^2 + 2\sum_{t=1}^{N} (y_t - \hat{y}_t)(\hat{y}_t - \overline{y})
\end{aligned} \tag{7.10}$$

可以证明，交叉项

$$\sum_{t=1}^{N} (y_t - \hat{y}_t)(\hat{y}_t - \overline{y}) = 0 \tag{7.11}$$

因此总的离差平方和可以分解为两个部分，即

$$\sum_{t=1}^{N} (y_t - \overline{y})^2 = \sum_{t=1}^{N} (\hat{y}_t - \overline{y})^2 + \sum_{t=1}^{N} (y_t - \hat{y}_t)^2 \tag{7.12}$$

简写成

$$S = U + Q \tag{7.13}$$

回归平方和 U 为

$$U = \sum_{t=1}^{N} (\hat{y}_t - \overline{y})^2 \tag{7.14}$$

回归平方和反映了在 y 的总变差中，由于 x 和 y 的线性关系而引起 y 变化的部分。因此回归平方和也就是考虑了 x 和 y 的线性关系部分在总的离差平方和 S 中所占的成分。

残余平方和 Q 为

$$Q = \sum_{t=1}^{N} (y_t - \hat{y}_t)^2 \tag{7.15}$$

残余平方和即所有观测点到回归直线的残余误差 $y_t - \hat{y}_t$ 的平方和。它是除了 x 对 y 的线性影响外的一切因素(包括实验误差、x 对 y 的非线性影响以及其他未加控制的因素)对 y 的变差作用。

这样，通过平方和分解式(7.13)就把对 N 个观测值的两种影响从数量上区分开来了。U 和 Q 的具体计算通常并不是按它们的定义式(式(7.14)和式(7.15))进行的,而是按下式计算:

$$U = \sum_{t=1}^{N} (\hat{y}_t - \overline{y})^2 = bl_{xy} \tag{7.16}$$

$$Q = \sum_{t=1}^{N} (y_t - \hat{y}_t)^2 = l_{yy} - bl_{xy} \tag{7.17}$$

因此，在计算 S、U、Q 时就可以利用回归系数计算过程中的一些结果。

对于每个平方和，都有一个称为"自由度"的数据与它相联系。如果总的离差平方和是

由 N 项组成的，其自由度就是 N-1。如果一个平方和是由几部分相互独立的平方和组成的，则总的自由度等于各部分自由度之和。正如总的离差平方和在数值上可以分解成回归平方和与残余平方和两部分一样，总的离差平方和的自由度 V_S 也等于回归平方和的自由度 V_U 与残余平方和的自由度 V_Q 之和，即

$$V_S = V_U + V_Q \tag{7.18}$$

在回归问题中，总的离差平方和的自由度 $V_S = N-1$，而回归平方和的自由度 V_U 对应于自变量的个数，在一元线性回归问题中，自变量的个数为1，所以回归平方和的自由度 $V_U = 1$，故根据式(7.18)，Q 的自由度 $V_Q = N-2$。

2. 回归方程显著性检验

由回归平方和与残余平方和的意义可知，一个回归方程是否显著，也就是 y 与 x 的线性关系是否密切，取决于 U 及 Q 的大小，U 越大 Q 越小，说明 y 与 x 的线性关系越密切。回归方程显著性检验通常采用 F 检验法，因此要计算统计量 F：

$$F = \frac{U/V_U}{Q/V_Q} \tag{7.19}$$

对一元线性回归：

$$F = \frac{U/1}{Q/(N-2)} \tag{7.20}$$

查 F 分布表(附表 4)，F 分布表中的两个自由度 v_1 和 v_2 分别对应式(7.19)中的 V_U 和 V_Q，即式(7.20)中的 1 和 $N-2$。检验时，一般需要查出 F 分布表中对三种不同显著性水平 α 的数值，设记为 $F_\alpha(1, N-2)$，将这三个数与由式(7.20)计算的 F 值进行比较。

(1)若 $F \geqslant F_{0.01}(1, N-2)$ ，则认为回归是高度显著的(或称在 0.01 水平上显著)；

(2)若 $F_{0.05}(1, N-2) \leqslant F \leqslant F_{0.01}(1, N-2)$，则称回归是显著的(或称在 0.05 水平上显著)；

(3)若 $F_{0.10}(1, N-2) \leqslant F \leqslant F_{0.05}(1, N-2)$ ，则称回归在 0.1 水平上显著；

(4)若 $F < F_{0.10}(1, N-2)$ ，一般认为回归不显著，此时 y 对 x 的线性关系就不密切。

3. 残余方差和残余标准差

残余平方和 Q 除以它的自由度 V_Q 所得的商称为残余方差，即

$$S^2 = \frac{Q}{N-2} \tag{7.21}$$

残余方差可以看作在排除了 x 对 y 的线性影响后(或者当 x 固定时)，衡量 y 随机波动大小的一个估计量。残余方差的正平方根称为残余标准差，即

$$S = \sqrt{\frac{Q}{N-2}} \tag{7.22}$$

残余标准差可以用来衡量所有随机因素对 y 的一次性观测的平均变差的大小，S 越小回归直线的精度越高。当回归方程的稳定性较好时，S 可作为回归方程的精度参数。

4. 方差分析表

把方差分析的结果归纳在一个简单的表格中，这种表称为方差分析表(表 7-1)。

表 7-1 方差分析表

来源	平方和	自由度	方差	F	显著度
回归	$U = bl_{xy}$	1	$S^2 = Q/(N-2)$	$F = \dfrac{U/1}{Q/(N-2)}$	—
残余	$Q = l_{yy} - bl_{xy}$	$N-2$			—
总计	$S = l_{yy}$	$N-1$	—	—	—

利用回归方程，可以在一定显著性水平 α 上，确定与 x 相对应的 y 的取值范围。反之，若要求观测值 y 在一定的范围内取值，利用回归方程可以确定自变量 x 的控制范围。

7.2.3 重复实验情况

用残余平方和检验回归平方和得出的"回归方程显著"这一判断，只表明相对于其他因素及实验误差，因素 x 的一次项对指标 y 的影响是主要的，但它并没有告诉我们，影响 y 的除 x 外，是否还有一个或几个不可忽略的其他因素，x 和 y 的关系是否确实为线性。换言之，在上述意义下的回归方程显著，并不一定表明这个回归方程式拟合得很好。其原因是由于残余平方和中除包括实验误差外，还包括了 x 和 y 线性关系以外的其他未加控制的因素的影响。为了检验一个回归方程拟合的好坏，可以做些重复实验，从而获得误差平方和 Q_E 和失拟平方和 Q_L (它反映了非线性及其他未加控制的因素的影响)，用误差平方和对失拟平方和进行检验，就可以确定回归方程拟合的好坏。

设取 N 个实验点，每个实验点都重复 m 次实验，此时各种平方和及其相应的自由度可按下列各式计算：

$$S = U + Q_L + Q_E, \quad V_S = V_U + V_L + V_E$$

$$S = \sum_{t=1}^{N} \sum_{i=1}^{m} (y_{ti} - \bar{y})^2, \quad V_S = Nm - 1$$

$$U = m \sum_{t=1}^{N} (\hat{y}_t - \bar{y})^2, \quad V_U = 1$$

$$Q_E = \sum_{t=1}^{N} \sum_{i=1}^{m} (y_{ti} - \bar{y}_t)^2, \quad V_{QE} = N(m-1)$$

$$Q_L = m \sum_{t=1}^{N} (\bar{y}_t - \hat{y}_t)^2, \quad V_{QL} = N - 2$$

重复测量情况下的显著性检验通常按如下步骤进行。

首先，用误差平方和 Q_E 对相应的失拟平方和 Q_L 进行第一次 F 检验(F_1 检验)，即

$$F_1 = \frac{Q_L / V_{QL}}{Q_E / V_{QE}} \tag{7.23}$$

为清楚起见，可以分为两种情况讨论：

1. $F_1 < F_\alpha(V_{Q_L}, V_{Q_E})$ 的情况

如果 $F_1 < F_\alpha(V_{Q_L}, V_{Q_E})$，即 F_1 检验结果不显著，说明非线性误差相对于实验误差很小，或者基本上是由实验误差等随机因素引起的。此时，可把失拟平方和 Q_L 与误差平方和 Q_E 合并，对回归平方和进行 F_2 检验，即

$$F_2 = \frac{U / V_U}{(Q_L + Q_E) / (V_{Q_L} + V_{Q_E})} \tag{7.24}$$

如果 $F_2 > F_\alpha(V_{Q_L}, V_{Q_E})$，即 F_2 检验结果显著，说明一元回归方程拟合得很好。

如果 $F_2 < F_\alpha(V_{Q_L}, V_{Q_E})$，即 F_2 检验结果不显著，那么这时有两种可能。

(1)没有什么因素对 y 有系统的影响；

(2)实验误差过大。

此时，所求的回归方程不理想。

2. $F_1 > F_\alpha(V_{Q_L}, V_{Q_E})$ 的情况

如果 $F_1 > F_\alpha(V_{Q_L}, V_{Q_E})$，即 F_1 检验结果是显著的，说明失拟误差相对于实验误差来说是不可忽略的，这时有如下几种可能。

(1)影响 y 的除 x 外，至少还有一个不可忽略的因素；

(2) y 和 x 是曲线关系；

(3) y 和 x 无关。

无论哪种情况，都证实所选择的一元线性回归这个数学模型与实际情况不符合，说明该直线拟合得不好。失拟平方和 Q_L 反映了回归直线对数据的拟合误差，通常称为模型误差。

F_1 检验结果显著，是否就说明所求的回归方程不能用了呢？还不能这样推断。这时，可对误差平方和 Q_E 和残余平方和 Q 的情况作进一步分析。

不妨再用 Q_E 对 U 进行第二次检验（F_2 检验），即

$$F_2 = \frac{U / V_U}{Q_E / V_{Q_E}} \tag{7.25}$$

如果 $F_2 > F_\alpha(V_{Q_L}, V_{Q_E})$，即 F_2 检验结果显著，说明实验误差小。此时，可再用 Q 对 U 进行第三次检验（F_3 检验），即

$$F_3 = \frac{U / V_U}{(Q_L + Q_E) / (V_{Q_L} + V_{Q_E})} \tag{7.26}$$

如果 $F_3 > F_\alpha(V_U, V_Q)$，即 F_3 检验结果显著，说明残余误差也很小。如果残余标准差 S 小于事先要求的标准差 σ，即

$$S = \sqrt{\frac{S}{N - 2}} < \sigma \tag{7.27}$$

则所求的回归方程可以使用，否则不能使用，可进一步查明原因，重新建立回归方程。

3. 小结

从以上分析可以看出，在一般情况下，重复实验可将误差平方和与失拟平方和从残差

平方和中分离出来，这对统计分析是有好处的。同时，在精密测试仪器中，通常失拟平方和及误差平方和分别与仪器的原理误差(定标误差、非线性误差)及仪器的随机误差项对应。应用这种方法分析传感器或非电量电测仪器及其他类似需要变换参量的测量仪器的精度，可以将系统误差和随机误差分离出来，并可用回归分析方法进一步找出仪器的误差方程，从而可以对仪器的误差进行修正。不需要对仪器作任何的改进，只是通过数据处理，对仪器的系统误差进行修正，就可以使仪器的精度明显提高，这是提高仪器精度的一种颇为有效的方法。总之，通过重复实验的回归分析对了解这类仪器的误差来源和提高仪器的精度是有益的。如果没有条件做重复实验，只能用残余平方和对回归平方和进行 F 检验，也可大致说明回归效果的好坏。习惯上，经常也把这种检验结果显著与不显著说成拟合得好与坏，但需要注意，一个方程拟合得好的真正含义应该是失拟平方和相对于误差平方和来说是不显著的。

为了便于理解和记忆，把对回归方程的显著性检验和重复测量时的分析检验步骤归纳为表 7-2。

表 7-2

S(总的离差平方和)$\begin{cases} U(\text{回归平方和}) \\ Q(\text{残余平方和}) \end{cases} \rightarrow F = \dfrac{U/V_U}{Q/V_Q} \begin{cases} > F_\alpha(V_U, V_Q), & \text{显著} \\ < F_\alpha(V_U, V_Q), & \text{不显著} \end{cases}$	
S(总的离差平方和)$\begin{cases} U(\text{回归平方和}) \\ Q(\text{残余平方和}) \begin{cases} Q_L(\text{失拟平方和}) \\ Q_E(\text{误差平方和}) \end{cases} \end{cases} \rightarrow F_1 = \dfrac{Q_L/V_{QL}}{Q_E/V_{QE}} \begin{cases} > F_\alpha(V_{QL}, V_{QE}), & \text{显著①} \rightarrow (A) \\ < F_\alpha(V_{QL}, V_E), & \text{不显著②} \rightarrow (B) \end{cases}$	
$(A) \rightarrow F_2 = \dfrac{U/V_U}{Q_E/V_{QE}} > F_\alpha(V_U, V_Q) > F_\alpha(V_U, V_Q), \quad \text{显著③}$	
$(B) \rightarrow F_2 = \dfrac{U/V_U}{Q/V_{QE}} \begin{cases} > F_\alpha(V_U, V_Q), & \text{显著④} \\ < F_\alpha(V_U, V_Q), & \text{不显著⑤} \end{cases}$	

注：① 失拟误差相对于实验误差来说是不可忽略的。可能原因是：影响 y 的除 x 之外，至少还有一个不可忽略的因素；y 和 x 是曲线关系；y 和 x 无关。

② 非线性误差很小，也可能是测量误差是主要影响。

③ 拟合得不是很好，但只要 $S < \sigma$ 时方程可用。

④ 方程拟合得很好。

⑤ 方程拟合得不理想。

例 7.1 已知某导线在一定温度 x 下的电阻值 y 如表 7-3 所示。试确定该导线和温度之间的关系。

表 7-3 测量导线数据表

x/℃	19.1	25.0	30.1	36.0	40.0	46.5	50.0
y/Ω	76.30	77.80	79.75	80.80	82.35	83.90	85.10

解 为了确定导线电阻值 y 与温度 x 之间的关系，先做出表示导线电阻值 y 与温度 x 之

间关系的散点图，从散点图中可以看出，输入与输出大致呈线性关系，因此假设 x 和 y 的内在关系是直线关系，具体计算见表 7-4 和表 7-5。

表 7-4　原始数据测量结果及中间运算数据列表

序号	$x/℃$	$y/Ω$	$x^2/℃^2$	$y^2/Ω^2$	$xy/(Ω·℃)$
1	19.1	76.30	364.81	5821.690	1457.330
2	25.0	77.80	625.00	6052.840	1945.000
3	30.1	79.75	906.01	6360.062	2400.475
4	36.0	80.80	1296.00	6528.640	2908.800
5	40.0	82.35	1600.00	6781.522	3294.000
6	46.5	83.90	2162.25	7039.210	3901.350
7	50.0	85.10	2500.00	7242.010	4255.000
$\sum$	246.7	566.00	9454.07	45825.974	20161.955

表 7-5　一元线性回归方程计算

$N = 7$

$\sum_{t=1}^{N} x_t = 246℃$

$\bar{x} = 35.243℃$

$\sum_{t=1}^{N} x_t^2 = 9454.07℃^2$

$\left(\sum_{t=1}^{N} x_t \right)^2 / N = 8694.413℃^2$

$l_{xx} = \sum_{t=1}^{N} x_t^2 - \left(\sum_{t=1}^{N} x_t \right)^2 / N$
$= 759.657℃$

$\sum_{t=1}^{N} y_t = 565.00Ω$

$\bar{y} = 80.857Ω$

$\sum_{t=1}^{N} y_t^2 = 45825.974Ω$

$\left(\sum_{t=1}^{N} y_t \right)^2 / N = 45765.143Ω^2$

$l_{yy} = \sum_{t=1}^{N} y_t^2 - \left(\sum_{t=1}^{N} y_t \right)^2 / N$
$= 60.831Ω^2$

$b = \dfrac{l_{xy}}{l_{xx}} = 0.2824Ω/℃$

$b_0 = \bar{y} - b\bar{x} = 70.90Ω$

$\bar{y} = 70.90Ω + (0.28240Ω/℃)x$

$\sum_{t=2}^{N} x_t y_t = 20161.955Ω·℃$

$\left(\sum_{t=1}^{N} x_t \right) \left(\sum_{t=1}^{N} y_t \right) / N = 19947.457Ω·℃$

$l_{xy} = \sum_{t=1}^{N} x_t y_t - \left(\sum_{t=1}^{N} x_t \right) \left(\sum_{t=1}^{N} y_t \right) / N$
$= 214.498Ω·℃$

由此得到回归直线方程

$$y = 70.90Ω + (0.2824Ω/℃)x$$

该回归直线一定通过 $(\bar{x}, \bar{y})$ 这一点，再令 x 取值为 x_0，代入上面的回归方程求出相应的 $\hat{y}_0$，连接 $(\bar{x}, \bar{y})$ 和 $(x_0, \hat{y}_0)$ 就是回归直线。在本例中，回归系数 b 的物理意义就是温度上升 $1℃$，电阻平均增加 $0.2824Ω$。

进行方差分析，结果分析如表 7-6 所示。

表 7-6

来源	平方和	自由度	方差	F	显著度
回归	60.571	1			
残余	0.257	5	0.0514	$1.18×10^3$	$a=0.01$
总计	60.831	6	—	—	—

显著度 α=0.01，即回归方程在 α=0.01 的水平上是显著的，可信赖程度为 99％以上，这是高度显著的。

例 7.2 用标准压力计对某固体压力传感器进行鉴定，鉴定所得数据见表 7-7。表中 x_t 为标准压力，y_{ti} 为传感器输出电压，$\bar{y}_t$ 为 4 次读数的算术平均值。试对仪器定标，并分析仪器的误差。仪器要求线性定标，故应拟合一条回归直线。可以证明，用平均值的 11 个点拟合得到的回归直线与原来的 44 个点拟合得到的回归直线完全一样。具体计算见表 7-8 和表 7-9（表中 y_t 即为表 7-7 中的 $\bar{y}_t$）

表 7-7

序号	x_t/(N·cm^{-2})	y_{ti}/mV				$\bar{y}_t$/mV
		升压	降压	升压	降压	
1	0	2.78	2.80	2.80	2.86	2.81
2	1	9.70	9.76	9.78	9.78	9.755
3	2	16.60	16.71	16.70	16.76	16.6925
4	3	23.54	23.56	23.58	23.71	23.5975
5	4	30.44	30.51	30.54	30.64	30.5325
6	5	37.35	37.45	37.42	37.50	37.43
7	6	44.28	44.35	44.30	44.38	44.3275
8	7	51.19	51.25	51.18	51.25	51.2175
9	8	58.06	58.08	58.12	58.14	58.9
9	9	64.92	64.96	64.94	65.00	64.955
11	9	71.13	71.73	71.75	71.15	71.74

表 7-8

序号	x_t/(N·cm^{-2})	y_t/mV	x_t^2/(N·cm^{-2})^2	y_t^2/mV	$x_t y_t$/(mV·N·cm^{-2})^2
1	0	2.8100	0	7.8961	0
2	1	9.7550	1	95.1600	9.7500
3	2	16.6925	4	278.6396	33.3850
4	3	23.5975	9	556.8420	70.7925
5	4	30.5325	16	932.2336	122.1300
6	5	37.4300	25	1401.0049	187.1500
7	6	44.3275	36	1964.9273	265.9650
8	7	51.2175	49	2623.2323	358.5225
9	8	58.900	64	3375.690	464.8000
10	9	64.9550	81	4219.1520	584.5950
11	9	71.7400	90	5146.6076	717.4000
$\sum$	55	411.1575	385	26601.3254	2814.4950

表 7-9

$N = 11$	$\sum_{t=1}^{N} y_t = 411.1575\,\mathrm{mV}$	$\sum_{t=1}^{N} x_t y_t = 2814.495\,\mathrm{mV \cdot N/cm^2}$
$\sum_{t=1}^{N} x_t = 55\,\mathrm{N/cm^2}$	$\bar{y} = 37.3780\,\mathrm{mV}$	$\left(\sum_{t=1}^{N} x_t\right)\left(\sum_{t=1}^{N} y_t\right)/N$
$\bar{x} = 55\,\mathrm{N/cm^2}$	$\sum_{t=1}^{N} y_t^2 = 20601.3254\,\mathrm{mV^2}$	$= 2055.7875\,\mathrm{mV \cdot N/cm^2}$
$\sum_{t=1}^{N} x_t^2 = 385(\mathrm{N/cm^2})^2$	$\left(\sum_{t=1}^{N} y_t\right)^2/N = 15368.226\,\mathrm{mV^2}$	$l_{xy} = \sum_{t=1}^{N} x_t y_t - \left(\sum_{t=1}^{N} x_t\right)\left(\sum_{t=1}^{N} y_t\right)/N$
$\left(\sum_{t=1}^{N} x_t\right)^2/N = 275(\mathrm{N/cm^2})^2$	$l_{yy} = \sum_{t=1}^{N} y_t^2 - \left(\sum_{t=1}^{N} y_t\right)^2/N$	$= 758.7075\,\mathrm{mV \cdot N/cm^2}$
$l_{xx} = \sum_{t=1}^{N} x_t^2 - \left(\sum_{t=1}^{N} x_t\right)^2/N$	$= 5233.0909\,\mathrm{mV^2}$	
$= 110(\mathrm{N/cm^2})^2$	$b = \dfrac{l_{xy}}{l_{xx}} = 6.89734\,\mathrm{mV/(N \cdot cm^{-2})}$	
	$b_0 = \bar{y} - b\bar{x} = 2.8913\,\mathrm{mV}$	
	$\bar{y} = 2.8913\,\mathrm{mV} + (6.89734\,\mathrm{mV/(N \cdot cm^{-2})})x$	

现在进行方差分析。当用 $\bar{y}_t$ 求回归直线时，各平方和可按下式顺序计算：

$$U = mbl_{xy}$$
$$Q_L = ml_{yy} - U$$
$$Q_E = \sum_{t=1}^{N} \sum_{i=1}^{m} (y_{ti} - \bar{y}_t)^2$$
$$S = U + Q_L + Q_E$$

计算结果见表 7-10。

表 7-10

来源	平方和	自由度	方差	F	显著度
回归	20932.2574	1	20932.2574	7.68×9^6	$F_{0.01} = 7.47$
残余	0.1386	9	0.0154	5.65	$F_{0.01} = 3.03$
误差	0.0899	33	0.0027	——	——
总计	60.831	43	——	——	——

由方差分析表可知：$F_1 > F_{0.01}(9.33) = 3.03$，对失拟平方和进行 F 检验的结果高度显著，说明失拟误差是不可忽略的，直线拟合得并不好。为了作进一步分析，不妨再用 $Q = Q_E + Q_L$ 对 U 进行第二次 F 检验，即

$$F_2 = \frac{U/V_U}{Q/V_Q} = 3.85 \times 10^6 \gg F_{0.01}(1,42) = 7.28$$

也高度显著，说明虽然相对于实验误差，此方程不能说拟合得很好，但实验误差和残余误差都很小，只要残余标准差 σ 小于该传感器要求的精度参数，就可以使用该方程对该传感器进行定标。

　　例 7.3　在电路测试中得到一组原始数据如表 7-11 所示。应用 Matlab 求解 x 与 y 之间的一元回归线关系。

表 7-11　电路测试数据

x	208	152	113	227	137	238	178	94	191	130
y	21.6	15.5	10.4	31.0	13.0	32.4	19.0	10.4	19.0	11.8

解　运算程序如下：

```
x=[208,152,113,227,137,238,178,94,191,130];
y=[21.6,15.5,10.4,31,13,32.4,19,10.4,19,11.8];
cftool
```

界面如图 7-2 所示。

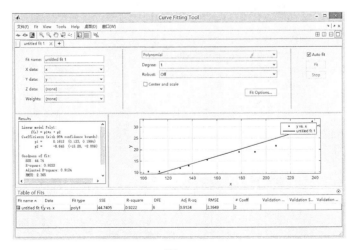

图 7-2

X data 中选择 x，Y data 中选择 y；并选择 Polynomial，Degree 选择 1，代表 1 次多项式拟合，如图 7-3 所示。

图 7-3

可以得到如下结果:

```
Linear model Poly1:
f(x)= p1*x + p2
Coefficients(with 95% confidence bounds):
p1 =      0.1612(0.123, 0.1994)
p2 =      -8.645(-15.28, -2.009)

Goodness of fit:
SSE: 44.74
R-square: 0.9222
Adjusted R-square: 0.9124
RMSE: 2.365
```

208	21.6
152	15.5
113	10.4
227	31
137	13
238	32.4
178	19
104	10.4
191	19
130	11.8

图 7-4

例 7.4　利用 Excel 求解例 7.3 的线性回归关系。

解　输入数据到 Excel 表格中，如图 7-4 所示。

框选以后在菜单栏选择:"插入" → "图表" → "XY 散点图"命令，右击散点，单击添加趋势线，如图 7-5 所示。

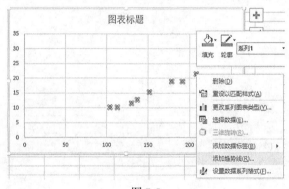

图 7-5

可以选择指数、线性、对数、多项式、幂函数进行拟合，并可以勾选"显示公式"和"显示 R 平方"来进行公式和 R 平方的显示，如图 7-6 所示。

图 7-6

也可以用 Excel 作回归分析,在菜单栏选择:"数据"→"数据分析"命令,选择"回归"(图 7-7 和图 7-8),并导入数据,即可输出结果。

输出的结果如图 7-9 所示。

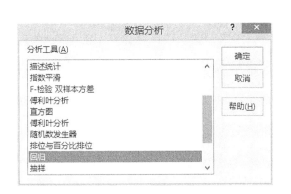

图 7-7

图 7-8

SUMMARY OUTPUT

回归统计	
Multiple	0.960297
R Square	0.92217
Adjusted	0.912441
标准误差	2.36486
观测值	10

方差分析

	df	SS	MS	F	gnificance F
回归分析	1	530.1085	530.1085	94.78811	1.04E-05
残差	8	44.74051	5.592563		
总计	9	574.849			

	Coefficien	标准误差	t Stat	P-value	Lower 95%	Upper 95%	下限 95.0%	上限 95.0%
Intercept	-8.64507	2.87776	-3.0041	0.016965	-15.2812	-2.00895	-15.2812	-2.00895
X Variabl	0.161234	0.016561	9.735918	1.04E-05	0.123045	0.199423	0.123045	0.199423

RESIDUAL OUTPUT

观测值	预测 Y	残差	标准残差
1	24.89161	-3.29161	-1.47631
2	15.8625	-0.3625	-0.16259
3	9.574375	0.825625	0.3703
4	27.95506	3.044945	1.365684
5	13.44399	-0.44399	-0.19913
6	29.72863	2.671371	1.198133
7	20.05459	-1.05459	-0.47299
8	8.123268	2.276732	1.021134
9	22.15063	-3.15063	-1.41308
10	12.31358	-0.51535	-0.23114

PROBABILITY OUTPUT

百分比排位	Y
5	10.4
15	10.4
25	11.8
35	13
45	15.5
55	19
65	19
75	21.6
85	31
95	32.4

图 7-9

7.2.4 回归直线的简便求法

回归分析是以最小二乘法为基础,因此所建立的回归直线方程误差(标准差)最小,但它的计算一般是比较复杂的。为了减少计算,在精度要求不太高或实验数据线性较好的情况下,可采用如下简便方法。

1. 分组法(平均值法)

用分组法求回归方程 $\hat{y} = b_0 + bx$ 中的系数 b_0 和 b 的具体做法是：将自变量数据按由小到大的次序安排，分成个数相等或近乎相等的两个组(分数组等于欲求的未知数个数)：第一组为 $x_1, x_2, \cdots, x_k$ ；第二组为 $x_{k+1}, \cdots, x_N$ 。建立相应的两组观测方程：

$$\begin{cases} y_1 = b_0 + bx_1 \\ y_2 = b_0 + bx_2 \\ \vdots \\ y_k = b_0 + bx_k \end{cases}, \quad \begin{cases} y_{k+1} = b_0 + bx_{k+1} \\ y_{k+2} = b_0 + bx_{k+2} \\ \vdots \\ y_N = b_0 + bx_N \end{cases}$$

两组观测方程分别相加，得到关于 b_0 和 b 的方程组为

$$\begin{cases} \sum_{t=1}^{k} y_t = kb_0 - b\sum_{t=1}^{k} x_t \\ \sum_{t=k+1}^{N} y_t = (N-k)b_0 + b\sum_{t=k+1}^{N} x_t \end{cases} \tag{7.28}$$

由该方程组可解得 b 和 b_0 。特别当 $N = 2K$ 时，回归系数

$$\begin{cases} b = \dfrac{\sum_{t=1}^{N/2} y_t - \sum_{t=N/2+1}^{N} y_t}{\sum_{t=1}^{N/2} x_t - \sum_{t=N/2+1}^{N} x_t} \\ b_0 = \dfrac{\sum_{t=1}^{N} y_t}{N} - \dfrac{\sum_{t=1}^{N} x_t}{N} = \overline{y} - b\overline{x} \end{cases} \tag{7.29}$$

例 7.5　对例 7.1 用分组法求回归方程。

解　由七个测得值，可列出七个方程，分成两组：

$$\begin{cases} 76.30 = b_0 + 19.1b \\ 77.80 = b_0 + 25.0b \\ 79.75 = b_0 + 30.1b \\ 80.80 = b_0 + 36.0b \end{cases}, \quad \begin{cases} 82.35 = b_0 + 40.0b \\ 83.90 = b_0 + 46.5b \\ 85.9 = b_0 + 50.0b \end{cases}$$

分别相加得

$$314.65 = 4b_0 + 19.2b, \quad 251.35 = 3b_0 + 136.5b$$

解方程组：

$$\begin{cases} 314.65 = 4b_0 + 19.2b \\ 251.35 = 3b_0 + 136.5b \end{cases}$$

得

$$b_0 = 70.80\Omega \qquad b = 0.2853\Omega/℃$$

所求的线性方程为

$$\hat{y} = (70.80 + 0.2853x)\Omega$$

此法简单明了，拟合的直线就是通过第一组重心和第二组重心的一条直线，这是工程实践中常用的一种简单方法。

2. 图解法(紧绳法)

把 N 对观测数据将散点图画在坐标纸上。假如画出的点群形成一条直线段，就在点群中画一条直线，使得多数点位于直线上或接近此线并均匀地分布在直线的两边。这条直线可以近似地作为回归直线，回归系数可以直接由图中求得。

例 7.6　用 X 射线机检查镁合金焊接件及铸件内部缺陷时，为达到最佳灵敏度，透照电压 y 应随被透照件厚度 x 而改变。经实验得表 7-12。

表 7-12　透照电压与被透件厚度之间的关系

x/mm	12	13	15	16	18	20	22	24	25	26
y/kV	53	55	60	65	70	75	80	85	88	90

把这组数据点画在坐标纸上，然后通过点群作一直线(图 7-10)。

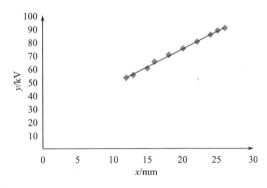

图 7-10　电压与被透件厚度的点列图

在接近直线的两端各取一点，如(12，53)和(25，88)，回归系数

$$b = (53 - 88)\mathrm{kV}/(12 - 25)\mathrm{mm} = 2.7\,\mathrm{kV/mm}$$

将回归直线上任一点代入回归方程可求出 b_0，如 $53\,\mathrm{kV} = b_0 + 2.7\,\mathrm{kV/mm} \times 12\,\mathrm{mm}$，$b_0 = 20.6\,\mathrm{kV}$。故所求回归方程为 $\hat{y} = 20.6\,\mathrm{kV} + (2.7\,\mathrm{kV/mm})x$

图解法由于作图时完全凭经验画直线，主观性较大，精度较低，但此法非常简单，精度要求不高时可采用。

7.3　两个变量都具有误差时线性回归方程的确定

7.3.1　概述

7.2 节中用最小二乘法求得的回归方程，一般认为是最佳的，但它是假设 x 是没有误差或误差可以忽略的，其所有误差都归结在 y 方向。然而，x 的测量也可能是不精确的，存在实验误差。现在考察另一种极端情况，即 y 没有误差，而所有误差都归结于 x 方向。在这种情况下，一元线性回归方程的数学模型是

$$x_t = \alpha_0 + \alpha y_t + \varepsilon_t, \quad t = 1, 2, \cdots, N$$

式中，α_0、α 为待定参数；ε_t 为误差项。

此时应该求 x 对 y 的回归方程，即

$$\hat{x} = a_0 + ay \tag{7.30}$$

式中，a_0、a 分别为 a_0、a 的最小二乘估计。

应用最小二乘原理，使 $\displaystyle\sum_{t=1}^{N}(x_t + \hat{x}_t)^2$ 最小，求得

$$a = \frac{l_{xy}}{l_{yy}} \tag{7.31}$$

$$a_0 = \overline{x} - a\overline{y} \tag{7.32}$$

为便于与式(7.2)比较，将式(7.32)改写为

$$y = b_0' + b'\hat{x} \tag{7.33}$$

式中，

$$b' = \frac{1}{a} = \frac{l_{yy}}{l_{xy}}, \quad b_0' = y - b'\overline{x}$$

一般情况下，$b_0' \neq b_0$，$b' \neq b$。

综上所述，两种极端情况下，所求得的最佳直线不同。那么，如果 x 和 y 方向均具有误差时，回归直线的回归系数应如何计算呢？

7.3.2 回归方程的求法

两个变量都具有误差时，计算回归系数比较精确的方法是戴明(Deming)解法。

若 x_t、y_t 分别具有误差 $\delta_t \sim N(0, s_x)$、$\varepsilon_t \sim N(0, s_y)$ $(t = 1, 2, \cdots, N)$，假定 x、y 之间为线性关系，其数学模型为

$$y_t = \beta_0 + \beta(x_t - \delta_t) + \varepsilon_t, \quad t = 1, 2, \cdots, N \tag{7.34}$$

所求的回归方程为

$$\hat{y} = b_0 + b\hat{x} \tag{7.35}$$

式中，$\hat{x}$、$\hat{y}$、b_0、b 分别为 x、y、β_0、β 的估计值。

为使 x、y 的误差在求回归方程时具有等价性，令 $s_x^2 / s_y^2 = \lambda$，$y' = \sqrt{\lambda}y$，则式(7.35)可写成

$$\hat{y}' = b_0' + b'\hat{x} \tag{7.36}$$

式中，$\hat{y}' = \sqrt{\lambda}\hat{y}, b_0' = \sqrt{\lambda}\hat{y}, b' = \sqrt{\lambda}b$。

根据戴明推广的最小二乘原理，点 (x_t, y_t') 到回归直线式(7.36)的垂直距离 $d_t'^2$ 的平方和 $\displaystyle\sum_{t=1}^{N} d_t'^2$ 为最小条件下所求得的回归系数 b_0、b 是最佳估计值。

由解析几何可知，点 (x_t, y_t') 到回归直线式 (7.36) 的距离 d_t' 为

$$d_t' = \frac{y_t' - b_0' - b'x}{\sqrt{1 + b'^2}} = \frac{\sqrt{\lambda}}{\sqrt{1 + \lambda b^2}}(y_t - b_0 - bx_t) = \frac{\sqrt{\lambda}}{\sqrt{1 + \lambda b^2}}d_t \tag{7.37}$$

式中，$d_t = y_t - b_0 - bx_t$。

根据最小二乘原理，为使 $\sum\limits_{t=1}^{N} d_t'^2$ 最小，即求解

$$\begin{cases} \dfrac{\partial \left(\sum\limits_{t=1}^{N} d_t'^2 \right)}{\partial b_0} = 0 \\[4mm] \dfrac{\partial \left(\sum\limits_{t=1}^{N} d_t'^2 \right)}{\partial b} = 0 \end{cases} \tag{7.38}$$

得

$$\begin{cases} b = \dfrac{\lambda l_{yy} - l_{xx} + \sqrt{(\lambda l_{yy} - l_{xx})^2 + 4l_{xy}^{\,2}}}{2\lambda l_{xy}} \\[4mm] b_0 = \bar{y} - b\bar{x} \end{cases} \tag{7.39}$$

变量 x、y 的方差可用下式估计：

$$\begin{cases} s_x^2 = \dfrac{1}{N-2}\dfrac{\lambda}{1+\lambda b^2}\sum\limits_{t=1}^{N} d_t^2 \\[4mm] s_y^2 = \dfrac{1}{N-2}\dfrac{1}{1+\lambda b^2}\sum\limits_{t=1}^{N} d_t^2 = \dfrac{s_x^2}{\lambda} \end{cases} \tag{7.40}$$

式中，

$$\sum_{t=1}^{N} d_t^2 = l_{yy} - 2bl_{xy} + b^2 l_{xx}$$

下面讨论两种特殊情况。

(1) 当 x 无误差时，$\lambda = 0$，$b = l_{xy} / l_{xx}$，$s_y^2 = (l_{yy} - bl_{xy}) / (N-2)$，这就是在 7.2 节中所讨论的一般回归问题的情况。

(2) 当 y 无误差时，$\lambda = \infty$，$b = l_{yy} / l_{xy} = 1 / a$，$s_x^2 = (l_{xx} - l_{xy} / b) / (N-2)$，这就是本节概述中提到的另一种情况。

例 7.7　通过实验测量某量 x、y 的结果如表 7-13 所示。由重复测量已估计出 $s_x = s_y$，即 $\lambda = 1$，试求 y 对 x 的回归直线方程。

表 7-13

x	2.560	2.319	2.058	1.911	1.598
y	2.646	2.140	2.000	1.678	0.711

解

$$\overline{x} = \frac{1}{N}\sum_{t=1}^{N} x_t = 1.8323$$

$$\overline{y} = \frac{1}{N}\sum_{t=1}^{N} y_t = 1.9283$$

$$l_{xx} = \sum_{t=1}^{N} (x_t - \overline{x})^2 = 2.52788$$

$$l_{xy} = \sum_{t=1}^{N} (x_t - \overline{x})(y_t - \overline{y}) = 2.42486$$

$$l_{yy} = \sum_{t=1}^{N} (y_t - \overline{y})^2 = 2.32733$$

$$b = \frac{\lambda l_{yy} - l_{xx} + \sqrt{(\lambda l_{yy} - l_{xx})^2 + 4\lambda l_{xy}^2}}{2\lambda l_{xy}} = 0.9595$$

$$b_0 = \overline{y} - b\overline{x} = 0.1702$$

所求回归方程为

$$\hat{y} = 0.1702 + 0.9595\hat{x}$$

7.4　一元非线性回归

7.4.1　回归曲线函数类型的选取和检验

1. 回归直线函数类型的选取

1) 直接判断法

根据专业知识，从理论上推导或者根据以往的经验，可以确定两个变量之间的函数类型，如化学反应物质的浓度 y 一般与时间 x 有指数关系，即 $y = y_0 e^{kx}$，其中，y_0 及 k 为待定系数和指数。

2) 观察法

将观测数据作图，将其与典型曲线(图 7-11)比较，确定其属于何种类型。

2. 回归直线函数类型的检验

1) 直线检验法

当函数类型中所含参数不多，如只有一个或两个时，用此法检验较好。其步骤如下。

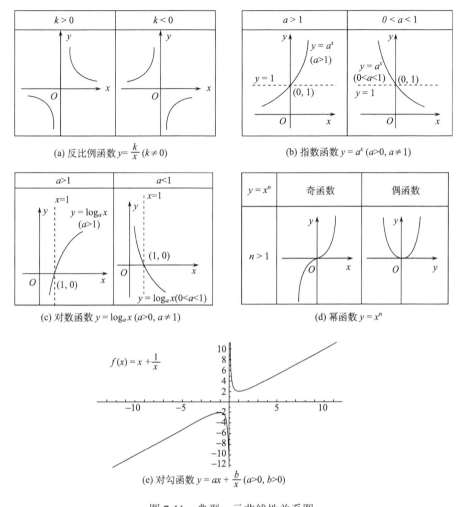

图 7-11　典型一元非线性关系图

(1) 将预选的回归曲线 $f(x, y, a, b) = 0$ 写成

$$Z_1 = A + BZ_2 \tag{7.41}$$

式中，Z_1 和 Z_2 是只含一个变量 x 或 y 的函数；A 和 B 是 a 和 b 的函数。

(2) 求出几对与 x、y 相对应的 Z_1 和 Z_2 的值，这几对值以选择 x、y 值相距较远为好。

(3) 以 Z_1 和 Z_2 为变量画图，若所得图形为一直线，则证明原先选定的回归曲线类型是合适的。

例 7.8　用直线检验法说明表 7-14 中的一组数据是否可用 $y = ax^b$ 表示。

表 7-14

x	1	2	3	4	5	6	7	8	9	10
y	1.2	4.7	9.7	19.3	30.1	43.1	58.8	76.8	97.2	119.7

解　将 $y = ax^b$ 写成直线形式，即 $\lg y = \lg a + b\lg x$。式中，$\lg y$ 相当于 Z_1；$\lg x$ 相当于 Z_2；$\lg a$ 相当于 A；b 相当于 B。

求出几对与 x、y 相对应的 Z_1 和 Z_2 的值，如表 7-15 所示。

表 7-15

x	1	2	3	4	5
$\lg x$	0.000	0.301	0.477	0.602	0.699
x	6	7	8	9	10
$\lg x$	0.778	0.845	0.903	0.954	1.000
y	1.2	4.7	9.7	19.3	30.1
$\lg y$	0.079	0.672	1.029	1.286	1.479
y	43.1	58.8	76.8	97.2	119.7
$\lg y$	1.634	1.769	1.885	1.988	2.078

以 $\lg y$ 与 $\lg x$ 画图，所得图形为一条直线（图 7-12），故选用的函数类型 $y = ax^b$ 是合适的。

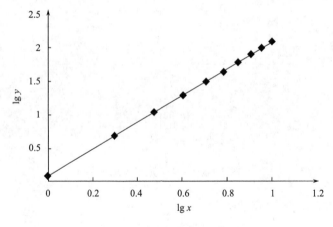

图 7-12　$\lg y$ 和 $\lg x$ 之间图形

2）表差法

若一组实验数据可用一个多项式表示，当式中含有常数的项多于两个时，则用表差法确定方程的次数或检验方程的次数较为合理。其步骤如下：

(1) 用实验数据画图；

(2) 由画出的图根据定差 Δx，列出 x_i、y_i 各对应值；

(3) 根据 x、y 的读出值作出差值 $\Delta^k y$，而

$\Delta y_1 = y_2 - y_1$，$\Delta y_2 = y_3 - y_2$，$\Delta y_3 = y_4 - y_3$ 等为第一阶差；

$\Delta^2 y_1 = \Delta y_2 - \Delta y_1$，$\Delta^2 y_2 = \Delta y_3 - \Delta y_2$，$\Delta^2 y_3 = \Delta y_4 - \Delta y_3$ 等为第二阶差；

$\Delta^3 y_1 = \Delta^2 y_2 - \Delta^2 y_1$，$\Delta^3 y_2 = \Delta^2 y_3 - \Delta^2 y_2$，$\Delta^3 y_3 = \Delta^2 y_4 - \Delta^2 y_3$ 等为第三阶差。

表 7-16 列出了常见方程式类型及用表差法确定这些方程式次数时的步骤和标准。

表 7-16

序号	方程式类型	根据 Δx、$\Delta\left(\dfrac{1}{x}\right)$ 或 $\Delta\lg x$ 为常数的步骤		确定方程式的标准
		画图、坐标	求顺序差值	
1	$y = a + bx + cx^2 + \cdots + qx^n$	$y = f(x)$	$\Delta y, \Delta^2 y, \Delta^3 y, \cdots, \Delta^n y$	$\Delta^n y$ 为常数
2	$y = a + \dfrac{b}{x} + \dfrac{c}{x^2} + \cdots + \dfrac{q}{x^n}$	$y = f\left(\dfrac{1}{x}\right)$	$\Delta y, \Delta^2 y, \Delta^3 y, \cdots, \Delta^n y$	$\Delta^n y$ 为常数
3	$y^2 = a + bx + cx^2 + \cdots + qx^n$	$y^2 = f(x)$	$\Delta y^2, \Delta^2 y^2, \Delta^3 y^2, \cdots, \Delta^n y^2$	$\Delta^n y^2$ 为常数
4	$\lg y = a + bx + cx^2 + \cdots + qx^n$	$\lg y = f(x)$	$\Delta(\lg y), \Delta^2(\lg y), \Delta^n(\lg y)$	$\Delta^n(\lg y)$ 为常数
5	$y = a + b(\lg x) + c(\lg x)^2$	$y = f(\lg a)$	$\Delta y^2, \Delta^2 y^2$	$\Delta^n y^2$ 为常数
6	$y = ab^x = a\,\mathrm{e}^{bx}$	$\lg y = f(x)$	$\Delta(\lg y)$	$\Delta(\lg y)$ 为常数
7	$y = a + bc^x = a + b\,\mathrm{e}^{c^x}$	$y = f(x)$	$\Delta y, \lg\Delta y, \Delta(\lg\Delta y)$	$\Delta(\lg\Delta y)$ 为常数
8	$y = a + bx + cd^x = a + bx + c\,\mathrm{e}^{d^x}$	$y = f(x)$	$\Delta y, \Delta^2 y, \lg\Delta^2 y, \Delta(\lg\Delta^2 y)$	$\Delta(\lg\Delta^2 y)$ 为常数
9	$y = ax^b$	$\lg y = f(\lg x)$	$\Delta(\lg y)$	$\Delta(\lg y)$ 为常数
10	$y = a + bx^c$	$y = f(\lg x)$	$\Delta y, \lg\Delta y, \Delta(\lg\Delta y)$	$\Delta(\lg\Delta y)$ 为常数
11	$y = ax\,\mathrm{e}^{bx}$	$\ln y = f(x)$	$\Delta\ln y, \Delta\ln x$	$\Delta(\lg\Delta y)$ 为常数

例 7.9 试检验表 7-17 中数据是否可用 $y^2 = a + bx$ 表示。

表 7-17

x	0.75	1.9	1.85	3.20	4.85	5.9	6.25	7.15	7.85
y	1.34	1.58	2.06	2.57	3.16	3.26	3.54	3.82	4.06

解 (1)将观测值 x 与 y 画图，得曲线如图 7-13 所示。

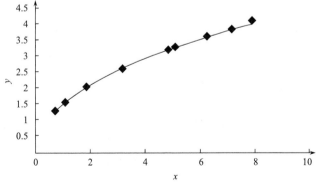

图 7-13　x 与 y 之间的趋势线

(2)自曲线上按 Δx 为恒定值(此处 $\Delta x = 1$)，依次读取 x、y 的对应值，列入表 7-18 中。

表 7-18

观测值		自图上读数值			顺序差值
x	y	x	y	y^2	Δy^2
0.75	1.34	0	0.56	0.31	
1.9	1.58	1	1.52	2.31	2.00
1.85	2.06	2	2.08	4.33	2.02
3.20	2.57	3	2.52	6.35	2.02
4.85	3.16	4	2.89	8.35	2.00
5.9	3.26	5	3.22	9.37	2.02
6.25	3.54	6	3.52	12.39	2.02
7.15	3.82	7	3.80	14.44	2.05
7.85	4.06	8	4.06	16.48	2.04

(3) 依据表 7-18，依次求出 y^2 及 Δy^2。因表中 Δy^2 极接近常数，故此组观测数据可用 $y^2 = a + bx$ 表示。

7.4.2　化曲线回归为直线回归

通过直线检验法或一阶表差法检验的曲线回归方程都可以通过变量代换转化为直线回归方程。

原模型　　　　　　　　　变换模型

$y = \dfrac{1}{a+bx}$　　　　　$y' = 1/y, \ x' = x$

$y = \sqrt{a+bx}$　　　　　$y' = y^2, \ x' = x$

$y = a + bx + cx^2$　　　　$y' = y, \ x_1' = x, \ x_2' = x^2$

$y = a + b\ln x$　　　　　$x' = \ln x$

$y = a + bx + cx^2 + dx^3$　$y' = y^2, \ x_2' = x^2, \ x_3' = x^3$

$y = ax^b$　　　　　　　$y' = \ln y, \ x' = \ln x, \ \beta_1 = \ln a, \ \beta_2 = b$

$y = a\,\mathrm{e}^{bx}$　　　　　　$y' = \ln y, \ x' = x, \ \beta_1 = \ln a, \ \beta_2 = b$

$y = k(1 - a\,\mathrm{e}^{-x})^3$　　　$y' = y^{1/3}, \ x' = \mathrm{e}^{-x}, \ \beta_1 = k^{1/3}, \ \beta_2 = -ak^{1/3}$

7.4.3　回归曲线方程效果与精度

求曲线回归方程的目的是要使所配曲线与观测数据拟合得较好。因此，在计算回归曲线的残余平方和 Q 时，不能用 y_t' 和 $\hat{y}_t'$ 以及式(7.17)，而是要按照定义用 y_t' 和 $\hat{y}_t'$ 及式(7.15)计算。这里可用相关指数 R^2 作为衡量回归曲线效果好坏的指标，即

$$R^2 = 1 - \frac{\displaystyle\sum_{t=1}^{N}(y_t - \hat{y}_t)^2}{\displaystyle\sum_{t=1}^{N}(y_t - \overline{y}_t)^2} \tag{7.42}$$

R 也称为相关系数，它与经过变量变换后的 x'、y' 的线性相关系数不是一回事。R^2（或 R）越大，越接近 1，则表明所配曲线的效果越好。

与线性回归一样，$\sigma = \sqrt{Q/(N-2)}$ 称为残余标准差，它可以作为根据回归方程预报 y 值的精度指标。

需要指出的是，在化曲线为直线的回归计算中，通常 y 也作了变换，如幂函数曲线方程，经变换后，按最小二乘法是使 $\sum\limits_{t=1}^{N}(\ln y - \ln \hat{y})^2$ 达到最小值，所以实际上所求的回归线不能说用最小二乘法所配的曲线为最佳的拟合曲线。因此，必要时可用不同类型函数计算后进行比较，择其最优者。比较时，可比较 Q、σ、R^2 这三个量中任一个，Q、σ 小者为优，而 R^2 大者为优。

对变量代换后的直线方程与一般直线方程一样也可作显著性检验。它可反映变量代换后的直线拟合情况。一般地说，它可作为曲线拟合好坏的参考，但它并不能确切地表明原始变量 x 和 y 之间的拟合情况。

例 7.10　黏度是指液体在流动时，在其分子间产生内摩擦的性质，称为液体的黏性，黏性的大小用黏度表示，是用来表征液体性质相关的阻力因子。为确定某变压器油黏度 $y(°E)$ 与温度 $x(°C)$ 的关系，使用声波式黏度计进行了一系列实际测试，结果如表 7-19 所示，试求出黏度（恩氏黏度）与温度之间的经验公式。

表 7-19　实验数据

$x/°C$	10	15	20	25	30	35	40	45	50
$y/°E$	4.24	3.51	2.52	2.52	2.20	2.00	1.81	1.70	1.60

解　1. 判断有无粗大误差

（1）数据排列：

$$y_9 = 1.60, \quad y_1 = 4.24$$

（2）计算算术平均值及实验标准差：

$$\overline{y} = \frac{1}{9}\sum y_i = 2.5$$

$$s = \sqrt{\frac{\sum\limits_{i=1}^{9} v_i^2}{9-1}} = 0.888$$

两测得值 x_9、x_1 疑含有粗大误差，但由于

$$\overline{y} - y_9 = 1.74, \quad y_1 - \overline{y} = 0.9$$

故应先怀疑 x_1 是否含有粗大误差，有

$$g_{(1)} = \frac{4.24 - 2.5}{0.888} = 1.96$$

查表 2-7，得

$$g_{(0)}(9,\ 0.05)=2.11$$

而
$$g_{(1)}=1.96<g_{(0)}(9,\ 0.05)=2.11$$

故不含有粗大误差，同样计算 $g_{(9)}$ 也不是粗大误差，因此这次测量无粗大误差。

2. 判断有无线性系统误差

将测量列中前 5 个残余误差相加，后 4 个残余误差相加，两者相减得

$$\Delta=\sum_{i=1}^{5}v_i-\sum_{j=1}^{4}v_j=2.89-2.89=0$$

由此可见，测量列中不存在线性系统误差。

3. 绘出折线图以及数据分析

首先把观测数据点在坐标纸上拟合，如图 7-14 所示。

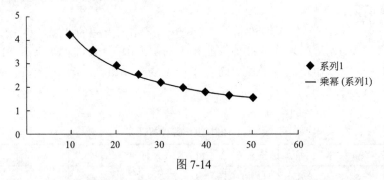

图 7-14

将该曲线与典型曲线比较，类似幂函数 $y=ax^b$，因此，取函数类型为 $y=ax^b$，对等式两边取对数得 $\ln y=\ln a+b\ln x$，令 $y'=\ln y$，$x'=\ln x$，$b_0=\ln a$，则化为 $y'=b_0+bx'$，即为普通的直线方程，用列表法解此方程，如表 7-20 所示。

表 7-20

序号	x	y	$x'=\ln x$	$y'=\ln y$	$x'-\overline{x}'$
1	10	4.24	2.303	1.445	−0.985
2	15	3.51	2.708	1.256	−0.58
3	20	2.92	2.996	1.072	−0.292
4	25	2.52	3.219	0.924	−0.069
5	30	2.20	3.401	0.788	−0.113
6	35	2.00	3.555	0.693	−0.267
7	40	1.81	3.689	0.593	0.401
8	45	1.70	3.807	0.531	0.519
9	50	1.60	3.912	0.470	0.624

续表

序号	$y' - \overline{y}'$	$(x' - \overline{x}')^2$	$(y' - \overline{y}')^2$	$(x' - \overline{x}')(y' - \overline{y}')$
1	0.581	0.970	0.338	−0.572
2	0.392	0.336	0.154	−0.227
3	0.208	0.085	0.043	−0.061
4	0.060	0.005	0.004	−0.004
5	−0.076	0.013	0.006	−0.009
6	−0.171	0.071	0.292	−0.046
7	−0.271	0.161	0.073	−0.109
8	−0.333	0.269	0.111	−0.173
9	−0.394	0.389	0.155	−0.246

4.数据计算

（1）求算术平均值：

$$\overline{y} = \frac{1}{9}\sum y_i = 2.5$$

（2）求标准差及算术平均值的标准差：

$$s = \sqrt{\frac{\sum\limits_{i=1}^{9} v_i^2}{9-1}} = 0.888, \quad s_{\overline{y}} = \frac{s}{\sqrt{n}} = 0.296$$

（3）求极限误差。因测量次数较少，应按 t 分布计算测量列算术平均值的极限误差。有自由度 $v = n-1 = 8$，取显著度性水平 $\alpha = 0.05$，由 t 分布表查得 $t_\alpha = 2.31$。故算术平均值的极限误差为

$$\delta_{\lim\overline{y}} = \pm t_\alpha s_{\overline{y}} = \pm 2.31 \times 0.296 = \pm 0.6838$$

（4）测量结果。最终测量结果通常用算术平均值及其极限误差来表示，即

$$Y = \overline{y} \pm \delta_{\lim\overline{y}} = 2.500 \pm 0.684$$

5. 直线拟合

$$\overline{x}' = 3.654, \quad \overline{y}' = 0.0640$$

$$l_{x'x'} = \overline{z}\left(x' - \overline{x}'\right)^2 = 2299$$

$$l_{x'y'} = \overline{z}\left(x' - \overline{x}'\right)\left(y' - \overline{y}'\right) = -1.447$$

$$b = \frac{l_{x'y'}}{l_{x'x'}} = -0.6294$$

$$b_0 = \overline{y}' - b\overline{x}' = 2.933$$

由 $b_0 = \ln a$，得 $a = e^{b_0} = 18.78$。从而有

$$y = ax^b = 18.78x^{-0.6294}$$

6. 回归方程的方差分析及显著性检验

由表 7-1 计算得到方差分析表（表 7-21），则

$$F = \frac{U/1}{Q/7} = \frac{2.0497}{0.1624} = 12.62$$

表 7-21　方差分析表

来源	平方和	自由度	方差	F
回归	$U = bl_{xy}$	1	$s^2 = U/1$	$F = \dfrac{U/1}{Q/7}$
残余	$Q = l_{yy} - bl_{xy}$	7	$s^2 = Q/7$	
总计	$S = l_{yy}$	8		

查 F 分布表可知 $F \geqslant F_{0.01}(1,7) = 12.25$，由此可见，回归是高度显著的。

7.5　多元线性回归分析

7.5.1　多元线性回归方程

设因变量 y 与 M 个自变量 $x_1, x_2, \cdots, x_M$ 的内在联系是线性的，通过实验得到 N 组观测数据：

$$(x_{t1}, x_{t2}, \cdots, x_{tM}; y_t), \quad t = 1, 2, \cdots, N \tag{7.43}$$

那么这组数据的多元线性回归数学模型为

$$\begin{cases} y_1 = \beta_0 + \beta_1 x_{11} + \beta_2 x_{12} + \cdots + \beta_M x_{1M} + \varepsilon_1 \\ y_2 = \beta_0 + \beta_1 x_{21} + \beta_2 x_{22} + \cdots + \beta_M x_{2M} + \varepsilon_2 \\ \qquad\qquad\qquad\qquad \vdots \\ y_N = \beta_0 + \beta_1 x_{N1} + \beta_2 x_{N2} + \cdots + \beta_M x_{NM} + \varepsilon_N \end{cases}$$

式中，$\beta_0, \beta_1, \cdots, \beta_M$ 是 $M+1$ 个待估计的参数；$x_1, x_2, \cdots, x_M$ 是 M 个可以精确测量或可控的一般变量；$\varepsilon_1, \varepsilon_2, \cdots, \varepsilon_N$ 是 N 个相互独立且服从同一正态分布 $N(0, \sigma)$ 的随机变量。

令

$$\boldsymbol{Y} = \begin{bmatrix} y_1 \\ y_2 \\ \vdots \\ y_N \end{bmatrix}, \quad \boldsymbol{\beta} = \begin{bmatrix} \beta_1 \\ \beta_2 \\ \vdots \\ \beta_N \end{bmatrix}, \quad \boldsymbol{\varepsilon} = \begin{bmatrix} \varepsilon_1 \\ \varepsilon_2 \\ \vdots \\ \varepsilon_N \end{bmatrix}$$

$$\boldsymbol{X} = \begin{bmatrix} 1 & x_{11} & \cdots & x_{1M} \\ 1 & x_{21} & \cdots & x_{2M} \\ \vdots & \vdots & & \vdots \\ 1 & x_{N1} & \cdots & x_{NM} \end{bmatrix}$$

多元线性回归的数学模型用矩阵可表示为

$$\boldsymbol{Y} = \boldsymbol{X}\boldsymbol{\beta} + \boldsymbol{\varepsilon} \tag{7.44}$$

为了估计 $\boldsymbol{\beta}$，仍然采用最小二乘法。设 $b_0, b_1, \cdots, b_M$ 分别是参数 $\beta_0, \beta_1, \cdots, \beta_M$ 的最小二乘估计，则回归方程为

$$\hat{y} = b_0 + b_1 x_1 + b_2 x_2 + \cdots + b_M x_M \tag{7.45}$$

根据最小二乘法，$b_0, b_1, \cdots, b_M$ 的取值应使全部观测值 y_t 与回归值 $\hat{y}_t$ 的残余平方和达到最小，即

$$Q = \sum_{t=1}^{N}(y_t - \hat{y}_t)^2 = \sum_{t=1}^{N}(y_t - b_0 - b_1 x_{t1} - b_2 x_{t2} - \cdots - b_M x_{tM})^2 \tag{7.46}$$

对于给定的数据，Q 是 $b_0, b_1, \cdots, b_M$ 的非负二次式，因此最小值一定存在。根据微积分中的极值定理，$b_0, b_1, \cdots, b_M$ 应是下列方程组的解：

$$\begin{cases} \dfrac{\partial Q}{\partial b_0} = -2\displaystyle\sum_{t=1}^{N}(y_t - b_0 - b_1 x_{t1} - b_2 x_{t2} - \cdots - b_M x_{tM}) = 0 \\ \dfrac{\partial Q}{\partial b_t} = -2\displaystyle\sum_{t=1}^{N}(y_t - b_0 - b_1 x_{t1} - b_2 x_{t2} - \cdots - b_M x_{tM})x_{ti} = 0 \end{cases} \tag{7.47}$$

式中，$i = 1, 2, \cdots, M$。此式称为正规方程组，整理后得

$$(\boldsymbol{X}^{\mathrm{T}}\boldsymbol{X})\boldsymbol{b} = \boldsymbol{X}^{\mathrm{T}}\boldsymbol{Y} \tag{7.48}$$

或

$$\boldsymbol{Ab} = \boldsymbol{B} \tag{7.49}$$

式中，

$$\boldsymbol{A} = \boldsymbol{X}^{\mathrm{T}}\boldsymbol{X} = \begin{bmatrix} N & \displaystyle\sum_{t=1}^{N} x_{t1} & \cdots & \displaystyle\sum_{t=1}^{N} x_{tM} \\ \displaystyle\sum_{t=1}^{N} x_{t1} & \displaystyle\sum_{t=1}^{N} x_{t1}^2 & \cdots & \displaystyle\sum_{t=1}^{N} x_{t1}x_{tM} \\ \vdots & \vdots & & \vdots \\ \displaystyle\sum_{t=1}^{N} x_{tM} & \displaystyle\sum_{t=1}^{N} x_{tM}x_{t1} & \cdots & \displaystyle\sum_{t=1}^{N} x_{tM}^2 \end{bmatrix}$$

$$= \begin{bmatrix} 1 & 1 & \cdots & 1 \\ x_{11} & x_{21} & \cdots & x_{N1} \\ \vdots & \vdots & & \vdots \\ x_{1M} & x_{2M} & \cdots & x_{NM} \end{bmatrix} \begin{bmatrix} 1 & x_{11} & \cdots & x_{1M} \\ 1 & x_{21} & \cdots & x_{2M} \\ \vdots & \vdots & & \vdots \\ 1 & x_{N1} & \cdots & x_{NM} \end{bmatrix}$$

$$\boldsymbol{B} = \boldsymbol{X}^{\mathrm{T}}\boldsymbol{Y} = \begin{bmatrix} B_0 \\ B_1 \\ \vdots \\ B_M \end{bmatrix} = \begin{bmatrix} \displaystyle\sum_{t=1}^{N} y_t \\ \displaystyle\sum_{t=1}^{N} x_{t1}y_t \\ \vdots \\ \displaystyle\sum_{t=1}^{N} x_{tM}y_t \end{bmatrix} = \begin{bmatrix} 1 & 1 & \cdots & 1 \\ x_{11} & x_{21} & \cdots & x_{N1} \\ \vdots & \vdots & & \vdots \\ x_{1M} & x_{2M} & \cdots & x_{NM} \end{bmatrix} \begin{bmatrix} y_1 \\ y_2 \\ \vdots \\ y_N \end{bmatrix}$$

在系数矩阵 A 满秩的条件下（这个条件一般容易满足），其逆矩阵 A^{-1} 存在，因而有

$$b = A^{-1}B = (X^T X)^{-1} X^T Y \tag{7.50}$$

设

$$C = A^{-1} = (c_{ij}) = \begin{bmatrix} c_{00} & c_{01} & \cdots & c_{0M} \\ c_{10} & c_{11} & \cdots & c_{1M} \\ \vdots & \vdots & & \vdots \\ c_{M0} & c_{M1} & \cdots & c_{MM} \end{bmatrix}$$

那么由正规方程组求出的最小二乘估计可表示为

$$b_i = c_{i0}B_0 + c_{i1}B_1 + \cdots + c_{iM}B_M, \quad i = 0,1,2,\cdots,M \tag{7.51}$$

7.5.2　多元线性回归方程的一般求法

在多元线性回归模型中，常用的数据结构形式是

$$y_t = u + \beta_1(x_{t1} - \bar{x}_1) + \beta_2(x_{t2} - \bar{x}_2) + \cdots + \beta_M(x_{tM} - \bar{x}_M) + \varepsilon_t, \quad t = 1,2,\cdots,N \tag{7.52}$$

相应的回归方程为

$$\hat{y} = u_0 + b_1(x_1 - \bar{x}_1) + b_2(x_2 - \bar{x}_2) + \cdots + b_M(x_M - \bar{x}_M) \tag{7.53}$$

式中，$x_j = \dfrac{1}{N}\displaystyle\sum_{t=1}^{N} x_{tj}(j=1,2,\cdots,M)$，其结构矩阵为

$$Ab = B \tag{7.54}$$

式中，

$$A = X^T X = \begin{bmatrix} N & 0 & \cdots & 0 \\ 0 & \displaystyle\sum_{t=1}^{N}(x_{t1} - \bar{x}_1)^2 & \cdots & \displaystyle\sum_{t=1}^{N}(x_{t1} - \bar{x}_1)(x_{tM} - \bar{x}_M) \\ \vdots & \vdots & & \vdots \\ 0 & \displaystyle\sum_{t=1}^{N}(x_{tM} - \bar{x}_M)(x_{t1} - \bar{x}_1) & \cdots & \displaystyle\sum_{t=1}^{N}(x_{tM} - \bar{x}_M)^2 \end{bmatrix}$$

$$B = X^T Y = \begin{bmatrix} \displaystyle\sum_{t=1}^{N} y_t \\ \displaystyle\sum_{t=1}^{N}(x_{t1} - \bar{x}_1)y_t \\ \vdots \\ \displaystyle\sum_{t=1}^{N}(x_{tM} - \bar{x}_M)y_t \end{bmatrix}$$

令

$$l_{ij} = \sum_{t=1}^{N}(x_{ti} - \bar{x}_i)(x_{tj} - \bar{x}_j) = \sum_{t=1}^{N} x_{ti}x_{tj} - \frac{1}{N}\left(\sum_{t=1}^{N} x_{ti}\right)\left(\sum_{t=1}^{N} x_{tj}\right)$$

$$l_{jy} = \sum_{t=1}^{N}(x_{tj} - \overline{x}_j)$$

$$y_t = \sum_{t=1}^{N} x_{tj} y_t - \frac{1}{N}\left(\sum_{t=1}^{N} x_{tj}\right)\left(\sum_{t=1}^{N} y_t\right)$$

式中，$i,j = 1,2,\cdots,M$。

于是

$$A = \begin{bmatrix} N & 0 & \cdots & 0 \\ 0 & l_{11} & \cdots & l_{1M} \\ \vdots & \vdots & & \vdots \\ 0 & l_{M1} & \cdots & l_{MM} \end{bmatrix}, \quad B = \begin{bmatrix} \sum\limits_{t=1}^{N} y_t \\ l_{1y} \\ \vdots \\ l_{My} \end{bmatrix}$$

模型式的矩阵 A 和 B 与一般模型式的矩阵 A 和 B 是有区别的，今后计算中需要注意。这时矩阵 A 的逆矩阵 C 具有如下形式：

$$C = \begin{bmatrix} 1/N & 0 \\ 0 & L^{-1} \end{bmatrix}$$

于是，模型式的回归系数：

$$b = CB$$

$$b = \begin{bmatrix} u_0 \\ b_1 \\ \vdots \\ b_M \end{bmatrix} = \begin{bmatrix} 1/N & 0 \\ 0 & L^{-1} \end{bmatrix}\begin{bmatrix} \sum\limits_{t=1}^{N} y_t \\ l_{1y} \\ \vdots \\ l_{My} \end{bmatrix}$$

即

$$\begin{cases} u_0 = \dfrac{1}{N}\sum_{t=1}^{N} y_t = \overline{y} \\[4mm] \begin{bmatrix} b_1 \\ b_2 \\ \vdots \\ b_M \end{bmatrix} = L^{-1}\begin{bmatrix} l_{1y} \\ l_{2y} \\ \vdots \\ l_{My} \end{bmatrix} \end{cases}$$

由此可见，模型式的优点不仅在于使回归系数 u_0 与 $b_1, b_2, \cdots, b_M$ 无关，而且使求逆矩阵的运算降低了一阶，减少了计算量。这类问题的一般计算过程为

$$\sum_{t=1}^{N} y_t$$

$$\sum_{t=1}^{N} x_{tj}, \quad j = 1,2,\cdots,M$$

$$\sum_{t=1}^{N} x_{tj} y_t, \quad j = 1,2,\cdots,M$$

$$\sum_{t=1}^{N} x_{ti} x_{tj}, \quad i \leqslant j; \ i, j = 1, 2, \cdots, M$$

然后求得 l_{ij} 和 l_{jy}，最后求得逆矩阵 $\boldsymbol{L}^{-1}$，求得回归系数 $u_0, b_i (i = 1, 2, \cdots, M)$。

例 7.11　平炉炼钢过程中，由于矿石及炉气的氧化作用，铁水总含碳量在不断降低。一炉钢在冶炼初期总的去碳量 y 与所加两种矿石(天然矿石和烧结矿石)的量 x_1、x_2 及熔化时间 x_3(熔化时间越长则去碳量越多)有关。实测某平炉的 49 组数据如表 7-22 所示。

表 7-22

序号	y/t	x_1/t	x_2/t	x_3/min	序号	y/t	x_1/t	x_2/t	x_3/min
1	4.3302	2	18	50	26	2.7066	9	6	39
2	3.6485	7	9	40	27	5.6314	12	5	51
3	4.4830	5	14	46	28	5.8152	6	13	41
4	5.5468	12	3	43	29	5.1302	12	7	47
5	5.4970	1	20	64	30	5.399	0	24	61
6	3.1125	3	12	40	31	4.4533	5	12	37
7	5.1182	3	17	64	32	4.6569	4	15	49
8	3.8759	6	5	39	33	4.5212	0	20	45
9	4.6700	7	8	37	34	4.8650	6	16	42
10	4.9536	0	23	55	35	5.3566	4	17	48
11	5.0060	3	16	60	36	4.6098	9	4	48
12	5.2701	0	18	40	37	2.3815	4	14	36
13	5.3772	8	4	50	38	3.8746	5	13	36
14	5.4849	6	14	51	39	4.5919	9	8	51
15	4.5960	0	21	51	40	5.1588	6	13	54
16	5.6645	3	14	51	41	5.4373	5	8	90
17	6.0795	7	12	56	42	3.9960	5	11	44
18	3.2194	16	0	48	43	4.3970	8	6	63
19	5.8076	6	16	45	44	4.0622	2	13	55
20	4.7306	0	15	52	45	2.2905	7	8	50
21	4.6805	9	0	40	46	4.7115	4	9	45
22	3.1272	4	6	32	47	4.539	9	5	40
23	2.694	0	17	47	48	5.3637	3	17	64
24	3.7174	9	0	44	49	6.0771	4	15	72
25	3.8946	2	16	39					

为了求出总去碳量 y 对变量 x_1、x_2、x_3 的线性回归方程，假设模型为

$$y_t = u + \beta_1(x_{t1} - \overline{x}_1) + \beta_2(x_{t2} - \overline{x}_2) + \cdots + \beta_M(x_{tM} - \overline{x}_M) + \varepsilon_t, \quad t = 1, 2, \cdots, N$$

计算过程如下：

$$N = 49$$

$$\sum_t y_t = 224.5169, \quad \overline{y} = 4.5882$$

$$\sum_t x_{t1} = 259, \quad \overline{x}_1 = 5.286$$

$$\sum_t x_{t2} = 578, \quad \overline{x}_2 = 11.796$$

$$\sum_t x_{t3} = 2411, \quad \overline{x}_3 = 49.204$$

$$\sum_t x_{t1}^2 = 2031, \quad l_{11} = \sum_t x_{t1}^2 - \frac{1}{N}\left(\sum_t x_{t2}\right)^2 = 662.000$$

$$\sum_t x_{t2}^2 = 8572, \quad l_{22} = \sum_t x_{t2}^2 - \frac{1}{N}\left(\sum_t x_{t2}\right)^2 = 1753.959$$

$$\sum_t x_{t3}^2 = 124879, \quad l_{33} = \sum_t x_{t3}^2 - \frac{1}{N}\left(\sum_t x_{t3}\right)^2 = 6247.959$$

$$\sum_t x_{t1}x_{t2} = 2137, \quad l_{21} = l_{12} = \sum_t x_{t1}x_{t3} - \frac{1}{N}\left(\sum_t x_{t1}\right)\left(\sum_t x_{t2}\right) = -918.143$$

$$\sum_t x_{t2}x_{t3} = 29216, \quad l_{23} = l_{32} = \sum_t x_{t2}x_{t3} - \frac{1}{N}\left(\sum_t x_{t2}\right)\left(\sum_t x_{t3}\right) = 776.041$$

$$\sum_t x_{t1}y_t = 1180.30, \quad l_{1y} = \sum_t x_{t1}y_t - \frac{1}{N}\left(\sum_t x_{t1}\right)\left(\sum_t y_t\right) = -6.433$$

$$\sum_t x_{t2}y_t = 2717.51, \quad l_{2y} = \sum_t x_{t2}y_t - \frac{1}{N}\left(\sum_t x_{t2}\right)\left(\sum_t y_t\right) = 69.130$$

$$\sum_t x_{t3}y_t = 11292.72, \quad l_{3y} = \sum_t x_{t3}y_t - \frac{1}{N}\left(\sum_t x_{t3}\right)\left(\sum_t y_t\right) = 245.571$$

系数矩阵 $\boldsymbol{A}$ 和常数项矩阵 $\boldsymbol{B}$ 分别为

$$\boldsymbol{A} = \boldsymbol{X}^{\mathrm{T}}\boldsymbol{X} = \begin{bmatrix} 49 & 0 & 0 & 0 \\ 0 & 662.000 & -918.143 & -388.857 \\ 0 & -918.143 & 1753.959 & 776.041 \\ 0 & -388.857 & 776.041 & 6247.959 \end{bmatrix}$$

$$\boldsymbol{B} = \boldsymbol{X}^{\mathrm{T}}\boldsymbol{Y} = \begin{bmatrix} 224.5169 \\ -6.433 \\ 69.130 \\ 245.571 \end{bmatrix}$$

那么

$$C = A^{-1} = \begin{bmatrix} 1/49 & 0 & 0 & 0 \\ 0 & 0.005515 & 0.002894 & -0.00001623 \\ 0 & 0.002894 & 0.002122 & -0.00008345 \\ 0 & -0.00001623 & -0.00008345 & 0.0001694 \end{bmatrix}$$

于是回归系数

$$b = \begin{bmatrix} u_0 \\ b_1 \\ b_2 \\ b_3 \end{bmatrix} = A^{-1}B = \begin{bmatrix} 4.582 \\ 0.1604 \\ 0.1076 \\ 0.0359 \end{bmatrix}$$

所以 y 对变量 x_1、x_2、x_3 的线性回归直线方程为

$$\hat{y} = 4.582 + 0.1604(x_1 - 5.286) + 0.1076(x_2 - 11.769) + 0.0359(x_3 - 49.204)$$

即

$$\hat{y} = 0.7014 + 0.1604x_1 + 0.1076x_2 + 0.0359x_3$$

7.5.3　回归方程的显著性检验

对多元线性回归进行方差分析，y 的总离差平方和 S、回归平方和 U 与残余平方和 Q 的计算及其相应的自由度见表 7-23。此处，回归平方和表示在 y 的总离差平方和中，变量 $x_1, x_2, \cdots, x_M$ 与 y 的线性关系而引起 y 变化的部分，它相应的自由度数为自变量的个数 M。

表 7-23

来源	平方和	自由度	方差	F	显著度
回归	$U = \sum\limits_i (\hat{y}_t - \overline{y})^2 = \sum\limits_{j=1}^{M} b_j l_{j_y}$	M	$\dfrac{U}{M}$	$\dfrac{U/M}{\sigma^2}$	—
残余	$Q = \sum (y - \hat{y})^2 = l - U$	$N-M-1$	$\sigma^2 = \dfrac{Q}{N-M-1}$		—
总计	$S = \sum\limits_i (y_t - \overline{y})^2 = l_{yy}$	$N-1$	—	—	

回归方程显著性的检验可使用残余平方和对回归平方和的 F 检验进行，表 7-23 中的 F 检验的数学统计量：

$$F = \frac{U/M}{Q/(N-M-1)} = \frac{U}{M\sigma^2} \tag{7.55}$$

和一元回归一样，当 $F \geqslant F_\alpha(M, N-M-1)$ 时，则认为回归方程在 α 水平上显著。

多元回归方程的预报精度由残余标准差

$$\sigma = \sqrt{\frac{Q}{N-M-1}} \tag{7.56}$$

来估计。

例 7.12　对例 7.11 的回归进行方差分析(表 7-24)。

表 7-24

来源	平方和	自由度	方差	F	显著度
回归	U=15.221	3	5.074	7.69	$\alpha = 0.01$
残余	Q=29.684	45	0.660		
总计	S=44.905	48	——	——	——

由表 7-24 可知回归结果高度显著。

7.5.4　回归系数的显著性检验

一个多元线性回归方程是显著的，并不意味着每个自变量 $x_1, x_2, \cdots, x_M$ 对因变量 y 的影响都是重要的。实际应用中，希望知道在影响 y 的诸因素中，哪些因素是主要的，哪些是次要的，从而从回归方程中剔除那些次要的、可有可无的变量，重新建立更为简单的线性回归方程。很明显，增加那些与 y 关系很小的因素只会使平方和有很小的增加。因此，若在所考察的因素中去掉一个因素，然后把得到的回归平方和与之前未去掉该因素的平方和进行比较，就会得到一个差值，差值越大，说明该因素在回归方程中起的作用越大，也就说明该因素越重要。把取消一个变量 x_i 后回归平方和减少的数值称为 y 对这个自变量 x_i 的偏回归平方和，记为 P_i：

$$P_i = U - U_i \tag{7.57}$$

式中，U 为 M 个变量 $x_1, x_2, \cdots, x_M$ 所引起的回归平方和；U_i 为去掉 x_i 后 $x_1, x_2, \cdots, x_{i-1}, x_{i+1}, \cdots, x_M$ 所引起的回归平方和。

因此，利用偏回归平方和 P_i 可以衡量自变量 x_i 在回归方程中所起作用的大小。但在一般情况下，直接按式(7.57)求解 P_i 比较困难。偏回归平方和 P_i 可按下式计算：

$$P_i = \frac{b_i^2}{c_{ii}} \tag{7.58}$$

式中，c_{ii} 为 M 元回归的正规方程系数矩阵 $\boldsymbol{A}$ 或 $\boldsymbol{L}$ 的逆矩阵 $\boldsymbol{C}$ 或 $\boldsymbol{L}^{-1}$ 中的元素；b_i 为回归方程的回归系数。

由于各变量间可能存在密切的相关关系，一般也不能按偏回归平方和的大小，把一个回归中的所有变量对因变量 y 的重要性大小进行逐个排列。通常在计算偏回归平方后，对各因素的分析按如下步骤进行。

(1)凡是偏回归平方和大的变量，一定是对 y 有重要影响的因素，其重要性的定量指标可用残余平方和 Q 对其进行 F 检验。

$$F_1 = \frac{P_i / 1}{Q / (N - M - 1)} = \frac{P_i}{\sigma^2} \tag{7.59}$$

若 $F \geqslant F_\alpha(M, N-M-1)$，则认为变量 x_i 对 y 的影响在 α 水平上显著。此检验也称为回归系数显著性检验。

(2)凡是偏回归平方和大的变量，一定是显著的，但偏回归和小的变量，却不一定是不显著的。但可以肯定，偏回归平方和最小的那个变量，必然是所有变量中对 y 影响最小的一个量，如果此最小的变量的 F 检验结果又不显著，那么就可以将该变量剔除。剔除变量后，必须重新计算回归系数和偏回归平方和，它们的大小一般都有改变。

由于建立新的回归方程，需要重新进行大量计算，促使人们进一步寻求新老回归系数间的关系，以简化计算。可以证明，在 y 对 $x_1, x_2, \cdots, x_m$ 的多元回归中，取消一个变量 x_m 后，$M-1$ 个变量的新的回归系数 $b'_j (j \neq i)$ 与原来的回归系数 b_j 之间有如下关系：

$$\begin{cases} b'_j = b_j - \dfrac{c_{ij}}{c_{ii}} b_i \\ u'_0 = u_0 \\ b'_0 = y - \displaystyle\sum_{j=1, j \neq i} b'_j \overline{x}_j \end{cases} \tag{7.60}$$

以上介绍的是多元线性回归的基本方法，多元回归不仅解决线性回归关系问题，还可以解决非线性关系问题。解决非线性关系的最一般方法是直接通过变量代换或者将非线性关系表示为幂级数（多项式），再通过变量代换转化为多元线性回归问题，这样就可以用多元线性回归方法解决非线性回归问题。

习　题

7-1　什么是回归分析？它包括哪些主要内容？最小二乘法问题和回归分析有何联系和区别？简述一元线性回归方程的方差分析及显著性的检验方法。对一元线性回归方程进行显著性检验时，如果回归方程不显著，如何分析判断引起回归方程不显著的主要因素是什么？

7-2　试参照图 7-15 写出一元线性回归方程方差分析中总的离差平方和、回归平方和及残余平方和的表达式。并说明回归平方和及残余平方和的含义。若重复实验一元线性回归的显著性检验结果 $F_1 = \dfrac{Q_L / v_{Q_L}}{Q_E / v_{Q_E}}$ 显著，试分析可能的原因。

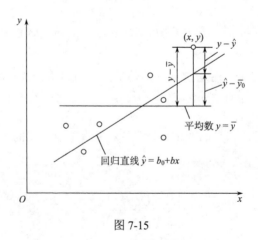

图 7-15

7-3　显著性检验可以解决什么问题？为什么要进行重复测量？如何对重复实验情况下的一元线性回归进行显著性检验？

7-4　在非线性回归线性化时，对因变量作变换应注意什么问题？

7-5　材料的抗剪强度与材料承受的正应力有关。对某种材料实验的数据如表 7-25 所示。假设正应力的数值是正确的，求：

(1) 抗剪强度与正应力之间的线性回归方程。

(2) 当正应力为 24.5Pa 时，抗剪强度的估计值是多少？

表 7-25

正应力 x/Pa	26.8	25.4	28.9	23.6	27.7	23.9
抗剪强度 y/Pa	26.5	27.3	24.2	27.1	23.6	25.9
正应力 x/Pa	24.7	28.1	26.9	27.4	22.6	25.6
抗剪强度 y/Pa	26.3	22.5	21.7	21.4	25.8	24.9

7-6　测量 x 和 y 的关系，得到的一组数据如表 7-26 所示。试用最小二乘法对上述实验数据进行最佳曲线拟合。

表 7-26

x_i	4	11	18	26	35	43	52	60	69	72
y_i	8.8	17.8	26.8	37.0	48.5	58.8	70.3	80.5	92.1	95.9

7-7　某公司下设 7 个分公司，各分公司的固定资产价值与企业总产值数据如表 7-27 所示。试：

(1) 建立回归直线方程；

(2) 计算估计标准误差；

(3) 估计当固定资产价值为 100 万元时的企业总产值；

(4) 在显著性水平 $\alpha = 5\%$ 时，对所建立的回归方程进行检验。

表 7-27　某公司固定资产与产值统计表

企业编号	1	2	3	4	5	6	7
固定资产价值/万元	20	30	40	50	60	70	80
企业总产值/万元	80	90	115	120	125	130	140

7-8　某实验测得 x 与 y 的一组观测值如表 7-28 所示（单位略）。设 x 无误差，试求变量 x、 y 之间的线性回归方程并对回归方程进行显著性检验，列出方差分析表。附： $F_{0.10}(1,4) = 4.54$ ， $F_{0.05}(1,4) = 7.71$ ， $F_{0.01}(1,4) = 21.2$ 。

表 7-28

x	0.05	0.10	0.15	0.20	0.25	0.30	0.35	0.40
y	46.3	106.3	186.9	286.3	403.4	524.2	636.8	731.8

7-9　用直线检验法验证表 7-29 中的数据可以用曲线 $y = ab^x$ 表示。

表 7-29

x	30	35	40	45	50	55	60
y	−0.4786	−2.188	−11.22	−45.71	−208.9	−870.9	−3802

7-10　六角形光导纤维的极限分辨率 y_i 与直径 d_i 的关系如表 7-30 所示。

(1)选择适当的曲线模型,并进行检验;

(2)求出曲线回归方程。

表 7-30

d_i/mm	1	2	4	5	6	8	10	12	14	16	18	20	25
$y_i/(1 \cdot mm^{-1})$	577	289	144	116	96	82	58	48	41	36	32	29	24

7-11　钢质零件的伸长率 y 与含碳量 x 及回火温度 t 有关,表 7-31 是一组数据,试求二元线性回归方程。

表 7-31

x	57	64	69	58	59	58	64	58
t	535	535	535	460	460	460	467	490
y	19.25	17.50	18.25	16.25	17.00	16.75	15.50	16.75

7-12　在制定公差标准时,必须掌握加工的极限误差随工件尺寸变化的规律。例如,对用普通车床切削外圆进行了大量实验,得到加工极限误差 Δ 与工件直径 D 的统计资料如表 7-32 所示。求极限误差 Δ 与工件直径 D 关系的经验公式。

表 7-32

D/mm	5	10	50	100	150	200	250	300	350	400
$\Delta/\mu m$	8	11	19	23	27	29	32	33	35	37

7-13　在 4 种不同温度下观测某化学反应生成物含量的百分数 y,每种在同一温度 x 下重复观测 3 次,数据如表 7-33 所示。求 y 对 x 的线性回归方程,并进行方差分析和显著性检验。

表 7-33

$x/℃$	150			200			250			300		
y	77.4	76.7	78.2	84.1	84.5	83.7	88.9	89.2	89.7	94.8	94.7	95.9

7-14　用 X 射线机检查镁合金铸件内部缺陷时,为了获得最佳的灵敏度,透视电压 y 应随透视件的厚度 x 而改变。经实验获得如表 7-34 所示的一组数据。假设透视件的厚度 x 无误差,试求透视电压 y 随厚度 x 变化的经验公式。

表 7-34

x/mm	12	13	14	15	16	18	20	22	24	26
y/kV	52.0	55.0	58.0	61.0	65.0	70.0	75.0	80.0	85.0	91.0

7-15 给出施化肥量对水稻产量影响的实验数据如表 7-35 所示。

(1)画出表 7-35 的散点图;

(2)求出回归直线并且画出图形。

表 7-35

施化肥量 x	15	20	25	30	35	40	45
水稻产量 y	330	345	365	405	445	450	455

7-16 在某种产品表面进行腐蚀线实验,得到腐蚀深度 y 与腐蚀时间 t 之间对应的一组数据如表 7-36 所示。

(1)画出散点图;

(2)试求腐蚀深度 y 对时间 t 的回归直线方程。

表 7-36

时间 t/s	5	10	15	20	30	40	50	60	70	90	120
深度 y/μm	6	10	10	13	16	17	19	23	25	29	46

7-17 某位移传感器的位移 x 与输出电压 y 的一组观测值如表 7-37 所示(单位略)。

设 x 无误差,求 y 对 x 的线性关系式,并进行方差分析与显著性检验。

附:$F_{0.10}(1,4) = 4.54$,$F_{0.05}(1,4) = 7.71$,$F_{0.01}(1,4) = 21.2$。

表 7-37

x	1	5	10	15	20	25
y	0.1051	0.5262	1.0521	1.5775	2.1031	2.6287

7-18 通过实验测得某一铜棒在不同温度下的电阻值如表 7-38 所示。

设 t 无误差,求 R 对 t 的线性关系式,并进行方差分析与显著性检验。

附:$F_{0.10}(1,4) = 4.54$,$F_{0.05}(1,4) = 7.71$,$F_{0.01}(1,4) = 21.2$。

表 7-38

t/℃	19.1	25.0	30.1	36.0	40.0	45.1
R/Ω	76.30	77.80	79.75	80.80	82.35	83.90

第 8 章　误差分析与数据处理实例

8.1　金属杨氏模量的测量

1. 测量原理

杨氏模量是由拉伸物体时的应力和应变的关系求得的常数，1808 年由物理学家 Young 提出，因而得名杨氏模量。金属的杨氏模量 E 是表征金属弹性性质的重要物理量，测量其杨氏模量对了解金属的性能有重要意义。杨氏模量只决定于金属材料本身固有的性质，而在本实验中，因测量次数较多，实验数据量大，误差存在可能性大。利用误差理论与数据处理技术分析实验数据，能分析出误差产生的原因并尽量减小误差，得到合理的实验结果，而且可以通过回归分析得到外加张力和金属丝长度的线性回归方程。

有一均匀的金属丝(或棒)，长为 L，横截面积为 S，使之一端固定，另一端施以拉力 F，结果伸长了 ΔL。若用相对伸长 $\Delta L / L$ 表示其形变，根据胡克定律：在弹性限度内，应变(指在外力作用下的相对伸长 $\Delta L/L$)与压强(单位面积上所受到的力)成正比，用公式表达为

$$\frac{\Delta L}{L} = \frac{1}{Y} \times \frac{F}{S} \quad 或 \quad Y = \frac{FL}{S\Delta L} \tag{8.1}$$

式中，Y 为金属丝的杨氏模量，它表征材料的强度性质，只与材料的质料有关，而与材料的形状、大小无关。在数值上，Y 等于相对伸长为 1 时的胁强，所以它的单位与胁强的单位相同。

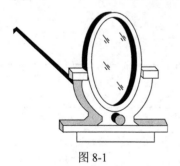

图 8-1

在式(8.1)中，在外力 F 的拉伸下，钢丝的伸长量 ΔL 是很小的量。用一般的长度测量仪器无法测量。在本实验中采用光杠杆镜尺法测量。

如图 8-1 所示，光杠杆是一块平面镜直立地装在一个三足底板上。三个足尖 f_1、f_2、f_3 构成一个等腰三角形。f_1 和 f_2 为等腰三角形的底边。f_3 到底边的垂直距离(即距离三角形底边上的高)记为 b。如果 f_1、f_2 在一个平台上，而 f_3 下降 ΔL，那么平面镜将绕 f_1、f_2 转动 θ。

如图 8-2 所示，初始时，平面镜处于垂直状态。标尺通过平面镜反射后，在望远镜中成像。望远镜可以通过平面镜观察到标尺的像。望远镜中，十字线处在标尺上刻度为 n_0 处。当 f_3 下降 ΔL 时，平面镜将绕 f_1、f_2 转 θ 角。望远镜中标尺的像也发生移动，十字线降落在标尺刻度为 n_i 处。由于平面镜转动 θ 角，进入望远镜的光线旋转 2θ 的角。从图中看出望远镜中标尺刻度的变化 $\Delta n = n_i - n_0$。

$$\frac{\Delta n}{D} = \tan 2\theta \approx 2\theta$$

又

$$\frac{\Delta L}{b} = \tan\theta \approx \theta$$

由此可得到

$$\frac{\Delta n}{D} = \frac{2\Delta L}{b}$$

即

$$\Delta L = \frac{b}{2D}\Delta n \tag{8.2}$$

所以望远镜中标尺读数的变化 Δn 比钢丝伸长量 ΔL 大得多，放大了 $2D/b$ 倍。钢丝的截面积

$$S = \frac{\pi}{4}d^2 \tag{8.3}$$

式中，d 为钢丝的直径。

将式 (8.2)、式 (8.3) 代入式 (8.1) 中，最后得到

$$Y = \frac{8FLD}{\pi d^2 b\Delta n}$$

实验装置如图 8-2 所示。

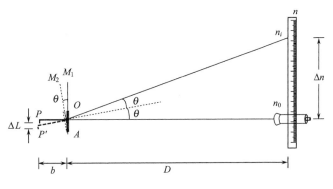

图 8-2　光杠杆原理图

2. 测量金属丝伸长变化

在托盘上已有 1kg 的砝码情况下，记下十字叉丝对准的标准刻度 r_0；在托盘上逐次加重，每次 1kg，共 6 次。记下望远镜中对应的读数 $r_1, r_2, \cdots, r_6$；在已加重 6kg 的基础上，再每次减 1kg，共 6 次，记下望远镜中所对应的度数 $r_6', r_5', \cdots, r_0'$ 则 $\overline{\gamma_i} = \dfrac{\gamma_i + \gamma_i'}{2}$ 即为钢丝受某力 F_i 时望远镜中标尺的读数。数据如表 8-1 所示。

3. 测量金属丝的直径

螺旋测微计在金属丝的 20 个不同部位测其直径 d，共得 20 个实验数据，如表 8-2 所示。

表 8-1 增(减)1kg 砝码时望远镜中标尺读数

次数 i	m_i / kg	望远镜读数/cm			读数差
		γ_i	γ_i'	$\bar{\gamma}_i$	Δl_i
1	1.000	9.21	9.46	9.335	
2	2.000	9.62	9.81	9.760	l_0: 1.270
3	3.000	10.12	10.21	10.180	l_1: 1.265
4	4.000	10.63	10.58	10.605	l_2: 1.265
5	5.000	11.01	11.04	11.025	
6	6.000	11.44	11.45	11.445	
					$\bar{l}$: 1.267

表 8-2 金属丝的直径

组数	d/mm	v/mm	v^2/mm
1	0.795	−0.00615	3.78225E-05
2	0.800	−0.00115	1.3225E-06
3	0.808	0.00685	4.69225E-05
4	0.800	−0.00115	1.3225E-06
5	0.800	−0.00115	1.3225E-06
6	0.803	0.00185	3.4225E-06
7	0.798	−0.00315	9.9225E-06
8	0.805	0.00385	1.48225E-05
9	0.802	0.00085	7.225E-07
10	0.795	−0.00615	3.78225E-05
11	0.789	−0.01215	1.47623E-04
12	0.812	0.01085	1.17723E-04
13	0.788	−0.01315	1.72923E-04
14	0.815	0.01385	1.91822E-04
15	0.808	0.00685	4.69225E-05
16	0.810	0.00885	7.83225E-05
17	0.795	−0.00615	3.78225E-05
18	0.800	−0.00115	1.3225E-06
19	0.790	−0.01115	1.24323E-04
20	0.810	0.00885	7.83225E-05
	$\sum_{i=1}^{20} d_i = 16.023$ $\bar{d} = 0.80115$	$\sum_{i=1}^{20} v_i = 2.22045E{-}16$	$\sum_{i=1}^{20} v^2 = 0.00115255$

4. 其他测量数据

平面镜与标尺间距离 D=185cm，金属丝原长 L=54.0cm，平面镜架前足与后足之间的距离 b=6.4cm（仅测量一次）。

根据本实验的具体情况一次测量量的误差统一规定如下：$\Delta L = \pm 0.3\,\text{cm}$ ，$\Delta D = \pm 0.5\,\text{cm}$，$\Delta b = \pm 0.05\,\text{cm}$，$\dfrac{\Delta F}{F} = 0.5\%$。假设每个数据的置信概率均为99%。

5. 对直径测量实验数据处理

假设所有测量数据均服从统一概率分布。

1）金属丝直径 d 的正态性检验

因为测量数据一共有20个，且检验数据的正态性分布，所以使用夏皮罗-威尔克检验法，步骤如下。

（1）将样本值由小到大排列成次序统计量。

（2）计算检验统计量 $W = \dfrac{\left\{ \sum\limits_{i=1}^{n/2} a_{in}\left[x_{n-i+1} - x_i \right] \right\}^2}{\sum\limits_{i=1}^{n}\left(x_i - \overline{x} \right)^2}$。式中，$a_{in}$ 由夏皮罗-威尔克系数表查出。

（3）查表。查出夏皮罗-威尔克值 $W(n, \alpha)$，α 为给定的显著性水平。

（4）判断。若 $W < W(n, \alpha)$，则拒绝正态性假设；若 $W > W(n, \alpha)$，则接受正态性假设。

由所测得的数据可以求得 W=0.898>0.868，故接受正态性检验。

2）判断测量列是否存在系统误差

（1）先使用残余误差校核法。$\Delta = \sum\limits_{i=1}^{K} v_i - \sum\limits_{j=K+1}^{n} v_j$ ，由于 n=20，所以取 K=20/2=10，计算可得 Δ=0.010mm，因 Δ 值较小，可以认为无线性变化的系统误差。

（2）使用不同公式计算标准差比较法。

按贝塞尔公式计算：

$$s_1 = \sqrt{\dfrac{\sum\limits_{i=1}^{n} v_i^2}{n-1}}$$

得 s_1=0.007788。

按别捷尔斯公式计算

$$s_2 = 1.253\,\dfrac{\sum\limits_{i=1}^{n}|v_i|}{\sqrt{n(n-1)}}$$

得 s_2=0.007906。

则
$$u = \frac{s_2}{s_1} - 1 = 0.0151 < \frac{2}{\sqrt{n-1}} = 0.4588$$

所以测量列中不存在系统误差。

3）测量异常值的检验

根据测量数据的个数，选用格拉布斯准则进行判断。

（1）将测量值从小到大排序，找到最小值 $d_{(1)} = 0.789$，最大值 $d_{(20)} = 0.815$。

（2）由上面的结果可知该测量数据服从正态分布且 $\overline{d} = 0.80115$，$s = 0.007788$。

（3）计算 $g_{(1)} = \dfrac{\overline{x} - x_{(1)}}{s} = 1.5601$，$g_{(20)} = \dfrac{x_{(20)} - \overline{x}}{s} = 1.5601$，选择较大的。

（4）取显著度 $\alpha = 0.01$，查表 2-7 得临界值 $g_{(0)}(n, \alpha) = 2.88$。

（5）判断，因为 $g_{(1)} < g_{(0)}(n, \alpha)$，所以确定测量列中数据不存在粗大误差。

4）求算术平均值的标准差

$$\sigma_\alpha = \frac{s}{\sqrt{n}} = \frac{0.007788}{\sqrt{20}} = 0.00174145$$

5）求算术平均值的极限误差

因测量次数较少，算术平均值的极限误差按 t 分布计算。$v = n - 1 = 19$，取 $\alpha = 0.01$，查表得 $t_\alpha = 2.86$，则算术平均值的极限误差 $\delta_{\lim \overline{d}}$ 为

$$\delta_{\lim \overline{d}} = \pm t_\alpha \sigma_D = \pm 2.86 \times 0.00174145 = \pm 0.00498(\text{mm})$$

6）最后测量结果

$$d = \overline{d} + \delta_{\lim \overline{d}} = (0.80115 \pm 0.00498)\,\text{mm}$$

6. 对外加张力与金属丝的长度变化关系进行回归分析

（1）简化表 8-1 中的数据，得到表 8-3。

表 8-3　外加张力与金属丝的长度关系

F_i/kg	1.000	2.000	3.000	4.000	5.000	6.000
$\overline{r}_i$ /cm	9.335	9.760	10.180	10.605	11.025	11.445

（2）计算回归系数，具体内容如表 8-4 所示。

表 8-4　回归系数计算表

$\sum\limits_{i=1}^{6} F_i = 21$		$\overline{F} = 3.5$		$\sum\limits_{i=1}^{6} l_i = 62.35$		$\overline{l}_i = 10.39$
F_i/kg	l_i/cm	$F_i - \overline{F}$	$l_i - \overline{l}$	$(F_i - \overline{F})(l_i - \overline{l})$	$(F_i - \overline{F})^2$	$(l_i - \overline{l})^2$
1.000	9.335	-2.5	-1.055	2.6375	6.25	1.113025
2.000	9.760	-1.5	-0.63	0.945	2.25	0.3969

续表

$\sum_{i=1}^{6} F_i = 21$		$\bar{F} = 3.5$		$\sum_{i=1}^{6} l_i = 62.35$	$\bar{l}_i = 10.39$	
F_i/kg	l_i/cm	$F_i - \bar{F}$	$l_i - \bar{l}$	$(F_i - \bar{F})(l_i - \bar{l})$	$(F_i - \bar{F})^2$	$(l_i - \bar{l})^2$
3.000	10.180	−0.5	−0.21	0.105	0.25	0.0441
4.000	10.605	0.5	0.215	0.1075	0.25	0.046225
5.000	11.025	1.5	0.635	0.9525	2.25	0.403225
6.000	11.445	2.5	1.055	2.6375	6.25	1.113025
$l_{FF} = \sum_{i=1}^{6}(F_i - \bar{F})^2 = 17.5$				$l_{Fl} = \sum_{i=1}^{6}(F_i - \bar{F})(l_i - \bar{l}) = 7.385$		
$l_{ll} = \sum_{i=1}^{6}(l_i - \bar{l})^2 = 3.1165$						

注：$b = \dfrac{l_{Fl}}{l_{FF}} = \dfrac{7.385}{17.5} = 0.422$

$b_0 = \bar{l} - b\bar{F} = 10.39 - 0.422 \times 3.5 = 8.913$

$l = b_0 + bF = 8.913 + 0.422F$

因此得出回归方程：$l = 8.913 + 0.422F$，回归曲线如图 8-3 所示。

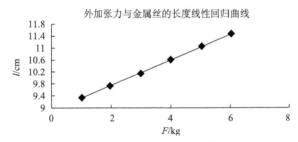

图 8-3　外加张力与金属丝的长度线性回归曲线

(3)列方差分析表，如表 8-5 所示，并讨论显著度。

表 8-5　方差分析表

来源	平方和	自由度	方差	F
回归	$U = bl_{xy} = 3.11647$	1		$F = \dfrac{U/1}{Q/18} = 1.87 \times 10^6$
残余	$Q = l_{yy} - bl_{xy} = 3 \times 10^{-5}$	18	$s_2 = \dfrac{Q}{18} = 1.667 \times 10^{-6}$	
总计	$s = l_{ll} = 3.1165$	19		

查 F 分布表，得 $F_{0.01}(1, 18) = 8.2 < F$，所以回归是高度显著的(在 0.01 水平上显著)。

7. 求解杨氏模量

查相关资料，得

$$E = \frac{8FJD}{\pi d^2 bl} = \frac{8 \times 30 \times 185 \times 54}{\pi \times 0.80115^2 \times 6.4 \times 1.267} = 1.46 \times 10^{11} (\text{N/ m}^2)$$

8. 结论

本节总结了误差理论与数据处理所学基本知识，并将其应用于测量金属丝直径的研究，对金属丝直径进行了误差分析，包括随机误差、系统误差和粗大误差等，给出了金属丝直径最后的测量结果为 $d = \bar{d} + \delta_{\lim \bar{d}} = (0.80115 \pm 0.00498) \, \text{mm}$。运用线性回归分析了外加张力与金属丝的长度之间的关系，得到线性回归方程为

$$l = 8.913 + 0.422F$$

并对回归方程进行了方差分析与显著性检验。

8.2　轴类零件外径尺寸测量不确定度的评定

1. 概述

轴类零件是五金配件中经常遇到的典型零件之一，它主要用来支承传动零部件、传递扭矩和承受载荷。按轴类零件结构形式不同，一般可分为光轴、阶梯轴和异形轴三类或分为实心轴、空心轴等。它们在机器中用来支承齿轮、带轮等传动零件，以传递转矩或运动。轴类零件是旋转体零件，其长度大于直径，一般由同心轴的外圆柱面、圆锥面、内孔和螺纹及相应的端面组成。

各类轴零件在整个设备中都传递一定的动力。因此它的径向尺寸是否合格对设备的整体运转是有一定影响的。

以电力机车轮的轴为讨论对象。它的质量好坏直接影响到机车的安全运行。因此很有必要进行讨论。目前，现在生产的机车车轴主要控制尺寸为 $\Phi 160^{+0.052}_{+0.027}$、$\Phi 190^{+0.149}_{+0.077}$、$\Phi 205^{+0.149}_{+0.077}$。现就第一个参数进行测量不确定度的评定。

(1) 测量依据：车轴加工工艺文件。

(2) 测量环境：现场温度 30℃。

(3) 测量设备：零级千分尺（150～175 mm）。

(4) 被测对象：$\Phi 160^{+0.052}_{+0.027}$。

(5) 测量过程：用千分尺直接测量加工后的相应尺寸。

2. 数学模型

数学模型为

$$\Delta L = L_1 - L_0$$

式中，ΔL 为尺寸测量误差；L_1 为测量读数值；L_0 为尺寸标称值。

3. 计算分量标准不确定度

外径测量的不确定度分量及评注如表 8-6 所示。

表 8-6　外径测量的不确定度分量及评注

符号低分辨力	不确定度分量名称	评注
u_{L1}	千分尺示值误差	对千分尺示值误差的最大允许值的要求是一个未知变量，初步设定为 6 μm。通过校准后的零位调整，使示值误差曲线对称分布
u_{L2}	千分尺校准的测量不确定度	千分尺被校准时也会产生误差，最大测量测量误差为 ±3.5μm
u_{L3}	读数误差	$u_{L2} = \dfrac{d}{2\sqrt{3}} = 0.29 \mu m$
u_{L4}	重复性	实验证明，三位操作人员具有同样的重复性。该实验包括每位操作者对轴 $\varPhi 160^{+0.052}_{+0.027}$ 进行 15 次以上的测量。千分尺柔性的影响已包括在重复性内
u_{L5}	温度差	在测量期间，轴和千分尺的最大温度差为 10 ℃
u_{L6}	温度	相对于标准参考温度 20 ℃ 的最大温度偏差为 15 ℃
u_{L7}	工件形状误差	测得的圆柱度为 1.5μm，圆柱度的主要部分是圆度偏差。对直径的影响是圆柱度的两倍，即 3μm

1)　千分尺示值误差

外径千分尺示值误差的最大允许值被定义为示值误差曲线的最大范围，而与零位的示值误差无关。示值误差曲线相对于零点的位置是另一个(独立的)计量特征量。假定在校准过程中对示值误差曲线定位，使示值的最大正、负误差具有相同的绝对值。这个值尚未确定，现初步选定为 6μm。所以，误差的极限值为

$$a_{L1} = \frac{6\mu m}{2} = 3\mu m$$

在给定的情况下无法证明是否服从高斯分布，故根据高斯的原则假定为矩形分布，即分布因子 $b = 0.6$。于是

$$\mu_{L1} = 3 \times 0.6 = 1.8 \, (\mu m)$$

估计其相对不确定度为 10%，则自由度

$$\gamma_1 = 0.5 / 0.1^2 = 50$$

2)千分尺校准的测量不确定度

千分尺校准给出的最大测量测量误差为 ±3.5μm，故标准不确定度为

$$\mu_{L2} = 3.5 \big/ \sqrt{3} = 3.02 \, (\mu m)$$

估计其相对不确定度为 10%，则自由度

$$\gamma_2 = 0.5 / 0.1^2 = 50$$

3)度数误差

测量人员使用千分尺测量时的读数误差为 1μm，属于均匀分布，故

$$\mu_{L3} = 1 \big/ \sqrt{3} = 0.557 \, (\mu m)$$

估计其相对不确定度为 10%，则自由度

$$\gamma_3 = 0.5 / 0.1^2 = 50$$

4) 重复性产生的不确定度

测量重复性估算采用 A 类方法进行评定,用千分尺直接测量加工后的相应尺寸,每一个尺寸重复测量 10 次,得到测量列如表 8-7 所示。

$$\mu_{L4} = 0.4\mu m$$

自由度

$$\gamma_4 = n - 1 = 10 - 1 = 9$$

表 8-7

测量次数	1	2	3	4	5	6	7	8	9	10	平均值	方差
$\Phi 160^{+0.052}_{+0.027}$	160.014	160.012	160.012	160.013	160.014	160.012	160.014	160.014	160.014	160.013	160.0132	0.4μm

5) 温度差产生的不确定度

观测到千分尺和工件间的最大温度差为 2 ℃。由于无任何信息表明该温度差的符号,故假定其在±2℃ 范围内变化。由于外径千分尺是由淬火钢制成的,车轴也是用淬火,所以它们的线膨胀系数是一样的,已知 $\alpha = 11.5 \times 10^{-6} / $ ℃,于是其对直径测量影响的极限值为

$$\alpha_{L5} = \Delta T \times \alpha \times D = 2 \times 11.5 \times 10^{-6} \times 160\mu m = 3.68\mu m$$

假定为 U 形分布,即 $b = 0.7$,于是

$$\mu_{L5} = 3.68\mu m \times 0.7 = 2.576\mu m$$

估计其相对不确定度为 10%,则自由度

$$\gamma_5 = 0.5 / 0.1^2 = 50$$

6) 温度产生的不确定度

观测到相对于标准参考温度 20 ℃ 的最大偏差为 15 ℃。由于无任何信息表明偏差的符号,故假定其在±15 ℃ 范围内变化。同时假定工件和千分尺之间的线膨胀系数相对差最大为 10 %,于是其极限值为

$$\alpha_{L6} = 0.1 \times \Delta T \times \alpha \times D = 0.1 \times 15 \times 11.5 \times 10^{-6} \times 160\,mm = 2.76\mu m$$

假定为 U 形分布,即 $b = 0.7$,于是

$$\mu_{L6} = 2.76\mu m \times 0.7 = 1.932\mu m$$

估计其相对不确定度为 10%,则自由度

$$\gamma_6 = 0.5 / 0.1^2 = 50$$

7) 工件形状误差产生的不确定度

假定测得样品轴的圆柱度为 1.5μm。圆柱度是半径变化的度量。故假定它对直径的影响是圆柱度偏差的 2 倍(无任何信息表明该影响可能小于此值),于是其极限值为

$$a_{L7} = 3\mu m$$

假定其服从矩形分布,即 $b = 0.6$,于是

$$u_{L7} = 3\mu m \times 0.6 = 1.8\mu m$$

估计其相对不确定度为 10%,则自由度

$$\gamma_7 = 0.5 / 0.1^2 = 50$$

4. 合成不确定度

$$U(L) = \sqrt{\mu_{L1}^2 + \mu_{L2}^2 + \mu_{L3}^2 + \mu_{L4}^2 + \mu_{L5}^2 + \mu_{L6}^2 + \mu_{L7}^2} = 5.142 \mu m$$

所以，有效自由度为

$$\gamma_{eff} = \frac{U^4}{\sum\limits_{i=1}^{4} \mu_i \Big/ \gamma} = 215.259$$

5. 扩展不确定度

取置信概率为 95% ,查均匀分布表，$K_{95} = t_{95}(\gamma_{eff})$。故测量尺寸的 $t_{95}(\gamma_{eff}) = 2$。于是其扩展不确定度分别为 $U_{95} = U(L) < t_{95}(\gamma_{eff}) = 5.126 \times 2 = 10.252 \ (\mu m)$。

6. 不确定度概算及讨论

不确定度概算汇总表见表 8-8。

表 8-8 评估不确定度概算汇总

分量名称	评定类型	测量次数	相关系数	分布因子	不确定度分量/μm
千分尺示值误差	B		0	0.6	1.8
千分尺校准的测量不确定度	B		0		3.02
读数误差	A		0		0.557
重复性	A	10	0		0.4
温度差	B		0	0.7	2.576
温度	B		0	0.7	1.932
工件形状误差	B		0	0.6	1.8
合成不确定度					5.142
扩展不确定度					10.284

在直径测量中，有两个较大的分量，三个中等大小的分量和两个较小的。

在计算合成标准不确定度的公式中，各不确定度分量是平方相加的，因此很难直接看出它们对合成标准不确定度 u_L 的影响。用 u_{Lx}^2 方差来表示，往往能更直接地看出每个不确定度分量对合成标准不确定度的影响，如表 8-9 所示。

表 8-9　各不确定度分量对 μ_{Lx}^2 的影响

分量名称	不确定度	μ_{Lx}^2	在 μ_{Lx}^2 中所占百分比/%	在 μ_{Lx}^2 中所占百分比(按不确定度来源)/%	不确定度
千分尺示值误差	1.8	3.24	12.25		
千分尺校准的测量不确定度	3.02	9.1204	34.50	46.75	测量设备
读数误差	0.557	0.310249	1.17		
重复性	0.4	0.16	0.61	1.78	操作人员
温度差	2.576	6.635776	25.10		
温度	1.932	3.732624	14.12	37.35	环境
工件形状误差	1.8	3.24	12.25	12.25	工件
合成不确定度	5.142	26.439049	100	100	总计

(1)表 8-9 中,前两个不确定度分量是由测量所用的外径千分尺引入的。如果外径千分尺不存在误差,此时合成标准不确定度成为

$$\mu_L = \sqrt{\mu_{L3}^2 + \mu_{L4}^2 + \mu_{L5}^2 + \mu_{L6}^2 + \mu_{L7}^2}$$
$$= \sqrt{0.557^2 + 0.4^2 + 2.576^2 + 1.932^2 + 1.8^2}\,\mu\text{m}$$
$$= 3.752\,\mu\text{m}$$
$$U = 2\mu_L = 7.504\,\mu\text{m}$$

即扩展不确定度 U 将从原来的 10.284μm 降低到 7.504 μm。

(2)如果操作人员、测量环境和被测工件等方面均十分理想,即它们所引入的不确定度分量均可以忽略不计,此时测量结果的不确定度仅由外径千分尺确定。于是合成标准不确定度成为

$$\mu_L = \sqrt{\mu_{L1}^2 + \mu_{L1}^2} = \sqrt{1.8^2 + 3.02^2}\,\mu\text{m} = 3.516\,\mu\text{m}$$
$$U = 2\mu_L = 7.03\,\mu\text{m}$$

即扩展不确定度 U 将从原来的 10.284μm 降低到 7.03μm。显然,在这种情况下,测量不确定度主要来源于测量过程,而不是测量设备。

由表 8-9 可知,测量中最主要的不确定度分量是由测量设备和环境引起的。这就找到了此次测量误差的主要原因。通过更换高精度的测量设备或在检验的同时对温度进行测量,可以大幅度减少测量误差。

8.3　引射除尘器结构优化实验设计与数据处理

1. 引射除尘器工作原理

引射除尘器是利用负压作用实现除尘的,其工作原理如图 8-4 所示,主要由集气罩、引

射筒、喷水装置和折流板部件组成。负压除尘器的主要部件为引射筒，它是形成负压场和粉尘水雾混合的场所，引射筒后端安装的集气罩用来收集粉尘气体，引射筒前端安装的折流板部件使含尘水流碰撞到折流板而改变方向，引射筒的中部安装喷水装置，其主要部件是安装于引射筒内的喷嘴。由于喷嘴喷雾压力较高，产生的雾气流速很快，动能较大，形成高压射流，加之高速雾气流的扩散直径大于引射筒直径，把引射筒全密闭充满，高速雾流在引射筒内呈紊流状态高速推进，形成水雾活塞，引射筒前方的空气被源源不断的水雾推出去，引射筒后部产生了很强的负压空间场，因而可以把含尘浓度高的空气吸入引射筒内，粉尘与水雾在引射筒里不断地结合、反复碰撞、重新组合，大部分粉尘与雾粒结合在引射筒中沉降下来，部分粉尘连同水雾撞击在折流板上，失去了在空气中的悬浮能力，很快降落下来，从而起到负压降尘的作用。

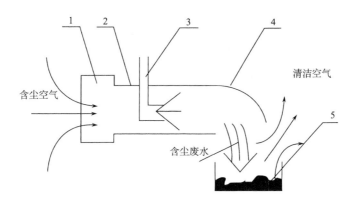

图 8-4　引射除尘器工作原理示意图

1-集气罩；2-引射筒；3-喷水装置；4-折流板；5-输送机

2. 引射除尘器结构优化实验系统

为了优化引射器的各项性能指标，设计了实验室风速测试系统(图 8-5)，其中高压泵用来为引射除尘器提供高压水，其工作压力为 10~15MPa；溢流阀用来调节压力的大小；引射除尘器的进水压力可从压力表上读出；负压计(毕托管压力计)用来测定引射筒进口处的负压。实验室风速测试系统的工作过程为：水源的水被高压泵加压后，经压力表到达喷嘴，在引射

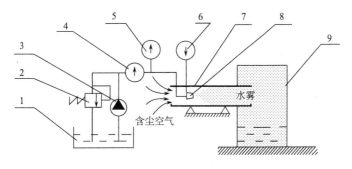

图 8-5　实验室风速测试系统示意图

1-水源；2-溢流阀；3-高压泵；4-流量计；5-压力表；6-负压计；7-引射筒；8-喷嘴；9-集水罩

筒中以雾状喷出。用负压计测量此时的引射筒进口处的负压,根据负压可以计算出引射筒进口处的风速。根据风速可以进一步计算引射筒的吸风量。用流量计可以读出引射除尘器的耗水量。计算耗水量与吸风量的比值,就可得到引射除尘器的液气比。借助风速风量实验系统,可以从负压计上读出引射筒进气口中心线处的负压 h,然后计算吸风量系数 q。

3. 引射除尘器结构优化实验设计与数据处理

在初步实验的基础上,我们得出影响吸风量系数的主要因素有进水压力、喷嘴结构、引射筒直径以及喷嘴的安装位置等。喷嘴结构考虑两个因素,一个是喷嘴外壳参数 T,另一个是旋芯出水口直径 D。进水压力和引射筒直径取 3 个水平,其余因素取 4 个水平。若按常规做实验,需要做 576 次实验,但是我们使用正交设计,只需要 16 次实验就可以了。

实验测量引射筒进气口处的负压大小。实验指标是引射筒的吸风量。显然,在其他条件相同的情况下,吸风量越大除尘效率越高。

表 8-10 是实验的因素水平表,表 8-11 是实验的结果与分析。图 5-27 是根据表中结果绘出的各因素与吸风量的关系图。

表 8-10　实验因素水平表

因素 水平	进水压力/MPa (A)	旋芯出水直径/mm (B)	喷嘴外壳参数 T/mm (C)	引射筒径/mm (D)	喷嘴位置/mm (E)
1	12	1.0	1.0	100	225
2	10	1.5	1.5	120	325
3	8	2.0	2.0	130	425
4	12	2.5	2.5	100	525

表 8-11　实验结果分析表

因素 实验号	进水压力 (A)	旋芯出水口 直径(B)	喷嘴外壳 T 参数(C)	引射筒直径 (D)	喷嘴位置 (E)	测量负压 h	吸风量系数 q_i
1	1	1	1	1	1	14	374.2
2	1	2	2	2	2	26	734.3
3	1	3	3	3	3	2	239.0
4	1	4	4	4	4	2	149.4
5	2	1	2	3	4	2	203.6
6	2	2	1	4	3	4	200.0
7	2	3	4	1	2	6	244.9
8	2	4	3	2	1	8	407.3
9	3	1	3	4	2	2	141.4
10	3	2	4	3	1	6	414.0
11	3	3	1	2	4	2	203.6
12	3	4	2	1	3	4	200.0

续表

因素　　　实验号	进水压力（A）	旋芯出水口直径（B）	喷嘴外壳 T 参数（C）	引射筒直径（D）	喷嘴位置（E）	测量负压 h	吸风量系数 q_i
13	4	1	4	2	3	2	203.6
14	4	2	3	1	4	4	200.0
15	4	3	2	4	1	54	734.8
16	4	4	1	3	2	8	478.0
q_{j1}	388.2	230.7	314.0	279.6	482.6		
q_{j2}	264.0	387.1	468.2	387.2	399.7		
q_{j3}	239.8	355.6	246.9	333.7	210.7		
q_{j4}		306.7	251.0		187.2		
R_j	148.4	156.4	221.3	54.1	295.5		
优水平	1	2	2	2	1		
主次因素	E-C-B-A-D						
最优组合	A1+B2+C2+D2+E1						

表 8-11 表明，引射筒直径（因素 D）对吸风量的影响不大，该因素最优水平和最坏水平的差值只有 54.1，而其他因素的差值都在 148 以上。而喷嘴的安装位置（因素 E）对吸风量的影响最大，其最优水平和最坏水平的差值达到 295.5。

因此，依据表 8-11，引射器最优组合为 A1+B2+C2+D2+E1，即进水压力为 12MPa，喷嘴旋芯出流口直径 D 和喷嘴外壳参数 T 均为 1.5mm，引射筒直径为 120mm，喷嘴位于距引射器进气口 225mm 处。

下面采用 Excel 分析工具进行多元线性回归分析。

(1) 实验数据输入 Excel 表格中，如图 8-6 所示。

进水压力（A）	旋芯出水口直径（B）	喷嘴外壳T参数（C）	引射筒直径（D）	喷嘴位置（E）	吸风量系数qi
12	1	1	100	225	374.2
12	1.5	1.5	120	325	734.3
12	2	2	130	425	239
12	2.5	2.5	100	525	149.4
10	1	1.5	130	525	203.6
10	1.5	1	100	425	200
10	2	2.5	100	325	244.9
10	2.5	2	120	225	407.3
8	1	2	100	325	141.4
8	1.5	2.5	130	225	414
8	2	1	120	525	203.6
8	2.5	1.5	100	425	200
12	1	2.5	120	425	203.6
12	1.5	2	100	525	200
12	2	1.5	100	225	734.8
12	2.5	1	130	325	478

图 8-6　实验数据表

(2)在工具栏中的"数据"选项卡的"分析"命令中，单击"数据分析"按钮，弹出"数据分析"对话框。

(3)在"数据分析"对话框的"分析工具"列表框中选择"回归"选项，单击"确定"按钮，系统弹出"回归"对话框，如图 8-7 所示。

(4)按图 8-7 所示设置后，置信度选择默认的 95%，单击"确定"按钮，系统输出分析结果如图 8-8 所示。

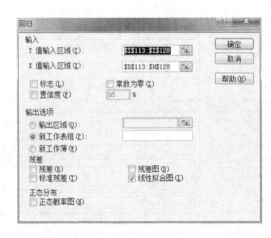

图 8-7　回归对话框

```
SUMMARY OUTPUT

       回归统计
Multiple R      0.8085931
R Square        0.6538229
Adjusted R Square 0.4807343
标准误差         137.36962
观测值              16
```

方差分析

	df	SS	MS	F	Significance F
回归分析	5	356404.4526	71280.8905	3.77738927	0.035062412
残差	10	188704.1167	18870.4117		
总计	15	545108.5694			

	Coefficient	标准误差	t Stat	P-value	Lower 95%	Upper 95%下限 95.0%上限 95.0%
Intercept	87.752557	416.2958268	0.21079375	0.83728162	-839.8123448	1015.32 -839.81 1015.317
X Variable 1	39.648864	20.70924896	1.9145486	0.08456726	-6.494218374	85.7919 -6.4942 85.79195
X Variable 2	40.485	61.43356033	0.65900462	0.52477638	-96.397502	177.368 -96.398 177.3675
X Variable 3	-80.835	61.43356033	-1.3158117	0.2176029	-217.717502	56.0475 -217.72 56.0475
X Variable 4	2.5602778	2.643679512	0.9684524	0.35565754	-3.330207229	8.45076 -3.3302 8.450763
X Variable 5	-1.069275	0.307167802	-3.4810778	0.00591054	-1.75368751	-0.3849 -1.7537 -0.38486

图 8-8　Excel 分析结果

根据给出的数据可以写出回归方程为

$$q_i = 87.7 + 39.6A + 40.5B - 80.8C + 2.56D - 1.07E$$

(5)输出结果分析。①相关系数 R(Multiple R)，反映因变量和多个自变量之间的相关程度。本例中 $R=0.808$ 说明相关程度一般。作为衡量拟合效果的指标，此值越接近 1 越好。②Significance F，回归方程显著性水平的 F 临界值。本例中 $F=0.035$，小于显著性水平 $F_{0.10}=(5, 10)=2.45$ 所以该回归方程回归效果不显著。③P-value 截距和斜率的显著性水平。本例的常数项(截距)为 87.7，其 t 统计量为 0.211，显著性水平 P-value=0.837>0.05,故截距为 0 的假设成立，截距具有统计意义，即回归方程式的常数项可以省略。

(6)取截距=0，重复步骤(3)和(4)，系统输出结果如图 8-9 所示。

SUMMARY OUTPUT

回归统计	
Multiple R	0.955719272
R Square	0.913399327
Adjusted R Squ	0.790999082
标准误差	131.2674593
观测值	16

方差分析

	df	SS	MS	F	Significance F
回归分析	5	1999154.065	399830.8131	23.2039596	3.33101E-05
残差	11	189542.6047	17231.14588		
总计	16	2188696.67			

	Coefficients	标准误差	t Stat	P-value	Lower 95%	Upper 95%	下限 95.0%	上限 95.0%
Intercept	0	#N/A	#N/A	#N/A	#N/A	#N/A	#N/A	#N/A
X Variable 1	41.92906742	16.8751112	2.484669103	0.03032121	4.787198111	79.07094	4.7872	79.07094
X Variable 2	43.82929888	56.71320986	0.772823457	0.45591229	-80.99563433	168.6542	-80.996	168.6542
X Variable 3	-77.4907011	56.71320986	-1.3663607	0.19910603	-202.3156343	47.33423	-202.32	47.33423
X Variable 4	2.958408597	1.767631764	1.673656617	0.12236415	-0.932122681	6.84894	-0.9321	6.84894
X Variable 5	-1.05135911	0.282062984	-3.727391297	0.00333857	-1.672175556	-0.43054	-1.6722	-0.43054

图 8-9 调整截距后的 Excel 输出结果

根据给出的数据可以写出调整截距后的回归方程：
$$q_i = 41.9A + 43.8B - 77.5C + 2.96D - 1.05E$$

(7)调整截距后的输出结果分析。①相关系数 R=0.956 说明相关程度较高。②Significance $F = 3.33 \times 10^{-5}$，小于显著性水平 0.05，所以该回归方程回归效果不显著。③P-value 截距和斜率的显著性水平

进水压力 A 和喷嘴位置 E 的 t 统计量的 p 值为 0.030、0.003，小于显著性水平 0.05，因此该两种因素与吸风量相关，又因为 0.003<0.030，则喷嘴位置因素又比进水压力因素对吸风量的影响大。其他各项的 t 统计量大于进水压力和喷嘴位置的 t 统计量的 p 值，因此这些项的回归系数不显著。

附　　表

附表 1　　正态分布积分表

t	$\phi(t)$	t	$\phi(t)$	t	$\phi(t)$	t	$\phi(t)$
0.00	0.0000	0.75	0.2734	1.50	0.4332	2.50	0.4938
0.05	0.0199	0.80	0.2881	1.55	0.4394	2.60	0.4953
0.10	0.0398	0.85	0.3023	1.60	0.4452	2.70	0.4965
0.15	0.0596	0.90	0.3159	1.65	0.4505	2.80	0.4974
0.20	0.0793	0.95	0.3289	1.70	0.4599	2.90	0.4981
0.25	0.0987	1.00	0.3413	1.75	0.4641	3.00	0.49865
0.30	0.1197	1.05	0.3531	1.80	0.4678	3.20	0.49931
0.35	0.1368	1.10	0.3643	1.85	0.4713	3.40	0.49966
0.40	0.1554	1.15	0.3740	1.90	0.4713	3.60	0.499841
0.45	0.1736	1.20	0.3849	1.95	0.4744	3.80	0.499928
0.50	0.1915	1.25	0.3944	2.00	0.4772	4.00	0.499968
0.55	0.2088	1.30	0.4032	2.10	0.4821	4.50	0.499997
0.60	0.2257	1.35	0.4115	2.20	0.4861	5.00	0.49999997
0.65	0.2422	1.40	0.4192	2.30	0.4893		
0.70	0.2580	1.45	0.4265	2.40	0.4918		

附表2 χ² 分布表 $P\{\chi^2(n) > \chi_\alpha^2(n)\} = \alpha$ 的 χ^2 值(v 为自由度，α 为显著度水平)

v	α					
	0.25	0.10	0.05	0.025	0.01	0.005
1	1.323	2.706	3.841	5.024	6.635	7.879
2	2.773	4.605	5.991	7.378	9.210	10.597
3	4.108	6.251	7.815	9.348	11.345	12.838
4	5.385	7.779	9.488	11.143	13.277	14.860
5	6.626	9.236	11.071	12.833	15.086	16.750
6	7.841	10.645	12.592	14.449	16.812	18.548
7	9.037	12.017	14.067	16.013	18.475	20.278
8	10.219	13.362	15.507	17.535	20.090	21.955
9	11.389	14.684	16.919	19.023	21.666	23.589
10	12.549	15.987	18.307	20.483	23.209	25.188
11	13.701	17.275	19.675	21.920	24.725	26.757
12	14.845	18.549	21.026	23.337	26.217	28.299
13	15.984	19.812	22.362	24.736	27.688	29.819
14	17.117	21.064	23.685	26.119	29.141	31.319
15	18.245	22.307	24.996	27.488	30.578	32.801
16	19.369	23.542	26.296	28.845	32.000	34.267
17	20.489	24.769	27.587	30.191	33.409	35.718
18	21.605	25.989	28.869	31.526	34.805	37.156
19	22.718	27.204	30.144	32.852	36.191	38.582
20	23.828	28.412	31.410	34.170	37.566	39.997
21	24.935	29.615	32.671	35.479	38.932	41.401
22	26.039	30.813	33.924	36.781	40.289	42.796
23	27.141	32.007	35.172	38.076	41.638	44.181
24	28.241	33.196	36.415	39.364	42.980	45.559
25	29.339	34.382	37.652	40.646	44.314	46.928
26	30.435	35.563	38.885	41.923	45.642	48.290
27	31.528	36.741	40.113	43.194	46.963	49.645
28	32.620	37.916	41.337	44.461	48.278	50.993
29	33.711	39.087	42.557	45.722	49.588	52.336
30	34.800	40.256	43.773	46.979	50.892	53.672
31	35.887	41.422	44.985	48.232	52.191	55.003
32	36.973	42.585	46.194	49.480	53.486	56.328
33	38.058	43.745	47.400	50.725	54.776	57.648
34	39.141	44.903	48.602	51.966	56.061	58.964
35	40.223	46.059	49.802	53.203	57.342	60.275
36	41.304	47.212	50.998	54.437	58.619	61.581
37	42.383	48.363	52.192	55.668	59.892	62.883
38	43.462	49.513	53.384	56.896	61.162	64.181
39	44.539	50.660	54.572	58.120	62.428	65.476
40	45.616	51.805	55.758	59.342	63.691	66.766
41	46.692	52.949	56.942	60.561	64.950	68.053
42	47.766	54.090	58.124	61.777	66.206	69.336
43	48.840	55.230	59.304	62.990	67.459	70.616
44	49.913	56.369	60.481	64.201	68.710	71.893
45	50.985	57.505	61.656	35.410	69.957	73.166

附表 3　　*t* 分布表

$P(|t| \geqslant t_a) = \alpha$ 的 t_a 值(*v* 为自由度，*α* 为显著度水平)

v	*α*			自由度	*α*		
	0.05	0.01	0.0027		0.05	0.01	0.0027
1	12.706	63.657	235.80	20	2.086	2.845	3.42
2	4.303	9.925	19.21	21	2.080	2.831	3.40
3	3.182	5.841	9.21	22	2.074	2.819	3.38
4	2.776	4.604	6.62	23	2.069	2.807	3.36
5	2.571	4.032	5.51	24	2.064	2.797	3.34
6	2.447	3.707	4.90	25	2.060	2.787	3.33
7	2.365	3.499	4.53	26	2.056	2.779	3.32
8	2.306	3.355	4.28	27	2.052	2.771	3.29
9	2.262	3.250	4.09	28	2.048	2.763	3.28
10	2.228	3.169	3.96	29	2.045	2.756	3.27
11	2.201	3.106	3.85	30	2.042	2.750	3.20
12	2.179	3.055	3.76	40	2.021	2.704	3.18
13	2.160	3.012	3.69	50	2.008	2.678	3.13
14	2.145	2.977	3.64	60	2.000	2.660	3.11
15	2.131	2.947	3.59	70	1.994	2.648	3.10
16	2.120	2.921	3.54	80	1.989	2.638	3.09
17	2.110	2.898	3.51	90	1.986	2.631	3.08
18	2.101	2.878	3.48	100	1.982	2.625	3.00
19	2.093	2.861	3.45				

附表 4　F 分布表

$P\{F \geqslant F_\alpha\} = \alpha$ 的 F_α 值(1), $\alpha = 0.01$

v_2	v_1									
	1	2	3	4	5	6	8	12	24	∞
1	39.86	49.50	53.59	55.83	57.24	58.20	59.44	60.70	62.00	63.33
2	8.53	9.00	9.16	9.24	9.29	9.33	9.37	9.41	9.45	9.49
3	5.54	5.46	5.39	5.34	5.13	5.28	5.25	5.22	5.18	5.13
4	4.54	4.32	4.19	4.11	4.05	4.01	3.95	3.90	3.83	3.76
5	4.06	3.78	3.62	3.52	3.45	3.40	3.34	3.27	3.19	3.10
6	3.78	3.46	3.26	3.18	3.11	3.05	2.98	2.90	2.82	2.72
7	3.59	3.26	3.07	2.96	2.88	2.83	2.75	2.67	2.58	2.47
8	3.46	3.11	2.92	2.81	2.73	2.67	2.59	2.50	2.40	2.29
9	3.26	3.01	2.81	2.69	2.61	2.55	2.47	2.38	2.28	2.16
10	3.28	2.92	2.73	2.61	2.52	2.46	2.38	2.28	2.18	2.06
11	3.23	2.86	2.66	2.54	2.45	2.39	2.30	2.21	2.10	1.97
12	3.18	2.81	2.61	2.48	2.39	2.33	2.24	2.15	2.04	1.90
13	3.14	2.76	2.56	2.43	2.35	2.28	2.20	2.10	1.98	1.85
14	3.10	2.73	2.52	2.39	2.31	2.24	2.15	2.05	1.94	1.80
15	3.07	2.70	2.49	2.36	2.27	2.21	2.12	2.02	1.90	1.76
16	3.05	2.67	2.46	2.33	2.24	2.18	2.09	1.99	1.87	1.72
17	3.03	2.64	2.44	2.31	2.22	2.15	2.06	1.96	1.84	1.69
18	3.01	2.62	2.42	2.29	2.20	2.13	2.04	1.93	1.81	1.66
19	2.99	2.61	2.40	2.27	2.18	2.11	2.02	1.91	1.79	1.63
20	2.97	2.59	2.38	2.25	2.16	2.09	2.00	1.89	1.77	1.61
21	2.96	2.57	2.36	2.23	2.14	2.08	1.98	1.88	1.75	1.59
22	2.95	2.56	2.35	2.22	2.13	2.06	1.97	1.86	1.73	1.57
23	2.94	2.55	2.34	2.21	2.11	2.05	1.95	1.84	1.72	1.55
24	2.93	2.54	2.33	2.19	2.10	2.04	1.94	1.83	1.70	1.53
25	2.92	2.53	2.32	2.18	2.09	2.02	1.93	1.82	1.69	1.52
26	2.91	2.52	2.31	2.17	2.08	2.01	1.92	1.81	1.68	1.50
27	2.90	2.51	2.30	2.17	2.07	2.00	1.91	1.80	1.67	1.49
28	2.89	2.50	2.29	2.16	2.06	2.00	1.90	1.79	1.66	1.48
29	2.89	2.50	2.28	2.15	2.06	1.99	1.89	1.78	1.65	1.47
30	2.88	2.49	2.28	2.14	2.05	1.98	1.88	1.77	1.64	1.46
40	2.84	2.44	2.23	2.09	2.00	1.93	1.83	1.71	1.57	1.38
60	2.79	2.39	2.18	2.04	1.95	1.87	1.77	1.66	1.51	1.20
120	2.75	2.35	2.13	1.99	1.90	1.82	1.72	1.60	1.45	1.19
∞	2.71	2.30	2.08	1.94	1.85	1.77	1.67	1.55	1.38	1.00

$$P\{F \geqslant F_a\} = \alpha \ \text{的} F_a \text{值}(2), \quad \alpha = 0.01$$

ν_2	ν_1									
	1	2	3	4	5	6	8	12	24	∞
1	161.4	199.5	215.7	224.6	230.2	234.0	238.9	243.9	249.0	254.4
2	18.51	19.00	19.16	19.25	19.30	19.33	19.37	19.41	19.45	19.5
3	10.13	9.55	9.28	9.12	9.01	8.94	8.84	8.74	8.64	8.53
4	7.71	6.94	6.59	9.39	6.26	6.16	6.04	5.91	5.77	5.63
5	6.61	5.79	5.41	5.19	5.05	4.95	4.82	4.68	4.53	4.36
6	5.99	5.14	4.76	4,53	4.39	4.28	4.15	4.00	3.84	3.67
7	5.59	4.74	4.35	4.12	3.97	3.87	3.73	3.57	3.41	3.23
8	5.32	4.46	4.07	3.84	3.69	3.58	3.44	3.28	3.12	2.97
9	5.12	4.26	3.86	3.63	3.48	3.37	3.23	3.07	2.90	2.71
10	4.96	4.10	3.71	3.48	3.33	3.22	3.07	2.91	2.74	2.54
11	4.84	3.98	3.59	3.36	3.20	3.09	2.95	2.79	2.61	2.40
12	4.75	3.88	3.49	3.26	3.11	3.00	2.85	2.69	2.50	2.30
13	4.67	3.80	3.41	3.18	3.02	2.92	2.77	2.60	2.42	2.21
14	4.60	3.74	3.34	3.11	2.96	2.85	2.70	2.53	2.35	2.13
15	4.54	3.68	3.29	3.06	2.90	2.79	2.64	2.48	2.29	2.07
16	4.49	3.63	3.24	3.01	2.85	2.74	2.59	2.42	2.24	2.01
17	4.45	3.59	3.20	2.96	2.81	2.70	2.55	2.38	2.19	1.96
18	4.41	3.55	3.16	2.93	2.77	2.66	2.51	2.34	2.15	1.92
19	4.38	3.52	3.13	2.90	2.74	2.63	2.48	2.31	2.11	1.88
20	4.35	3.49	3.10	2.87	2.71	2.60	2.45	2.28	2.08	1.84
21	4.32	3.47	3.07	2.84	2.68	2.57	2.42	2.25	2.05	1.81
22	4.30	3.44	3.05	2.82	2.66	2.55	2.40	2.23	2.03	1.78
23	4.28	3.42	3.03	2.80	2.64	2.53	2.38	2.20	2.00	1.76
24	4.26	3.40	3.01	2.78	2.62	2.51	2.36	2.18	1.98	1.73
25	4.24	3.38	2.99	2.76	2.60	2.49	2.34	2.16	1.96	1.71
26	4.22	3.37	2.98	2.74	2.59	2.47	2.32	2.15	1.95	1.69
27	4.21	3.35	2.96	2.73	2.57	2.46	2.30	2.13	1.93	1.67
28	4.20	3.34	2.95	2.71	2.56	2.44	2.29	2.12	1.91	1.65
29	4.18	3.33	2.93	2.70	2.54	2.43	2.28	2.10	1.90	1.64
30	4.17	3.32	2.92	2.69	2.53	2.42	2.27	2.09	1.89	1.62
40	4.08	3.23	2.84	2.61	2.45	2.34	2.18	2.00	1.79	1.59
60	4.00	3.15	2.76	2.52	2.37	2.25	2.10	1.92	1.70	1.9
120	3.92	3.07	2.68	2.45	2.29	2.17	2.02	1.83	1.61	1.25
∞	3.84	2.99	2.60	2.37	2.21	2.10	1.94	1.75	1.52	1.00

$$P\{F \geqslant F_a\} = \alpha \text{ 的}F_a\text{值}(3), \quad \alpha = 0.01$$

v_2	v_1									
	1	2	3	4	5	6	8	12	24	∞
1	4053+	5000+	5404+	5625+	5764+	5859+	5981+	6107+	6235+	6366+
2	998.5	999.0	999.2	999.2	999.3	999.3	999.4	999.4	999.5	999.5
3	167.0	148.5	141.1	137.1	134.6	132.8	130.6	128.3	125.9	123.5
4	74.14	61.25	56.18	53.44	51.71	50.53	49.00	47.41	45.77	44.05
5	47.18	37.12	33.20	31.09	27.75	28.84	27.64	26.42	25.14	23.79
6	35.51	27.00	23.70	21.92	20.81	20.03	19.03	17.99	16.89	15.75
7	29.25	21.69	18.77	17.19	16.21	15.52	14.63	13.71	12.73	11.70
8	25.42	18.49	15.83	14.39	13.49	12.86	12.04	11.19	10.30	9.33
9	22.86	16.39	13.90	12.56	11.71	11.13	10.37	9.57	8.72	7.80
10	21.04	14.91	12.55	11.28	10.48	9.92	9.20	8.45	7.64	6.76
11	19.69	13.81	11.56	10.35	9.58	9.05	8.35	7.63	6.85	6.00
12	18.64	12.97	10.80	9.63	8.89	8.38	7.71	7.00	6.25	5.42
13	17.81	12.31	10.21	9.07	8.35	7.86	7.21	6.52	6.78	4.97
14	17.14	11.78	9.73	8.62	7.92	7.43	6.80	6.13	5.41	4.60
15	16.59	11.34	9.34	8.25	7.57	7.09	6.47	5.81	5.10	4.31
16	16.12	10.97	9.00	7.94	7.27	6.81	6.19	5.55	4.85	4.06
17	15.72	10.36	8.73	7.68	7.02	6.56	5.96	5.32	4.63	3.85
18	15.38	10.39	8.49	7.46	6.81	6.35	5.76	5.13	4.45	3.67
19	15.08	10.16	8.28	7.26	6.62	6.18	5.59	4.97	4.29	3.51
20	14.82	9.95	8.10	7.10	6.46	6.02	5.44	4.82	4.15	3.38
21	14.59	9.77	7.94	6.95	6.32	5.88	5.31	4.70	4.03	3.26
22	14.38	9.61	7.80	6.81	6.19	5.76	5.19	4.58	3.92	3.15
23	14.19	9.47	7.67	6.69	6.08	5.65	5.09	4.48	3.82	3.05
24	14.03	9.34	7.55	6.59	5.98	5.55	4.99	4.39	3.74	2.97
25	13.88	9.22	7.45	6.49	5.88	5.46	4.91	4.31	3.66	2.89
26	13.74	9.12	7.36	6.41	5.80	5.38	4.83	4.24	3.59	2.82
27	13.61	9.02	7.27	6.33	5.73	5.31	4.76	4.17	3.52	2.75
28	13.50	8.93	7.19	6.25	5.66	5.24	4.69	4.11	3.46	2.69
29	13.39	8.85	7.12	6.19	5.59	5.18	4.64	4.05	3.41	2.64
30	13.29	8.77	7.05	6.12	5.53	5.12	4.58	4.00	3.36	2.59
40	12.61	8.25	6.60	5.70	5.13	4.73	4.21	3.64	3.01	2.23
60	11.97	7.76	6.17	5.31	4.76	4.37	3.87	3.31	2.69	1.89
120	11.38	7.32	5.79	4.95	4.42	4.04	3.55	3.02	2.40	1.54
∞	10.83	6.91	5.42	4.62	4.10	3.74	3.27	2.74	2.13	1.00

附表 5 相关系数表 $r_n(a)$

	P(2)	0.5	0.2	0.1	0.05	0.02	0.01	0.005	0.002	0.001
	P(1)	0.25	0.1	0.05	0.025	0.01	0.005	0.0025	0.001	0.0005
1		0.707	0.951	0.988	0.997	1	1	1	1	1
2		0.5	0.8	0.9	0.95	0.98	0.99	0.995	0.998	0.999
3		0.404	0.687	0.805	0.878	0.934	0.959	0.974	0.986	0.991
4		0.347	0.603	0.729	0.811	0.882	0.917	0.942	0.963	0.974
5		0.309	0.551	0.669	0.755	0.833	0.875	0.906	0.935	0.951
6		0.281	0.507	0.621	0.707	0.789	0.834	0.87	0.905	0.925
7		0.26	0.472	0.582	0.666	0.75	0.798	0.836	0.875	0.898
8		0.242	0.443	0.549	0.632	0.715	0.765	0.805	0.847	0.872
9		0.228	0.419	0.521	0.602	0.685	0.735	0.776	0.82	0.847
10		0.216	0.398	0.497	0.576	0.658	0.708	0.75	0.795	0.823
11		0.206	0.38	0.476	0.553	0.634	0.684	0.726	0.772	0.801
12		0.197	0.365	0.457	0.532	0.612	0.661	0.703	0.75	0.78
13		0.189	0.351	0.441	0.514	0.592	0.641	0.683	0.73	0.76
14		0.182	0.338	0.426	0.497	0.574	0.623	0.664	0.711	0.742
15		0.176	0.327	0.412	0.482	0.558	0.606	0.647	0.694	0.725
16		0.17	0.317	0.4	0.468	0.542	0.59	0.631	0.678	0.708
17		0.165	0.308	0.389	0.456	0.529	0.575	0.616	0.622	0.693
18		0.16	0.299	0.378	0.444	0.515	0.561	0.602	0.648	0.679
19		0.156	0.291	0.369	0.433	0.503	0.549	0.589	0.635	0.665
20		0.152	0.284	0.36	0.423	0.492	0.537	0.576	0.622	0.652
21		0.148	0.277	0.352	0.413	0.482	0.526	0.565	0.61	0.64
22		0.145	0.271	0.344	0.404	0.472	0.515	0.554	0.599	0.629
23		0.141	0.265	0.337	0.396	0.462	0.505	0.543	0.588	0.618
24		0.138	0.26	0.33	0.388	0.453	0.496	0.534	0.578	0.607
25		0.136	0.255	0.323	0.381	0.445	0.487	0.524	0.568	0.597
26		0.133	0.25	0.317	0.374	0.437	0.479	0.515	0.559	0.588
27		0.131	0.245	0.311	0.367	0.43	0.471	0.507	0.55	0.579
28		0.128	0.241	0.306	0.361	0.423	0.463	0.499	0.541	0.57
29		0.126	0.237	0.301	0.355	0.416	0.456	0.491	0.533	0.562
30		0.124	0.233	0.296	0.349	0.409	0.449	0.484	0.526	0.554
31		0.122	0.229	0.291	0.344	0.403	0.442	0.477	0.518	0.546
32		0.12	0.226	0.287	0.339	0.397	0.436	0.47	0.511	0.539
33		0.118	0.222	0.283	0.334	0.392	0.43	0.464	0.504	0.532
34		0.116	0.219	0.279	0.329	0.386	0.424	0.458	0.498	0.525
35		0.115	0.216	0.275	0.325	0.381	0.418	0.452	0.492	0.519
36		0.113	0.213	0.271	0.32	0.376	0.413	0.446	0.486	0.513
37		0.111	0.21	0.267	0.316	0.371	0.408	0.441	0.48	0.507
38		0.11	0.207	0.264	0.312	0.367	0.403	0.435	0.474	0.501
39		0.108	0.204	0.261	0.308	0.362	0.398	0.43	0.469	0.495
40		0.107	0.202	0.257	0.304	0.358	0.393	0.425	0.463	0.49
41		0.106	0.199	0.254	0.301	0.354	0.389	0.42	0.458	0.484
42		0.104	0.197	0.251	0.297	0.35	0.384	0.416	0.453	0.479
43		0.103	0.195	0.248	0.294	0.346	0.38	0.411	0.449	0.474
44		0.102	0.192	0.246	0.291	0.342	0.376	0.407	0.444	0.469
45		0.101	0.19	0.243	0.288	0.338	0.372	0.403	0.439	0.465
46		0.1	0.188	0.24	0.285	0.335	0.368	0.399	0.435	0.46
47		0.099	0.186	0.238	0.282	0.331	0.365	0.395	0.431	0.456
48		0.098	0.184	0.235	0.27	0.328	0.361	0.391	0.427	0.451
49		0.097	0.182	0.233	0.276	0.325	0.358	0.387	0.423	0.447
50		0.096	0.181	0.231	0.273	0.322	0.354	0.384	0.419	0.443

参 考 文 献

丁振良.1994. 误差理论与数据处理[M]. 哈尔滨: 哈尔滨工业大学出版社

董大钧.2013. 误差分析与数据处理[M]. 北京: 清华大学出版社

费业泰.2010. 误差理论与数据处理[M].6版. 北京: 机械工业出版社

李云雁, 胡传荣.2008. 试验设计与数据处理[M].2版. 北京: 化学工业出版社

梁晋文.2001. 误差理论与数据处理[M]. 北京: 中国计量出版社

刘振学, 等.2010.实验设计与数据处理[M]. 北京: 化学工业出版社

刘智敏.1993. 不确定度原理[M]. 北京: 中国计量出版社

钱政, 贾果欣.2013. 误差理论与数据处理[M]. 北京: 科学出版社

秦岚.2013. 误差理论与数据处理习题集与典型题解[M]. 北京: 机械工业出版社

沙定国, 刘智敏.1994. 测量不确定度的表示方法[M]. 北京: 中国科学技术出版社

沙定国.2003. 误差分析与测量不确定度评定[M]. 北京: 中国计量出版社

王武义, 徐定杰, 陈健翼.2001. 误差原理与数据处理[M]. 哈尔滨: 哈尔滨工业大学出版社

王岩, 隋思涟.2012. 试验设计与 MATLAB 数据分析[M]. 北京: 清华大学出版社

吴石林, 张玘.2010. 误差分析与数据处理[M]. 北京: 清华大学出版社

肖明耀.1985. 误差理论与应用[M]. 北京: 中国计量出版社

杨旭武.2009. 实验误差原理与数据处理[M]. 北京: 科学出版社

张成军.2011. 实验设计与数据处理[M]. 北京: 化学工业出版社

钟继贵.1993. 误差理论与数据处理[M]. 北京: 水利电力出版社

周开学, 李书光.2002. 误差与数据处理理论[M]. 东营: 石油大学出版社